コード×AI

ソフトウェア開発者のための生成AI実践入門

服部佑樹

技術評論社

免責事項

　本書に記載された内容は、情報の提供のみを目的としています。したがって、本書を用いた運用は、必ずお客様自身の責任と判断によって行ってください。これらの情報の運用結果について、技術評論社および著者はいかなる責任も負いません。本書記載の情報は2024年8月現在のものです。

商標・登録商標について

　本書に記載されている製品名などは、一般に各社の商標または登録商標です。™や®は表示していません。

サポート

　本書の書籍情報ページは下記になります。こちらからサンプルファイルダウンロードやお問い合わせが可能です。

　https://gihyo.jp/book/2024/978-4-297-14484-5

本書のハッシュタグ

　本書のSNS上でのハッシュタグは #コードAI本 です。感想などの投稿にぜひお使いください。

　本書に関するご質問については、サポートページをご利用ください。

はじめに

本書を手に取ってくださったみなさんは、生成AIの力を活用して、**開発生産性を飛躍的に向上させたい**と考えていることでしょう。この本では、プロンプトエンジニアリングを含む一連のテクニックやアプローチを紹介しつつも、**表面的なテクニックを超えた本質的な部分や戦略を中心に解説**しています。

AIの理想と現実

生成AIの登場は、ソフトウェアエンジニアリングの世界に大きな変革をもたらしています。コードやデザインの作成、技術ドキュメントの執筆など、AIの力を借りれば、これまで想像もしなかったような生産性の向上が期待できます[*1]。筆者もAIの恩恵を毎日受けており、日常的なタスクが短時間で完了するようになり、作業品質も向上しました。

実際に、フロントエンドの生成や定型的なコードの自動生成、ユニットテストの実装など、特定の領域ではAIによる効率化が著しく進んでいます。AIの補完機能を使えば、TabやEnterなどのわずかなキー操作だけで大量のコードを書くことができます。またコードだけでなく、AIの高度な言語能力を活用すれば、日々のコミュニケーションの質も向上します。

しかし、AIを導入するだけで自動的に生産性が向上するわけではありません。真の生産性向上を実現するには、単なるテクニックを超えて、AIと上手に協働する力を身につける必要があります。AIを理解して戦略的に活用することで、生産性を飛躍的に向上させることができるのです。

本書では、AIを活用した生産性向上の実践的な方法論を解説します。プロンプトの設計や、AIとの効果的な対話方法など、現場で実践できる具体的な手法を学ぶことができるでしょう。

[*1] 本書では、生成AIを適宜AIと省略して表記しています。書籍中でAIという語が出てきたときは、基本的には生成AIやそれらにもとづくツールなどを指すことに注意してください。

AIとの協働は、単なる作業の効率化にとどまりません。それは、人間の創造性を解き放ち、エンジニアとしての能力を新たな次元へと引き上げる可能性を秘めているのです。本書を通じて、読者のみなさんがAIと協働する力を身につけ、ソフトウェアエンジニアリング本来のおもしろさを再発見するきっかけとなれば幸いです。

AIによるエンジニアリング能力の拡張

　本書の目的は、「AIをどのように活用すれば、エンジニアとしての真の生産性を向上できるのか」という問いに答えることです。

　「AIを使えば10倍の生産性も夢ではありません！」こんなキャッチコピーを見かけることがありますが、それはソフトウェアエンジニアリングの全てのタスクに当てはまるわけではありません。この本はエンジニアの仕事を10倍の効率にする魔法の手引書ではありません。ましてや、汎用性のない特定のタスクに特化したAIの使い方を紹介する本でもありません。

　むしろ、本書では、AIと協働することで読者のみなさんのエンジニアとしての価値を本質的に高める方法に焦点を当てています。フロントエンドの高速開発、スクレイピング、テスト自動生成、レガシーコードの移行など、「AIができること」についてはすでに多くの情報があふれています。しかし、「やってみたらこうなった」という体験談が多く、具体的な方法論が見えにくいのが現状ではないでしょうか。

　AIと効果的に協働するためには、AIについての正しい理解と、協働の可能性を広げるためのロードマップが必要不可欠です。本書では、AIを活用するための表面的なテクニックではなく、AIと協働するための考え方とその背景の理解を深めることに注力します。

　本書では、以下のような本質的な問いに取り組みます。

- プロンプトエンジニアリングの限界と、より重要な要素とは何か。
- AIによるリファクタリングやテスト生成の課題と改善方法とは何か。
- AI時代におけるソフトウェア開発原則の重要性とは何か。

- AIのチームにおける活用戦略とは何か。
- AI時代における内製開発の重要性とその理由とは何か。

これらの問いに向き合うことで、AIとの協働における深い洞察を得ることができます。そして、**その理解にもとづいて具体的な方法論を学ぶことで、日々の開発業務において何をすべきかを明確に**していきます。

AIと人間の協働がもたらす変革

AIとの協働を考えたとき、「生産性」の定義そのものを問い直すことも大切です。私たちはときに作業スピードが上がることを生産性の向上だと考えがちですが、本当に大切なのは価値ある成果を生み出すことです。

いくらAIがたくさんのコードを書いたとしても、どんなにスピードが速くなっても、無価値な成果を生み出してしまっては意味がありません。本書では、生成AIを活用しながら、真の生産性を追求するためのヒントを探っていきます。**AIと人間が協働することで、これまでにない新しい価値を生み出す方法を、一緒に考えていきましょう。**

生成AIの登場は、私たちに大きな問いを投げかけています。「**生産性とは何か?**」「**私たちにしかできない価値とは?**」、この問いに向き合うことが、これからのソフトウェアエンジニアリングに求められているのかもしれません。

泥団子を磨いても、ダイヤにはなりません。読者のみなさんの中に眠るダイヤの原石を見つけ、本当の力を引き出すためには、AIについて深く理解し、どのように活用していくべきかを考えることが不可欠です。**これらの疑問の背後にある原理原則を理解し、AIと真に協働するためのメンタルモデルを身につけることが重要なのです。**

そのためには、AIについての正しい理解と、協働の可能性を広げていくための指針が必要です。そして、この指針は個人のスキル向上だけでなく、チームや組織全体の能力向上にも関係してきます。

さあ、一緒にAIとの協働の旅に出かけましょう!エンジニアとしての価値を高め、インパクトのある仕事をするための、ワクワクするような冒

険が待っています。

Practiceについて

　本書では、実践的なノウハウや具体的な手法を示す箇所に、Practiceの識別子をつけています。全部で101個のプラクティスが含まれており、巻末の付録「Practice Guide」には、本書で紹介したプラクティスの一覧を掲載しています。理論的な説明よりも、実践的で具体的な内容に重点を置いているのが特徴です。

　本書のプラクティスはあくまで基本形です。大切なのは、プラクティスをそのまま適用するのではなく、状況に合わせてカスタマイズすることです。現場に寄り添い、創意工夫を重ねながら、あなたやチームのタスクに最適化した適用方法を生み出しましょう。そうすることではじめて、AIの真価を引き出せるはずです。

ソフトウェアエンジニアリングにおけるAI活用ロードマップ

　ソフトウェアエンジニアリングにおけるAI活用のロードマップを記します。本書を読む際に、適宜参照してください。

AI-Powered Development Roadmap

◀ アプローチ　　　　　　　　　　　　　　　　　　　　　　　テクニック ▶

ソフトウェアエンジニアリングにおけるAIの基本を知る

AIと協働する際のメンタルモデル確立
- AIとプロンプトエンジニアリングに対する正しい理解
- コードレビューにおけるAIへの向き合い方
- AIを学習ツールとして使う
- AIをカスタマイズして使うための準備

AIとツールの理解
- 大規模言語モデル / マルチモーダルモデル
- システムプロンプト / ユーザープロンプト
- 使い捨てのプロンプト / 再利用するプロンプト
- トークン数の調整 / ハルシネーション

基本的なプロンプトを書く力を身につける

AIに与える情報のコントロール
- プロンプト構成要素の理解
- プロンプトの最適化戦略
- 情報量のコントロール
- 日本語 / 英語の使い分け

効果的なプロンプト作成
- Zero-shotプロンプティング / Few-shotプロンプティング
- ロールプレイ / フォーマット指定
- 制約設定 / 段階的な制約導入
- 約束を破るAIの対応強化テクニック

開発支援AIツールを使いこなす

開発支援AIツールの活用戦略
- プロンプト品質の早期評価
- AIフレンドリーな情報整理
- 情報ニーズに応じたツール選択

各種AIツールの使いこなし
- 自動補完型AIツールによる高速イテレーション
- 対話型AIツールに入力する情報コントロール
- エージェント型AIツールのタスク設計

AI時代のソフトウェア開発スキルを身につける

コード品質の向上とAI協働の加速
- AIに適したコードアーキテクチャ
- AI可読性を考慮した情報設計
- AI最適化された命名戦略

AIフレンドリーなプログラミング手法
- 適切なコーディングスタイルの適用
- 体系的なリファクタリング手法の適用
- AIと協働するためのドキュメンテーション
- AIの知見と創造性を最大限に引き出す対話術

開発組織をAIに最適化する　　　　　幅広い用途にAIを活用する

チームで生成AIのちからを引き出す
- AIを最大限活用するための開発組織戦略
- インナーソース / チーム開発手法の応用
- AIとドキュメント / 技術スタックの最適化
- 開発支援AIツールの導入評価

プログラム
- エディタとターミナルを使いこなす
- データを自在に操るフォーマット変換
- 生成AIとの協業に欠かせないツール活用法

謝辞

　本書は、生成AIがソフトウェア開発に与える影響と、それに伴う新たな課題に対する一つの指針を提供することを目指して執筆しました。AIが従来のソフトウェア開発の一部を担うようになる中で、本書では人間の意図と判断の重要性、そしてAIとの効果的な協働の必要性を強調しています。筆者自身、執筆を通じて生成AI時代のソフトウェア開発には、コード実装力のみならず、本質的な技術力、設計力、ビジネスや組織への理解を含めた総合的なスキルセットが不可欠であることを再認識しました。

　したがって、本書の完成には、多くの方々の助言と支援が欠かせませんでした。レビュアーの皆様には、本書の執筆に多大な貢献をいただきました。

　ソフトウェア工学の分野では、森崎修司さん、金子昌永さん、山口鉄平さん、和田卓人さんに、幅広い観点から専門的な知見と示唆をいただきました。計算言語学の分野では、三田雅人さんに、マイクロソフト時代の友人として、また最先端をいく専門家として、貴重なアドバイスをいただきました。経営学の観点からは、吉田素文さんに、幅広い知識と鋭い洞察を賜りました。実務面では、牛尾剛さんに、一流の開発現場における経験をもとに、具体的な提言をいただきました。黒崎優太さん、百田涼佑さんには、生成AI実践の最前線からの知見を共有していただきました。また、編集を担当してくださった野田大貴さんには、本プロジェクトの立ち上げから完成まで、終始サポートいただきました。

　皆様のお力添えにより、本書の内容をより充実させることができました。読者の皆様に、深い洞察と実用的な情報をお届けできる一冊になったと確信しております。本書に関わってくださった全ての方に、深く感謝の意を表します。

　そして、私の人生を豊かで幸せなものにしてくれる妻に、この上ない感謝の気持ちを捧げます。

最後になりましたが、本書を手に取ってくださった読者の皆様に、心よりお礼申し上げます。本書が、AIとの新たな協働の可能性を探る一助となり、皆様の未来への扉を開く鍵となることを願っております。

2024年8月 服部佑樹

目次　**コード×AI**──ソフトウェア開発者のための生成AI実践入門

はじめに iii

第1章
生成AIがエンジニアリングの常識を変える 1

1.1 変化は「今」起こっている ─ さて、どうする？ 5
1.2 生成AIへの過度な期待と現実のギャップ 5
1.3 プロンプトエンジニアリングのテクニックはあまり重要ではない 6
 1.3.1 用語の意味を正確にとらえる 8
 1.3.2 安定性と精度の追求こそプロンプトエンジニアリングの真髄 10
 1.3.3 エンジニアリングタスクの多くは一点もの 14
 1.3.4 プロンプトエンジニアリングのテクニックは銀の弾丸ではない 16

1.4 エンジニアの仕事は消えない 17
 1.4.1 うそはうそであると見抜けるエンジニアになる 19
  COLUMN　ハルシネーションは適切な表現か 21
 1.4.2 AIに最適なタスクを割り当てるスキルを磨く 22
 1.4.3 トークン数の感覚的理解 `Practice` 25
 1.4.4 トークン数の調整による精度維持 `Practice` 28
  COLUMN　「全コードを読ませたい」という願望は一旦捨てる 30
 1.4.5 コードレビューのプロになる 31
 1.4.6 適切なペースでのコードレビュー `Practice` 31
 1.4.7 一度に少量のコードレビュー `Practice` 32
 1.4.8 AIの台頭で問われるエンジニアの真価 33

1.5 AIは優秀なエンジニアだけのものではない 34
 1.5.1 AIはジュニアエンジニアの学習を加速させる強力なツール 35
 1.5.2 AI駆動の知識獲得 `Practice` 36

1.5.3 AIとの協働による高速なトライ&エラー Practice 37

1.6 開発支援AIツールを使い分ける 39
1.6.1 自動補完型 - リアルタイムで小規模コードを提案 41
1.6.2 対話型 - 問題解決を柔軟に支援 42
1.6.3 エージェント型 - 複合的なタスク処理を支援 44
1.6.4 ツールを状況に応じて使い分ける 47

1.7 AIで組織の競争力を高める 47
1.7.1 組織に合わせたAIのカスタマイズで差をつける 48
1.7.2 AIに与えるコードベースは準備できているか？ 52
1.7.3 内製化によりAIを最大限に活用する 54
1.7.4 コードを組織として育てる 56
1.7.5 AIをコストカットだけの目的で導入していないか？ 57
COLUMN　生成AIとは何か 59

第2章 プロンプトで生成AIを操る 61

2.1 システムプロンプトとユーザープロンプト 63
2.1.1 業務で使うプロンプト：再利用か使い捨てかを見極める 65
2.1.2 迅速かつ簡潔な使い捨てプロンプトの生成 Practice 66
2.1.3 再利用するプロンプトの抽象化・パーツ化 Practice 66

2.2 プロンプトの構成要素 — AIに適切な情報を提供するための情報戦略 69
2.2.1 情報構造化の3要素 Practice 70
KEYWORD　情報アーキテクチャ（Information Architecture - IA） ... 73
2.2.2 箇条書きを用いた条件指定 Practice 73
2.2.3 制約指示の段階的導入 Practice 75
2.2.4 プロンプト修正戦略 Practice 75
2.2.5 約束を破るAIの対応強化 Practice 78
2.2.6 専門性を引き出すロールプレイ Practice 79
2.2.7 即席ロールプレイ Practice 82

- 2.2.8 Few-shotプロンプティング Practice ... 83
- 2.2.9 Zero-shotプロンプティング Practice ... 86

2.3 状況に応じたプロンプトの調整戦略 ... 88
- 2.3.1 プロンプトの質と量のバランス ... 88
- 2.3.2 必要最低限のプロンプト Practice ... 88
- 2.3.3 効率重視の言語選択戦略：英語と日本語の使い分け ... 89
- 2.3.4 母国語による高速イテレーション Practice ... 91
- 2.3.5 英語プロンプトを用いた精緻化 Practice ... 93
- 2.3.6 文脈分離のための区切り文字 Practice ... 93
- COLUMN ChatGPTが盛り上がる「その瞬間」は予知できたか ... 95

第3章 プロンプトの実例と分析 ... 97

3.1 Reactのコンポーネント生成プロンプト ... 100
- 3.1.1 核となるプロンプトはシンプルに - ロールプレイと基本指示 ... 102
- 3.1.2 精度向上を狙う - 要件を確実に満たす指示 ... 102
- 3.1.3 プロンプトの出力を制御 - フォーマットの指示 ... 103
- 3.1.4 使う技術の指定 - 条件の明確化 ... 103
- 3.1.5 プログラムからの利用を考慮 - 出力形式に関する指示 ... 105
- 3.1.6 プロンプトエンジニアリングのエッセンスをちりばめる ... 106

3.2 スクリーンショットからのUI生成プロンプト ... 107
- 3.2.1 あなたは熟練した開発者 - ロールプレイ ... 110
- 3.2.2 「端折らず全部書け。全部だ！」 - 文脈を強調する指示 ... 110
- 3.2.3 使う技術を外部から提供 - 条件の明確化 ... 111
- 3.2.4 完全なコードのみを返す - 出力形式の指示 ... 112
- 3.2.5 目的に特化した具体的なプロンプト設計 ... 112

3.3 SQLクエリ生成プロンプト ... 113
- 3.3.1 あなたはSQLの専門家 - ロールプレイと指示 ... 116
- 3.3.2 絶対にしないでください - 強い禁止の指示 ... 117
- 3.3.3 注意してください - 指示にプライオリティを持たせる ... 118

  3.3.4　出力を整える - フォーマット指定 118
  3.3.5　実行前に命を吹き込む - コンテンツの挿入 119

3.4　プロンプトにおける文脈情報の重要性 ... 120

3.5　汎用エージェントのプロンプト ... 121

    COLUMN　マルチエージェント 122
  3.5.1　汎用エージェントのプロンプトは参考になるか 123
  3.5.2　OpenHandsのプロンプトデザイン 124
  3.5.3　明確な能力と行動範囲 - ロール設定 125
  3.5.4　複数のタスクを実行するためのプラン設計 - 全体計画 126
  3.5.5　タスクの依存関係を整理 - タスクの順序付け 126
  3.5.6　タスク実行に一貫性をもたらす - 履歴管理 127
  3.5.7　エージェントの行動を指定 - アクションの定義 128
  3.5.8　AIの思考と行動のバランス - フロー制御 129

3.6　プロンプトエンジニアリングの本質 ... 130

  3.6.1　ユーザープロンプトは雑でいい 131
  3.6.2　プロンプトの質を向上させるためのヒント 132

第4章　AIツールに合わせたプロンプト戦略 ... 135

4.1　自動補完型AIツール ... 136

  4.1.1　ユーザーによるプロンプトの最小化 139
  4.1.2　インクリメンタルな実装のサポート 139
  4.1.3　迅速なレスポンスと集中力の維持 141
  4.1.4　コメントによるAIへの指示強化 `Practice` 142
  4.1.5　AIツールへの情報提供管理 `Practice` 144
  4.1.6　コード定義の明示的提供 `Practice` 145
  4.1.7　重要ファイルのピン留めによる即時参照体制 `Practice` 147

4.2　対話型AIツール ... 148

  4.2.1　文脈の柔軟なコントロール 149
  4.2.2　多様なファイル形式のサポート 151

- 4.2.3 外部情報へのアクセス ... 152
- 4.2.4 履歴の積み上げと再利用 ... 153
- 4.2.5 プロンプトの明確化 Practice ... 154
- 4.2.6 プロンプト品質の早期評価 Practice ... 156
- 4.2.7 AI駆動のプロンプト生成 Practice ... 158
- 4.2.8 AIによる自動リファクタリング Practice ... 160
- 4.2.9 AI可読性を考慮した情報設計 Practice ... 163

4.3 エージェント型AIツール ... 166
- 4.3.1 AIタスク適性の事前評価と粒度調整 Practice ... 167
- 4.3.2 エージェントへの部分的な依頼 Practice ... 169
- 4.3.3 ニーズに合ったツールを見つけよう ... 170
  - COLUMN 生成AIの出力は、加点評価で ... 171

第5章 AIと協働するためのコーディングテクニック ... 173

5.1 AIによる作業単位の最適化 ... 174
- 5.1.1 関心の分離によるコード最適化 Practice ... 175
  - KEYWORD 単一責任の原則(Single Responsibility Principle) ... 176
- 5.1.2 AI効率を考慮したファイル編成 Practice ... 176
- 5.1.3 小さなコードチャンクによる段階的作業 Practice ... 178

5.2 コードのAI可読性向上 ... 181
- 5.2.1 AIとの協働を意識した命名 Practice ... 181
- 5.2.2 検索最適化された命名戦略 Practice ... 182
  - COLUMN ベクトル検索の限界 ... 184
- 5.2.3 AIによる適切な命名の提案 Practice ... 185
- 5.2.4 一意な変数名付与の徹底 Practice ... 186

5.3 AIと協働する際のコーディングスタイル ... 187
- 5.3.1 スタイルガイドの明示的提供 Practice ... 189
- 5.3.2 スタイルガイドのカスタマイズ Practice ... 190

5.4 付加情報の提供によりAIの理解を助ける ... 190
- 5.4.1 標準化されたコード内ドキュメント `Practice` ... 191
- 5.4.2 必要最小限のコメント追加 `Practice` ... 192
- 5.4.3 アノテーションを活用した意図伝達 `Practice` ... 195

5.5 AIが持つ知見を最大限に引き出す ... 197
- 5.5.1 情報ニーズに応じたツール選択 `Practice` ... 198
- 5.5.2 創造性を引き出すオープンクエスチョン `Practice` ... 199
- 5.5.3 数量指定によるAI発想促進 `Practice` ... 200
- 5.5.4 AIからの未探索アイデア抽出 `Practice` ... 200
- 5.5.5 アイデア評価のためのチェックリスト生成 `Practice` ... 203
  - COLUMN　AIに提案された実装方法を疑う ... 203

第6章 AIの力を引き出す開発アプローチ ... 207

6.1 AIに適したコードアーキテクチャ ... 208
- 6.1.1 ネストの削減によるAI協働の効率化 `Practice` ... 209
- 6.1.2 AIに触れさせないコードの分離 `Practice` ... 210
  - KEYWORD　DRY原則（Don't Repeat Yourself） ... 213
- 6.1.3 将来の拡張を考慮したコード設計 `Practice` ... 213
  - KEYWORD　OCP原則（Open-Closed Principle） ... 215
- 6.1.4 体系的なリファクタリング手法の適用 `Practice` ... 215
- 6.1.5 小規模OSSの再実装 `Practice` ... 218
  - COLUMN　left-pad問題の教訓 ... 220

6.2 AIを活用したコード品質向上 ... 221
- 6.2.1 AIを活用したユニットテストの生成 `Practice` ... 222
- 6.2.2 テスト条件の明確化 `Practice` ... 224
- 6.2.3 網羅的テスト設計のためのデシジョンテーブル活用 `Practice` ... 225
- 6.2.4 状態遷移図を経由したテストコード生成 `Practice` ... 228
- 6.2.5 不要なテストの排除 `Practice` ... 230
  - COLUMN　AI時代にはシフトライトが必要になるのか ... 232

6.3　コードリーディングにおけるAIの活用 232
6.3.1　自然言語でのコードロジック説明 `Practice` 233
6.3.2　複雑なロジックの視覚的表現生成 `Practice` 234

6.4　コードレビューにおけるAIの活用 237
6.4.1　Big-O記法にもとづくパフォーマンス改善 `Practice` 238
6.4.2　BUDフレームワークを用いたコード最適化 `Practice` 241
6.4.3　データ構造の妥当性評価 `Practice` 244
6.4.4　SOLIDにもとづくコード品質向上 `Practice` 246
6.4.5　Chain-of-Thoughtプロンプティング `Practice` 247

第7章　生成AIの力を組織で最大限に引き出す 251

7.1　AI時代の競争優位性を高めるための開発組織戦略 252
7.1.1　オープンソースの文化を組織に取り入れる 254
7.1.2　インナーソースの原則 256
7.1.3　インナーソースの運用 257
7.1.4　組織内コード共有のルール化 `Practice` 259
7.1.5　メンテナーの明確化 `Practice` 260
7.1.6　社内のソフトウェアカタログ `Practice` 262
7.1.7　経営層を巻き込んだ技術共有戦略 `Practice` 263
7.1.8　安全なコード共有体制の構築 `Practice` 264
COLUMN　「生成AIでアプリを作れるから開発費を下げろ」という考えは現実的ではない 267

7.2　AI時代のソフトウェア開発手法をチームで体得する 268
7.2.1　AIモブプログラミング `Practice` 269
7.2.2　AIペアプログラミング `Practice` 270
7.2.3　プロンプトのユースケース共有 `Practice` 271
7.2.4　AI活用の推進チャンピオン育成 `Practice` 272

7.3　AIとドキュメント 273
7.3.1　AIフレンドリーな情報整理 `Practice` 274

  7.3.2　実装からの仕様書生成 `Practice` 277

7.4　AI時代に適合したチーム技術スタックの最適化 279
  7.4.1　AI時代に適した技術スタックの選定 `Practice` 279
  7.4.2　情報資源のポータビリティ向上 `Practice` 280
  7.4.3　AI生成コードのセキュリティ対策 `Practice` 281

7.5　生成AI導入効果の評価 284
  7.5.1　Developer Experience（開発者体験） 284
  7.5.2　Four Keysによる開発プロセス評価 `Practice` 286
  7.5.3　SPACE Frameworkによる開発者体験評価 `Practice` 288
  7.5.4　開発支援AIツールの導入評価 `Practice` 289
  7.5.5　AIツール導入の価値を見極める 291

第8章　開発におけるAI活用Tips 293

8.1　エディターとターミナルを使いこなす 294
  8.1.1　エディターにおける余計な情報の排除 `Practice` 294
  8.1.2　自動ライセンスチェックの活用拡大 `Practice` 295
  8.1.3　エディター統合型ターミナルの活用 `Practice` 296
  8.1.4　ハルシネーションを防ぐヘルプ情報活用 `Practice` 297
  8.1.5　差分情報を活用したコミット文の品質向上 `Practice` 299

8.2　データを自在に操る 300
  8.2.1　AIによる正規表現生成支援 `Practice` 301
  8.2.2　多様な日付フォーマットの認識 `Practice` 304
  8.2.3　POSIX CRON式の逆引き `Practice` 305
  8.2.4　ニッチなデータフォーマットの変換 `Practice` 306
  8.2.5　AIを活用した非構造化データの分類 `Practice` 307
  8.2.6　データ前処理の効率化 `Practice` 308

8.3　Web開発を加速するAIテクニック 310
  8.3.1　SEOの改善提案 `Practice` 310
  8.3.2　アクセシビリティ評価 `Practice` 311

8.4 AIとの協働に欠かせないツール活用法 314
- 8.4.1 diffコマンドを用いた変更箇所の特定 `Practice` 314
- 8.4.2 プロンプトライブラリの構築と活用 `Practice` 315
- 8.4.3 AIフレンドリーなMarkdownへの変換 `Practice` 317
- 8.4.4 Mermaidを活用したAI可読性の高い図表作成 `Practice` 321
- 8.4.5 PlantUMLによる複雑な図表のAI可読化 `Practice` 323

第9章 AI時代をリードするために 327

9.1 AIを使ってより多くを成し遂げる 328
9.2 組織として技術や知識を共有し、育てる 329
9.3 "好奇心"こそ新時代のエンジニアの原動力 332

Appendix Practice Guide 335

索引 344

第1章
生成AIがエンジニアリングの常識を変える

1 生成AIがエンジニアリングの常識を変える

　生成AIの登場により、ソフトウェアエンジニアリングの世界に大きな変化が起きています。特にコーディングの分野では、AIがエンジニアの強力なアシスタントとして機能し始め、多くのエンジニアの働き方を根本から変えつつあるのです。

　現在、以下のようなタスクで生成AIの活用が特に進んでいます[*1]。

1. コード生成
   - 指示文からの高品質なコード自動生成
   - ボイラープレートコードの自動生成
2. 問題解決のサポート
   - エラーメッセージの解釈と解決策の提示
   - ライブラリやフレームワークの使い方の説明
3. ドキュメンテーション
   - コードからのドキュメント自動生成
   - コードにコメントを追加
4. コードの学習
   - コードベースに関する質問への回答
   - コードの構造やパターンの解説
5. コードレビューとリファクタリング
   - コードの可読性向上のための提案
   - パフォーマンス改善のためのコード最適化提案
6. テストケース作成
   - ユニットテストの自動生成
   - テストケースのカバレッジ向上

　生成AIの基盤となる大規模言語モデル（Large Language Model、LLM）は、インターネットなどから収集した膨大なテキストデータで事前学習さ

[*1] 2024年のStack Overflowによる開発者調査において、エンジニアリングにおけるAIの活用が進んでいるタスクとして、コード生成（82.55%）、回答の検索（67.5%）、デバッグとヘルプ（56.7%）、コードのドキュメント化（40.1%）、コンテンツや合成データの生成（34.8%）、コードベースの学習（30.9%）などが挙げられている。https://survey.stackoverflow.co/2024 より抜粋。

れています。たとえば、OpenAI[*2]のGPT-4は数兆規模のパラメータを用いて学習されたと言われています。この莫大なデータ量により、大規模言語モデルは言語の規則性やパターンを深く理解し、高度な言語処理能力を獲得しています。

モデルの学習には、インストラクションチューニング[*3][*4]という手法も用いられています。これは、タスクに対する「指示」と「回答」のペアを学習させる方法です。この手法により、AIは人間の指示に適切に応答する能力を身につけました。

さらに、AIの進化は言語処理だけにとどまりません。画像や音声を扱えるマルチモーダルモデルも登場しています。これにより、AIの応用範囲は大きく広がっています。たとえば、画像からテキストを生成したり、音声を認識して翻訳したりすることが可能になっています。

このように、生成AIの可能性は多岐にわたりますが、特にコード生成における成果は顕著です。AIは開発者の指示にもとづき、高品質なコードを生成し、複雑なプログラミングタスクを効率的に遂行できます。

たとえば、「オセロゲームをJavaScriptとHTMLで作って。ゲームボードとコマに影をつけて3Dっぽくしてください」とAIに指示すると、わずか数秒で驚くほど洗練された、動作するコードが生成されます。

[*2] ChatGPTなどのAIツールやGPT-4oをはじめとする先端AIモデルを提供し、業界を代表するAI企業。https://openai.com/

[*3] Wei, J., Bosma, M., Zhao, V., Guu, K., Yu, A., Lester, B., Du, N., Dai, A., & Le, Q. (2021). Finetuned language models are zero-shot learners. arXiv preprint arXiv:2109.01652. https://arxiv.org/pdf/2109.01652

[*4] インストラクションチューニングとは、言語モデルの構成を変えずに、複数のタスクでファインチューニングする手法。タスク毎にテンプレートを用意し「プロンプト（タスクの指示と事例）＋出力」という形式の学習データに変換することで、追加学習が可能。/ cf. 大規模言語モデルの驚異と脅威 https://speakerdeck.com/chokkan/20230327_riken_llm

1 生成AIがエンジニアリングの常識を変える

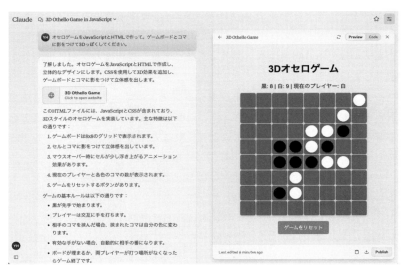

図1.1 AIが生成したオセロゲームの例

　さらに、「この関数のユニットテストを書いてください」という要求にも、AIは迅速に対応します。通常は時間がかかるテストコードの作成も、AIを使えば楽に行うことができます。このように、生成AIは開発を大幅に効率化する可能性を秘めています。

　また、生成AIの真の価値は、作業時間の短縮だけにとどまりません。その創造性と柔軟性も大きな特徴です。たとえば、新機能の実装アイデアを考える際、AIに相談することで斬新な提案を得られるかもしれません。さらに、AIは特定のアプローチに対してメリットとデメリットを分析する能力も持っています。この分析にもとづいて、より効果的な代替案を提示してくれるのです。

　まさに**革命的な能力**と言えるでしょう。

　このように、生成AIは効率化ツールにとどまらず、人間の創造性を刺激し、問題解決に新たな視点をもたらす頼れるパートナーとなります。

1.1
変化は「今」起こっている — さて、どうする？

　生成AIの登場により、エンジニアリングの常識は大きく変わりました。では、この変化はエンジニアの仕事の終焉を意味するのでしょうか？

　結論から言えば、エンジニアの仕事がAIに完全に奪われることはないでしょう。むしろ、AIとの共存は私たちの仕事をより創造的で価値あるものに変えていく可能性を秘めています。そもそもエンジニアに求められるのは、単なるコーディングスキルではなく、問題解決能力や創造性です。

　生成AIは表現や手段の改善に優れていますが、責任を伴う判断は、依然として人間の役割です。また、AIには全く新しい概念を生み出すことや、複雑な状況を理解して適切に解を導き出す能力に限界があることも事実です。これらの能力こそが、人間の価値を示す貴重な資質といえるでしょう。

　開発におけるAIの導入は不可逆の流れであり、個人としては、AIを使いこなして数段階上のレベルに進化できるチャンスが与えられていると言えるでしょう。たとえば、AIを使ってコードの下書きを作成し、人間がそれを洗練させるという作業フローが一般的になりつつあります。こうして生まれた余裕によって、エンジニアはより本質的な問題解決や創造的な活動にフォーカスできます。これは、個人としてもチームとしても、より多くのことを短時間で成し遂げられるチャンスです。

1.2
生成AIへの過度な期待と現実のギャップ

　「さあ、さっそくAIを活用しよう！」と飛びつきたくなる気持ちはよくわかります。でも、ちょっと待ってください。慎重に一歩引いて、生成AIの本質を理解し、可能性と限界を見極めることが大切です。

　「プログラミング知識不要でアプリ開発！」「プロンプト一つでAIがア

プリを生成！」といった刺激的な見出しを目にする機会が増えていますが、こうした主張には注意が必要です。現実には、これらの期待と実際の技術レベルの間にはまだ大きなギャップが存在しています。

生成AIについて、よく聞かれる疑問に、次の5つがあります。これらの疑問は、AIの本質を理解する上で重要なポイントになります。

- プロンプトエンジニアリングのテクニックがAI時代には重要なのか？
- AIによりエンジニアはいらなくなるのでは？
- AIは若手エンジニアに使わせると危険なのでは？
- 開発にはChatGPTだけがあれば十分か？
- AIの導入目的は生産性向上か？

間違った情報や誇張された表現に惑わされ、AIに非現実的な期待を寄せてしまうと、実際に使ってみたときにがっかりするかもしれません。そして何より、AIの仕組みを理解していないと、せっかく学んだことを応用することが難しくなります。正しい理解こそが、AIを効果的に活用するための第一歩なのです。

そこで、焦る気持ちとドキドキを脇に置き、まずは生成AIについて、先ほどの5つの疑問を軸に一緒に考えていきましょう。AIの本質について考えることにより、AIにどうアプローチすればよいのか、その道筋が見えてくるはずです。

1.3
プロンプトエンジニアリングのテクニックはあまり重要ではない

まずは1つ目の疑問である「プロンプトエンジニアリングのテクニックがAI時代には重要なのか？」について考えていきましょう。

プロンプトエンジニアリングは新たなスキルとして、まるで魔法の呪文

のように人々を惹きつけています。**プロンプトとは、AIに与える指示文のことを指します**。その内容次第でAIの出力が大きく変化するのです。

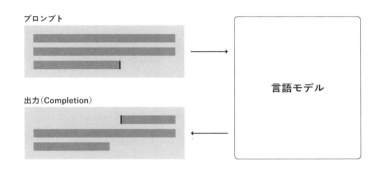

図1.2　言語モデルに与えるプロンプトによって出力が変化する

　そして、このプロンプトを操る手法を指すプロンプトエンジニアリングは、**出力の精度を向上させ、安定させるために欠かせないテクニック**として注目されています。しかし、プロンプトエンジニアリングという言葉は人によって異なる解釈がされることがあり、その本質があいまいになりがちです。その考え方は時に都合よく解釈され、独り歩きしている面も否めません。たとえば、Few-shotプロンプティング[*5]やChain-of-Thoughtプロンプティング[*6]など、一見すると難解で高度なテクニックが次々と登場し、AIの目覚ましい進化を支えているように見えます。

　ここで明確にお伝えしたいことがあります。

　読者のみなさんの**日々の作業において**、こうしたテクニックは、**一般的に期待されているほど大きい効果を生み出しません**。

　流行に乗り遅れまいとする欲求から、無批判に必要なものととらえがちですが、こうしたテクニックが日常の業務で必須とは必ずしも言い切れな

[*5] Few-shotプロンプティングは少数の例を示してAIの出力精度を向上させる手法です。
[*6] Chain-of-Thoughtプロンプティングは段階的な思考プロセスをAIに示して、より論理的な出力を促す手法です。

いのです。

1.3.1 用語の意味を正確にとらえる

では、プロンプトエンジニアリングとは、AI時代においてどのような位置付けなのでしょうか？これだけプロンプトエンジニアリングという言葉が注目されているのですから、何かしらの理由があるはずです。この言葉の本質を見極めるためには、その定義を明確にしておく必要があります。

実際、プロンプトエンジニアリングという用語は、広義と狭義の2つの意味で使われています。広義と狭義の区別は、本書で理解を深めるために便宜的に設けた表現ですが、実際の業界におけるとらえられ方を反映しています。

世間で使われるプロンプトエンジニアリングという言葉の意味を正確に理解することで、AIとの協働における本質的な価値を見極めることができます。この理解は、AIを効果的に活用する上での基盤となります。

■── 広義のプロンプトエンジニアリング

広義のプロンプトエンジニアリングは、生成AIへの入力全般に対するアプローチを指し、人間の論理思考能力や言語能力、専門知識まで含めた幅広いスキルを指しています。つまり、習得すべきテクニックというよりは「**AIへの理解**」と「**人間の能力そのもの**」を表していると言えるでしょう。

たとえば、以下のように用語が使われる場合は、広義の意味で使われています。

- AI人材の育成が急務になったので、プロンプトエンジニアリングのトレーニングを社員に施したい。
- AIに正しいテストケースを作成させるために、プロンプトエンジニアリング技術が必要だ。
- AIは不正確な情報を出力する可能性があるから、プロンプトエンジニアリングのスキルを持つエンジニアが必要だ。

このような使われ方は誤用とまでは言い切れないものの、**プロンプトエンジニアリングの本質をあいまいにしてしまう**可能性があります。テストケース作成やコードレビュー、ドキュメント作成など、生成AIの登場以前から必要とされてきた専門知識やスキルまでもが定義の中に含まれてしまうためです。

■ 狭義のプロンプトエンジニアリング

狭義のプロンプトエンジニアリングは、AIとの対話を最適化する具体的なテクニックに焦点を当てています。これは、AIに与える文章の例示方法を工夫することや、特定のキーワードを使用することでAIの出力精度を高める具体的な手法を指します。

たとえば、Few-shotプロンプティングやChain-of-Thoughtプロンプティング[*7]などのテクニックがこれに該当します。Few-shotプロンプティングは少数の例を示してAIに学習させる方法で、Chain-of-Thoughtプロンプティングは AI の段階的な思考プロセスを促進する手法です。これらの手法は、決まりきった変換作業や出力作業など、繰り返される作業で特に効果を発揮します。

より具体的には、以下のように用語が使われる場合は、狭義のプロンプトエンジニアリングの意味で使われています。

- AIが出力するコードのフォーマットを安定させるために、プロンプトエンジニアリングのFew-shotプロンプティングのテクニックが役立つ。
- AIの推論精度を向上させるために、プロンプトエンジニアリングのテクニックを用いて試行錯誤を繰り返す。

狭義のプロンプトエンジニアリングは、作業メモからのドキュメント生成や特定フォーマットへの変換など、さまざまな日常業務において有用ですが、高精度な出力が求められる場面で特に役に立ちます。生成AIを利用したアプリケーションを作る際、安定した性能を実現するには、綿密な

[*7] 各テクニックの詳細な説明について、Few-shotプロンプティングは2.2.8で、Chain-of-Thoughtプロンプティングは6.4.5で取り扱います。

プロンプト設計が欠かせません。

たとえば、チャットボットの開発では、多様な質問に適切に応答する必要があります。また、Webデザインの自動生成サービスでは、ユーザーの要望に沿ったUIを作成しなければなりません。つまり、ユーザーからの予測不可能な入力にも柔軟に対応し、一貫した質の高い出力を維持する能力が必要となります。これらのケースでは、人間の介入なしにさまざまな入力に対応できる堅牢なプロンプト設計技術が求められます。

■ **本書におけるプロンプトエンジニアリング**

本書の目的は、AIへの理解を深め、AIから効果的に情報を引き出す能力全般を高めることです。これはこのセクションで説明した「広義のプロンプトエンジニアリング」と呼ばれる概念に相当します。単なる定型的なプロンプトの書き方のテクニックにとどまらず、AIとのコミュニケーションの本質を見極めることが、本書の目指すところです。

一方で、本書では「プロンプトエンジニアリング」という用語を、より限定的な**狭義の意味**で使用します。具体的には、効果的なプロンプトを設計するための技術や方法論を指します。プロンプトの最適化、安定化、精度向上などがこれに含まれます。

狭義の定義を採用する理由は、「プロンプトエンジニアリング」という言葉の意味を明確にするためです。広義では、エンジニアに必要な全てのスキルを含んでしまい、用語の特殊性が失われてしまいます。狭義の定義により、この分野特有の技術や課題に焦点を当てることができます。本書では、狭義のプロンプトエンジニアリングに触れつつも、より広範なAIとの対話スキル向上を目指します。

1.3.2 安定性と精度の追求こそプロンプトエンジニアリングの真髄

プロンプトエンジニアリングの真髄は、AIとの対話を安定させ、精度を向上させることにあります。同じAIモデルでも、プロンプトの設計次第で出力品質が大きく変わることがあります。これまで、さまざまなプロン

プトエンジニアリングのテクニックが開発されてきました。

以下は、本書でも説明するプロンプトエンジニアリングのテクニックの一部です。

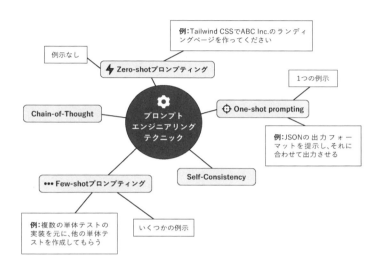

図1.3　プロンプトエンジニアリングの主要テクニック

抽象的なプロンプトを使用した場合、得られる結果には限界があります。たとえば、以下のような漠然としたプロンプトを与えると、AIはインターネットで見つかるような一般的なサンプルコードを返すにとどまるでしょう。

Pythonで軽量なWeb APIを実装するサンプルコードを書いて

一方で、プロンプトエンジニアリングのテクニックを活用すると、状況は改善します。より詳細な条件を加え、例示による精度向上を狙うテクニックであるFew-shotプロンプティングを使い、AIに具体的なサンプルコードを生成させてみましょう。このテクニックを用いると、AIはより的

確で詳細な、自分好みのコードを返してくれます。

PythonのFastAPIを使いAPIを実装します。
以下が実装の条件です

- Userモデルを操作するためのCRUD APIを実装する。
- Userモデルは以下のフィールドを持つこと：id、name、email、age、password_hash
- SQLAlchemyを使用してデータベース操作を行うこと。
- パスワードはハッシュ化して保存し、レスポンスには含めないこと。
- 適切なHTTPステータスコードを返すこと。
- エラーハンドリングを行うこと。

```json
[{
  "name": "John Doe",
  ... 中略
  "age": 30
},{
  ... 中略
}]
```

```python
from fastapi import FastAPI, HTTPException, Depends
from sqlalchemy import create_engine, Column, Integer, String

# 中略：他の sqlalchemy関連のライブラリやモデル関連のライブラリのimport

app = FastAPI()

SQLALCHEMY_DATABASE_URL = "sqlite:///./users.db"
engine = create_engine(SQLALCHEMY_DATABASE_URL)

# 中略：SQLAlchemyのセットアップ

# Userモデル
class User(Base):
    __tablename__ = "users"

    id = Column(Integer, primary_key=True, index=True)
    name = Column(String)
    email = Column(String, unique=True, index=True)
    age = Column(Integer)
    password_hash = Column(String)

# 中略：Pydanticモデル、データベースセッションのセットアップ

@app.post("/users/", response_model=UserResponse, status_code=201)
def create_user(user: UserCreate, db: SessionLocal = Depends(get_db)):
    db_user = db.query(User).filter(User.email == user.email).first()
    if db_user:
        raise HTTPException(status_code=400, detail="Email already registered")
    hashed_password = pwd_context.hash(user.password)
    db_user = User(name=user.name, email=user.email, age=user.age, password_hash=hashed_password)
    db.add(db_user)
    db.commit()
    db.refresh(db_user)
    return db_user

# 省略：他のCRUD APIの実装
```

AIとのコミュニケーションを効果的に行うためには、さまざまなテクニックがあります。出力形式の指定や例示によるデモンストレーション、言語モデルの役割定義などがその例です。これらの詳細については、後の章で詳しく説明します。

AIは常に期待どおりの結果を提供するわけではありません。しかし、出力を確認しプロンプトを調整することで、より望ましい結果を得ることができます。生成AIは、必ずしも最初から期待どおりのコードを提供してくれるわけではありませんが、出力を見てプロンプトを調整することで、**AIの出力を制御できる**のです。

1.3.3 エンジニアリングタスクの多くは一点もの

開発現場では、**創造性を要する一度きりのタスクが多い**のが特徴です。ルーティンワークの多くはすでに自動化されており、エンジニアの役割はむしろその自動化を進めることにあります。この特性は、AIツールの活用において重要な意味を持ちます。各タスクの異なる要求に柔軟に対応する能力が求められるからです。たとえば、新機能の設計や複雑なバグの修正など、状況に応じた独自の解決策が必要となります。

タスクの多様性と一回性を考えると、**完璧なプロンプトを作る必要はありません**。むしろ、**即興で使い捨てのプロンプトを生み出し、AIとの対話を通じて出力を調整する能力**が重視されます。タスクの本質をすばやく見抜き、自らの知見をAIに的確に伝えることが、創造的な作業を効率的に進める鍵となります。

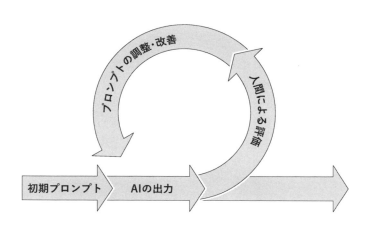

図1.4　プロンプト改善のフィードバックループ

　生成AIへの適切な指示、つまり効果的なプロンプトの組み立てはたしかに欠かせません。しかし、生成AIを使いこなすために、いきなりプロンプトエンジニアリングの各種テクニックに飛び込むのは得策ではありません。それは「木を見て森を見ず」の状態に陥る危険性があります。つまり、テクニックだけにとらわれて、本質的な問題解決能力の観点を見失う可能性があるのです。

　たとえば、「例を提供すると出力コードの品質が向上する」というテクニックは有用です。しかし、何を生み出したいのか、その背景にある文脈と実現したい技術が理解できていなければ、そのテクニックは十分に機能しません。たとえば、AIにコードのリファクタリングを依頼する際、単に「効率的なコードを書いて」と指示するだけでは不十分です。代わりに、具体的な要件や制約条件、目指すべき成果を明確に伝えることで、より適切な結果を得ることができます。AIはあくまで補助的な役割であり、エンジニア自身の判断力が不可欠です。

1.3.4 プロンプトエンジニアリングのテクニックは銀の弾丸ではない

　ここまでの論点をまとめると、プロンプトエンジニアリングとは、生成AIへのアプローチを考える姿勢であるともとらえられます。これは、ビジネスにおける「ロジカルシンキング」に似ています。ロジカルシンキングは重要ですが、MECEやロジックツリーなどの具体的なテクニックが全ての場において不可欠なわけではありません。同じように、プロンプトエンジニアリングは重要でも、その具体的なテクニックが全ての場において不可欠なわけではありません。

　伝えたい中身がない中でロジカルシンキングを使っても、ただの空論になってしまいます。プロンプトエンジニアリングのテクニックは、日々のプログラミング業務に関してはあると便利なテクニック程度であり、全員が専門家になる必要はないでしょう。基本的なテクニックを一通り学ぶだけでも十分なのです。

　プロンプトエンジニアリングのテクニックを学ぶ際にはPrompt Engineering Guide[*8]がおすすめです。10分程度目を通すだけで、一通りのテクニックを把握できるでしょう。

---

*8　https://www.promptingguide.ai/jp

図1.5　Prompt Engineering Guide

　こうしたテクニックは、AIの出力を安定させ、向上させる手段ですが、**どんな入力からもすばらしい出力を引き出す銀の弾丸ではありません**。生成AIを使いこなす際には、プロンプトや特定のテクニックに固執せず、エンジニアとしての**知識や経験**を活かすことが大切です。

1.4 エンジニアの仕事は消えない

　次に「AIによりエンジニアはいらなくなるのでは？」という疑問について考えてみましょう。OpenAIのGPT-3からGPT-4への進化に代表されるように、大規模言語モデルの性能は短期間で飛躍的に向上しています。今後もより優秀なAIモデルやAIツールの登場により、今まで以上にすばらしい出力が可能になるでしょう。また、人間の能力を超えたAIである超AI[*9]がそう遠くない未来に登場し、さまざまな人間の課題を解決すると

---

*9　超AI（Artificial Superintelligence, ASI）は、人間の知能を超えるAIを指します。このようなAIが登場すれば、今まで人間が解決できなかった難問や未知の課題を解決できる可能性があります。

1 生成AIがエンジニアリングの常識を変える

いう予想もあります。

実際、新しい生成AI関連のアップデートがあるたびに、ニュースやソーシャルメディアではさまざまな職業の不要論が取り沙汰されます[*10]。こうした状況を考えると、**エンジニアはいらなくなるのではないか?** という期待や不安は、もっともなものです。

図1.6　日本経済新聞 電子版の記事「GitHubが生成AI　見えてきたプログラマー不要時代」

しかし、思い返してみてください。エンジニア不要論は、技術の進化とともに幾度となく登場してきました。たとえば、クラウドの出現時には

[*10] 図1.6は2023年11月30日に掲載された記事（https://www.nikkei.com/article/DGXZQOUC202KJ0Q3A121C2000000/）のXにおける投稿（https://x.com/nikkei/status/1730050653266010467）です。

「インフラエンジニアが不要になる」という声が一部で上がりました。しかし、実際にはクラウド化により、インフラエンジニアの役割は拡大しました。クラウドの構築や管理という新たな専門性が求められるようになったのです[*11]。

エンジニアリングの現実を考えると、**AIが複雑なすばらしいソリューションを直接生成できたとしても、それを人間が適切に活用できない可能性**には目を背けることはできません。AIが「動く、テストも通る、でも実際には何をしているのかわからないコード」を生成したとして、どうやってそれをプロダクションで運用するのでしょうか。結局のところ、AIが生成したコードを適切に理解し、運用し、改善していくには、エンジニアが必要不可欠です。

このような変化を、**仕事の消失**ではなく、**新たな機会の創出**ととらえることが重要です。AIツールの登場により、エンジニアの役割はたしかに変化しますが、それは同時に新しいスキルの習得チャンスでもあります。ここから、新しい時代に必要なスキルについて考えていきましょう。

1.4.1 うそはうそであると見抜けるエンジニアになる

AIが生成したコードを利用することは、インターネットで見つけたオープンソースのプログラムを利用することと似ています。小さなプログラムであれば理解して使いこなすことは簡単ですが、大規模なプログラムを理解し、効果的に使うためには相応の時間が必要になります。問題が発生した際には、使用者が責任をもって対処しなければなりません。

AIに関しても同様です。**AIが生成したものを正しくレビューし、使用の可否を判断することは必要不可欠**です。

特定の入力に対して常に同じ出力を返すという性質を持つ決定論的なAIモデルとは異なり、大規模言語モデルの出力は**確率論的**です。つまり、同じ入力に対して常に同じ出力が得られるわけではないのです。

[*11] Indeedの調査によれば、クラウドの登場後、クラウドコンピューティングおよびコンテナ化のスキルを求める求人広告の割合は飛躍的に増加しています。Dockerのスキルにいたっては2014年から2019年までの5年間で求人広告の割合が約40倍に増加しています。https://www.hiringlab.org/2019/12/12/big-picture-tech-skill-trends/ より。

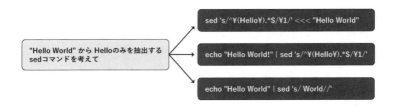

図1.7　確率論的な出力の例

この違いが、AIがコード生成を含むさまざまなタスクをどのように処理するかに大きな影響を与えているのです。

■──── 生成AIにおける「ハルシネーション」の問題

生成AIには「ハルシネーション（Hallucination）」と呼ばれる問題があります。これは、**AIモデルが実際には知らない情報を知っているかのように出力したり、誤った情報を正しいと答えたりする現象**を指します。

ハルシネーションの主な原因は、学習データに含まれる誤情報や偏りです。しかし、これを完全に排除することは困難です。大規模言語モデルの性質上、学習データにない新しい組み合わせの情報生成が可能なため、ハルシネーションは避けられない側面もあります。生成AIは、時として事実と異なる内容を「もっともらしく」出力してしまうのです。

プログラミングの文脈では、AIが実在しないメソッドやプロパティを提案したり、誤った関数の使用法を示したりすることがあります。開発エディターの構文チェック機能は、コードの文法的な誤りは指摘しますが、意味的な正確性までは保証しません。そのため、AIが生成したコードが一見正しく見えても、実際の動作環境で予期せぬエラーや不具合を引き起こす可能性があります。

具体例として、大安と一粒万倍日を計算する関数の生成をAIに指示した場合を考えてみましょう。

 Pythonで大安および一粒万倍日を計算する関数を作って

これに対して、AIは以下のようなコードを生成しました。

```python
def calculate_daiansoku(year):
    """大安祈祷日を計算する関数"""
    # 大安祈祷日は毎年7月15日
    daiansoku_date = datetime.date(year, 7, 15)
    return daiansoku_date

def calculate_ichiryubambai(year):
    """一粒万倍日を計算する関数"""
    # 一粒万倍日は毎年10月17日
    ichiryubambai_date = datetime.date(year, 10, 17)
    return ichiryubambai_date
```

このコードには複数の問題があります。まず、「大安祈祷日」という存在しない概念を作り出しています。また、大安は特定の日付ではなく、六曜の一つで周期的に巡ってくるものです。さらに、一粒万倍日も同様に固定の日付ではありません。これらは日本の文化に詳しい人なら気づく誤りですが、不慣れな領域では、このような誤りを見逃す可能性が高くなります。

AIによって生成されたコードがテストを通過したとしても、それらを無批判にコードベースに組み込むことはリスクを伴います。最終的には、生成されたコードの妥当性や、テストの網羅性、エッジケースの考慮などを人間が確認する必要があります。ハルシネーションに対処するには、生成AIの出力を常に批判的に評価し、複数の信頼できる情報源と照合することが不可欠です。特にプログラミングにおいては、AIが提案したコードを理解し、その動作を確認してから採用するプロセスを徹底することが求められます。

COLUMN

ハルシネーションは適切な表現か

　ハルシネーションという用語の適切性については議論があり、「コンファビュレーション（Confabulation）」という表現がより適切だとする意見もあります。これは日本語だと「作話」「でっちあげ」に該当する言葉であり、深層学習の

生みの親とも言えるGeoffrey Hinton氏は心理学の用語としてより正確なコンファビュレーションの使用を好んでいます[a]。本書では業界で浸透している「ハルシネーション」を使用しますが、この議論の背景を理解することも重要です。

*a https://www.technologyreview.com/2023/05/02/1072528/geoffrey-hinton-google-why-scared-ai/

1.4.2 AIに最適なタスクを割り当てるスキルを磨く

　AIを効果的に活用するには、人間がレビューしやすいように、適切な規模のタスクを割り当てる必要があります。

　AIの能力が向上するにつれ、大規模なタスクをAIに任せたいと考える人もいるでしょう。100ページの仕様書をAIに渡し、ソリューション全体を生成してもらいたいなどと考えるのは自然なことです。AIモデルやAIツールの発展とともに、特定のドメインにおいてはそのようなことも可能になるでしょう。

　AIによる自動生成が特に有効な分野の一つが、フロントエンド開発です。たとえば、create.xyz[*12]というサービスでは、定義を入力するだけでフロントエンドのコードが生成されます。このような視覚的にレビューしやすい領域では、生成AIの活用が特にスムーズに進んでいます。

*12 https://www.create.xyz/

図1.8 create.xyz の編集画面

　しかし、全ての分野で同じようにAIのコード生成を適用できるわけではありません。ロジックやアルゴリズムといった抽象的な概念を扱う領域では、人間による綿密な確認が不可欠です。これらの分野では、処理の流れや論理の正確性を一つ一つ精査する必要があるのです。

　特に数学的な複雑さを持つタスクでは、AIの能力に限界があることが明らかになっています。執筆時点の生成AIは高度な数学の事実関係を調べる際には効果的な助手となりえますが、その全体的な性能は大学院生のレベルを下回ります[13]。このため、複雑な数学的推論や証明を必要とする場面では、人間の専門家による検証が欠かせません。

　このような状況下で、エンジニアの重要な役割は、生成AIの出力が要件を満たし、正確であるかを確認することです。効率的なレビューのためには、**タスクを人間が確認しやすいサイズに分割することが鍵となります。**たとえコード量が少なくても、既存システムとの整合性、依存関係、影響範囲の考慮が不可欠です。適切なタスク分割により、AIと人間の協働が最

---

[13] Frieder, S., Pinchetti, L., Griffiths, R. R., Salvatori, T., Lukasiewicz, T., Petersen, P., & Berner, J. (2024). Mathematical capabilities of chatgpt. Advances in neural information processing systems, 36. https://proceedings.neurips.cc/paper_files/paper/2023/file/58168e8a92994655d6da3939e7cc0918-Paper-Datasets_and_Benchmarks.pdf

適化され、開発プロセス全体の効率と品質が向上します。

大規模なタスクをAIに依頼すると、適切な部分と不適切な部分の判別が困難になる傾向があります。たとえば、200行のスクリプト生成をAIに一括で依頼した場合を想定してみましょう。もし150行目に致命的なバグが潜んでいれば、それまでのレビュー作業が無駄になり、全体の再構築が必要になるかもしれません。このような非効率を避けるには、タスクを小さな単位に分割し、段階的に確認しながら進めることが賢明です。

基本的には先述のプロンプト改善ループの考え方が適用されますが、タスク設計時にはプロンプトだけでなく出力サイズも考慮すべきです。プロンプトを洗練させても、出力が膨大であればレビューの負担は軽減されない可能性があります。そのため、プロンプトの改善と並行して、適切な出力サイズの設定も重要な検討事項となります。

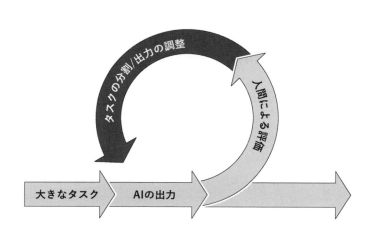

図1.9　プロンプト設計における出力サイズの考慮

生成AIの出力を事前に正確に予測することは困難で、適切なタスクサイズは状況によって変化します。AIモデルの性能、タスクの難易度、使用言語、エンジニアの経験など、多くの要因が関係しています。そのため、「万能なサイズ」を探すのではなく、実験的なアプローチでAIと一緒に最

適なサイズを探っていくことが重要です。

　まずは大きなタスク全体をAIに実行させ、その出力を分析することから始めます。次に、タスクを段階的に小さく分割し、各段階で生成AIの出力を確認します。この方法により、必要に応じて軌道修正し、より精度の高い成果物を早期に得ることができます。このような実験的なアプローチを繰り返すことで、AIとの効果的な協働スキルが磨かれていきます。

1.4.3 　　トークン数の感覚的理解 Practice

　AIとの効果的なコミュニケーションには、「トークン」という概念の理解と適切な制御を心がけましょう。トークンとは、AIモデルが処理する最小単位であり、単語や記号、さらにはその一部分を表します。大規模言語モデルは、このトークンをもとに情報を処理し、出力を生成します。トークン量の適切な管理は、AIとの対話の質と効率に影響があるため、エンジニアにとって重要なスキルとなります。

　トークン化（Tokenization）とは、テキストを意味のある単位に分割するプロセスです。英語では1単語が、日本語では1文字が1トークンに変換されることが多いですが、実際にはより複雑です。大規模言語モデルでは、多くの場合で単語単位ではなく、部分文字列（サブワード）と呼ばれる単位でトークン化を行います。これにより、未知の単語や複合語も効率的に処理できるようになっています。たとえば、GPT-4では「Internationalization」という単語が「International」と「ization」に分割されます。一方、日本語の「こんにちは」は1トークンですが、他の多くの日本語は1文字が1トークンになります。

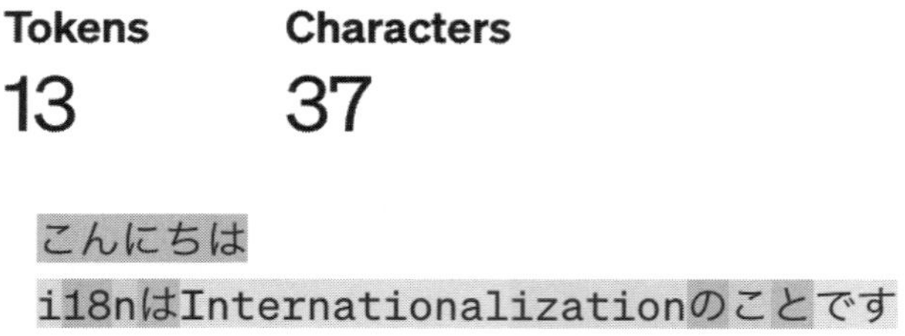

```
Tokens      Characters
13          37
```

こんにちは
i18nはInternationalizationのことです

図1.10 OpenAI Tokenizer の使用例

　言語モデルには、一度に処理できるトークン数の上限があります。たとえば、GPT-3.5は4,096トークン、GPT-4oは128,000トークン、Claude 3.5 Sonnetは200,000トークンまで同時に処理可能[*14]です（[**図1.11**][*15]）。AIの進化に伴い、この上限は増加傾向にありますが、トークン数の増加はコストにも直結します。

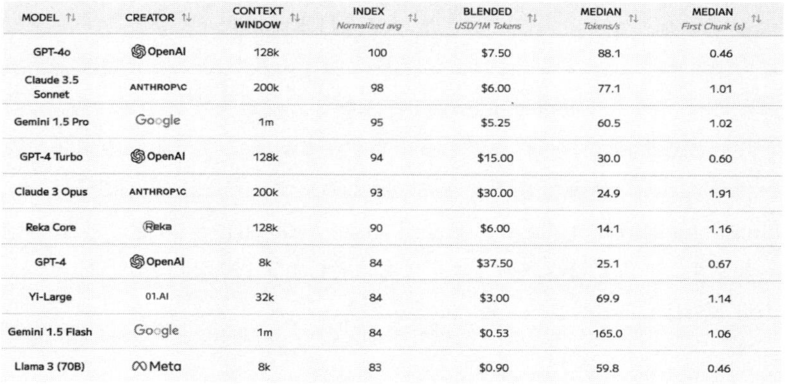

MODEL	CREATOR	CONTEXT WINDOW	INDEX Normalized avg	BLENDED USD/1M Tokens	MEDIAN Tokens/s	MEDIAN First Chunk (s)
GPT-4o	OpenAI	128k	100	$7.50	88.1	0.46
Claude 3.5 Sonnet	ANTHROP\C	200k	98	$6.00	77.1	1.01
Gemini 1.5 Pro	Google	1m	95	$5.25	60.5	1.02
GPT-4 Turbo	OpenAI	128k	94	$15.00	30.0	0.60
Claude 3 Opus	ANTHROP\C	200k	93	$30.00	24.9	1.91
Reka Core	Reka	128k	90	$6.00	14.1	1.16
GPT-4	OpenAI	8k	84	$37.50	25.1	0.67
Yi-Large	01.AI	32k	84	$3.00	69.9	1.14
Gemini 1.5 Flash	Google	1m	84	$0.53	165.0	1.06
Llama 3 (70B)	Meta	8k	83	$0.90	59.8	0.46

図1.11 Artificial Analysis, Inc. によるモデル比較

[*14] 言語モデルが扱うトークン数の上限は、通常は「コンテキストウィンドウ」と呼ばれる一定の数のトークンに制限されます。コンテキストウィンドウとはモデルが一度に考慮できるトークン数のことであり、それを超える情報を保持することはできません。

[*15] **図1.11** は"LLM Leaderboard - Compare GPT-4o, Llama 3, Mistral, Gemini & other models | Artificial Analysis" https://artificialanalysis.ai/leaderboards/models の2024年7月の内容を引用。

1.4 エンジニアの仕事は消えない

　OpenAIが提供するTokenizerは、テキストのトークン化を簡単に行えるツールです[*16]。直感的なインターフェイスを通じて、以下のような重要な洞察が得られます。

- ファイルあたりのトークン数の把握
- プロンプトにおけるトークン数の把握
- 日本語と英語におけるトークン効率の違いの理解

　これらの情報は、AIとのコミュニケーションを最適化する上で非常に有用です。

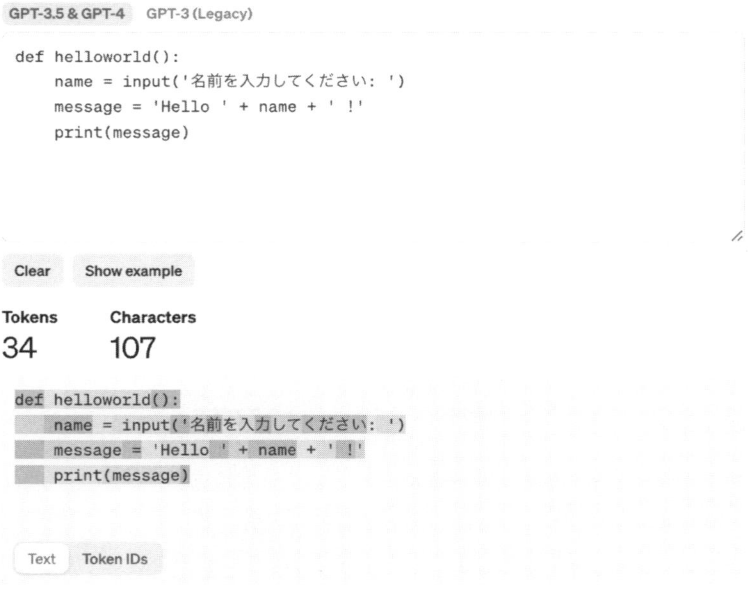

```
GPT-3.5 & GPT-4    GPT-3 (Legacy)

def helloworld():
    name = input('名前を入力してください: ')
    message = 'Hello ' + name + ' !'
    print(message)
```

Clear　Show example

Tokens　**Characters**
34　　　107

```
def helloworld():
    name = input('名前を入力してください: ')
    message = 'Hello ' + name + ' !'
    print(message)
```

Text　Token IDs

図1.12　**OpenAI Tokenizerでコードのトークン数を調査する例**

[*16] このツールは、OpenAIのモデルにおけるトークン数の制限を理解するために有用です。モデルにより異なるトークン化の方法を採用しているため、実際のモデルに合わせたツールを使用しましょう。

トークン制御のバランス感覚を体得するには、以下のような実験的なアプローチがおすすめです。

- 同じ内容を異なる長さで表現し、トークン数の変化を観察する。
- 複数のプログラミング言語での実装を通し、トークン効率を比較する。
- 実際のプロジェクトコードをTokenizerで分析し、ファイルサイズとトークン数の関係を理解する。

たとえば、100行のPythonコードが何トークンになるかを確認し、似た内容のJavaのコードと比較してみるのも興味深いでしょう。この過程で最も重要なのは、普段扱うコードやテキストがAIにとってどの程度の情報量になるかを感覚的に理解することです。特に、普段利用するライブラリや推奨されるコーディング規約に注目し、関数やファイルなどの単位でトークン数を調べてみましょう。

適切なトークン数での情報提供は、AIとの効果的なコミュニケーションの鍵となります。情報が少なすぎれば必要な文脈が不足し、生成AIの出力が不適切になる可能性があります。一方、情報が多すぎればノイズも増加し、精度に影響を与えるだけでなく、処理時間も長くなってしまいます。日々の実践を通じて、最適なバランスを見つける感覚を磨いていきましょう。

1.4.4　トークン数の調整による精度維持 `Practice`

生成AIへの情報提供には戦略が必要です。執筆時点では1000から2000トークン程度を目安にトークン数を調整すると良いでしょう。単に大量の情報を与えるのではなく、AIにとって本当に役立つ情報を選別することが鍵となります。たとえば、タスクに直接関連する事実や背景情報は有益ですが、余計な詳細や関係のない話題はAIにとってはノイズでしかありません。

トークン数が増えると、予測の不確実性が高まり、ハルシネーションのリスクも増大します。入力の長さが増えるとモデルの推論精度が低下する

という研究結果もあります[17][18]。

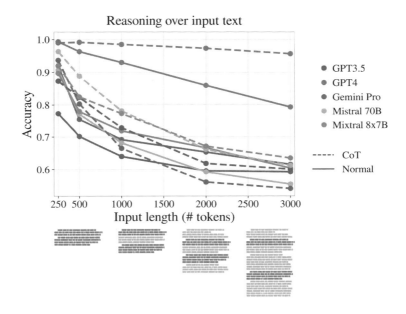

図1.13　トークン数と精度の関係を示すグラフ

　本書における1,000から2,000トークンという目安は、人間の認知能力も考慮しています。過剰な情報提供は、AIだけでなく人間側の負担も増やしてしまう可能性があるのです。具体的には、AIへの入力内容の把握や出力の理解に時間がかかり、重要なポイントを見逃すリスクが高まります。
　しかし安心してください。2,000トークンは意外と長い文章で、英語で書かれたプログラムを想定すると7,000文字（キャラクター）程度です。プログラミング言語やフレームワークが持つ表現の冗長性によって異なりますが、執筆時点では、AIに渡すべきファイル数はせいぜい数ファイル程

---

[17]　Levy, M., Jacoby, A., & Goldberg, Y. (2024). Same task, more tokens: the impact of input length on the reasoning performance of large language models. arXiv preprint arXiv:2402.14848. https://arxiv.org/pdf/2402.14848

[18]　AIモデルの精度によって異なりますがGPT-4の場合、2,000トークンを超えると精度が低下する可能性があります（2024年時点）。

度のコードと言えるでしょう。これはAIに文脈を提供するには十分すぎる長さです。

AIに与えて有効なトークン数および推論精度は、技術の進歩とともに改善されていくでしょう。本書の執筆時点でも、新しいAIモデルが次々と登場し、トークン数の制限が緩和され続けているほか、精度も短期間で飛躍的に向上しています。

ここでのポイントは、万能なトークン数を見つけることではありません。重要なのは、AIの能力を最大限に引き出しつつ、正確性と効率性を確保することです。そのためには、特定の言語モデルに対して、そしてそれを扱う人間にとって最適なトークン数を見極め、適切な指示を出すことが不可欠です。

> **COLUMN**
>
> ### 「全コードを読ませたい」という願望は一旦捨てる
>
> 生成AIを活用する際、「情報を与えれば与えるほど良い」という考えに陥りがちです。その典型例が「プロジェクトの全コードベースをAIに読ませたい」という発想です。しかし、この考え方には大きな落とし穴があります。
>
> 実は、AIに過剰な情報を与えることは、必ずしも良い結果をもたらしません。むしろ、的確な情報を選択して提供することが、AIの出力品質を高める鍵となります。全ての情報を与えようとする姿勢は、適切な情報選択を放棄しているとも言えるでしょう。
>
> AIとの効果的なやりとりには、情報の「足し算」だけでなく「引き算」も同様に重要です。不要な情報を削ぎ落とし、本質的な部分に焦点を当てることで、AIの理解と出力の明確さが向上します。つまり、与える情報の質と量のバランスを取ることが、AIの能力を最大限に引き出すコツなのです。
>
> 将来、モデルのファインチューニングやRAGの使用で、「全コードベースを知る」ことが可能になるかもしれません。しかし、それは「AIが全ての情報を適切に理解して引き出せる」ことを意味するわけではないのです。ファインチューニングをしてもモデルの評価は必要であり、そのタイミングで「どの情報をAIに渡すか、渡さないか」の取捨選択をすることになります。
>
> したがって、AIに全情報を読ませることにこだわるのではなく、適切な情報を選択して提供することを心がけましょう。

1.4.5　コードレビューのプロになる

前のセクションではタスク設計とトークン上限についてAIの観点で述べました。次に考えるべきことは**人間ができるレビュー量の限界**です。

生成AIを使用する際、その出力を無批判に受け入れることは危険です。バグだらけのコードをサブミットし、「AIが生成したからしかたない」と言い訳することは許されません。AIの出力に対する人間による適切なレビューが必要です。

エンジニアが時間あたりにレビューできるコード量は、その経験、技術力、知識によって異なります。また、出力されたコードの複雑さだけでなく、追加する先のコードベースの複雑さや依存関係の量によっても変わります。

では、一般的なエンジニアのレビューに関する能力の上限はどの程度なのでしょうか？具体的には、エンジニアはAIの出力をどの程度の量まで十分にレビューできるのでしょうか。このことを考える際には、SmartBear社がシスコ社の開発チームを調査した"Best Practices for Code Review"[19]というレポートの結果が参考になります。

1.4.6　適切なペースでのコードレビュー Practice

1時間あたり500行以上のペースでレビューを行うと、**図 1.14**に示すように欠陥の発見率が大幅に低下します[20]。**適量のコードを、ゆっくりとしたペースで、限られた時間内**でレビューすることが最も効果的です。そのため、AIがどんどん提案してくれるからといって、焦ってレビューすることは避けましょう。焦ってレビューがおざなりになると、技術的負債をコードベースに溜め込むことになりかねません。

---

[19] https://smartbear.com/learn/code-review/best-practices-for-peer-code-review/

[20] **図 1.14 は**"Best Practices for Code Review" https://smartbear.com/learn/code-review/best-practices-for-peer-code-review/ **より引用。**

1 生成AIがエンジニアリングの常識を変える

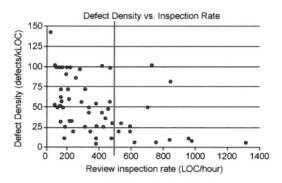

図1.14　コード欠陥と検査率の関係グラフ

1.4.7　一度に少量のコードレビュー Practice

人間の脳が一度に処理できる情報量には限りがあるため、**一度にレビューする量が400行を超えると、欠陥を見つける能力が低下してしまいます**。200〜400行のコードを60〜90分かけてレビューすることで、70〜90%の欠陥を発見できます[21][22]。トークンの出力もなるべく少ない範囲に収めましょう。数分でレビューしたいなら欲張って400行と言わずに、AIのコード出力を数行〜数十行に収めることが大切です。

---

[21] 図 1.15 は "Best Practices for Code Review | SmartBear" https://smartbear.com/learn/code-review/best-practices-for-peer-code-review/ より引用。

[22] 同じく SmartBear の調査、「Best Practices for Code Review | SmartBear（https://smartbear.com/learn/code-review/best-practices-for-peer-code-review/）」による。

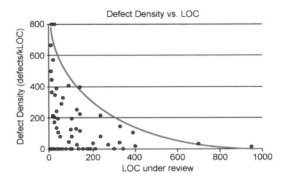

図1.15　コード欠陥とコード行数の関係グラフ

　レビュー効率は、使用するプログラミング言語やライブラリによっても変わります。たとえば、PythonとC言語では、プログラミング言語ごとの表現力[*23]の違いにより、同じ機能を実現するために必要な行数が異なります。また、充実したライブラリやフレームワークを使用することで、コード量を削減できる場合もあります。HTMLなどのマークアップ言語では、レンダリングされたUIを確認しながらレビューすることで、より多くの行数を効率的に確認できるでしょう。

　効果的なコードレビューの鍵は、**自分自身の限界を理解し**、**適切な量のコードを扱う**ことです。集中力が持続する限られた時間内で、質の高いレビューを行ことが大切です。無理に多くのコードをレビューしようとするよりも、適切な量を丁寧に確認することで、より多くの問題を発見できるでしょう。

1.4.8　AIの台頭で問われるエンジニアの真価

　AIツールへのレビューは単なるチェック作業ではありません。AIツールの出力に対して**正確な判断と意思決定を下す行為**であり、エンジニアの**総合的な「優秀さ」が問われる**のです。

[*23] プログラミング言語の表現力とは、その言語で表現および伝達できるアイデアの幅のことです。言語の表現力が高ければ高いほど、表現に使用できるアイデアの種類と量が多くなります。

ここで言う「優秀さ」とは、単に技術力が高いことではなく、問題解決能力、コミュニケーション力、継続的な学習意欲など、総合的な能力を指します。コードの品質、パフォーマンス、セキュリティの評価はもちろん、既存システムとの整合性やプロジェクト全体の方向性も考慮に入れる必要があります。AIツールが生成したコードを正確に理解し、プロジェクトの要件や設計方針に合致しているかを判断するには、深い技術的洞察力と幅広い視野が不可欠となるのです。

このような多面的な能力は、一朝一夕には身につきません。日々の業務での実践、さまざまなプロジェクトでの経験、そして継続的な学習を通じて徐々に培われていきます。失敗から学び、常に新しい技術やベストプラクティスを吸収し続ける姿勢が、エンジニアには求められます。

1.5 AIは優秀なエンジニアだけのものではない

次に「AIは若手エンジニアに使わせると危険なのでは？」という疑問について考えてみましょう。生成AIの全面的な導入をためらう理由の一つに、AIは優秀なエンジニアだけが効果的に活用できるという考えがあります。「AIが時として不正確なコードを生成することがあり、若手エンジニアにはそれを判断できないのではないか」という懸念によるものです。

たしかに、経験豊富なエンジニアはAIから引き出せる能力の上限が高いでしょう。しかし、それはジュニアエンジニアにとってAIが役立たないということを意味しません。むしろ、AIはジュニアエンジニアにとっても大きな力になる可能性を秘めています。

一見すると、先に述べた「エンジニアの優秀さが問われる」という考えと矛盾しているように感じるかもしれません。エンジニアがAIから引き出せる能力の上限は、そのエンジニアがレビューできるコードの量や質に依存しているのは事実です。しかし、議論はこの点で終わってしまい、「AIは優秀なエンジニアだけが使いこなせる」という結論に至ることがよくあります。ここで見落としてはいけないのは、AIはエンジニアの学習を

促進する強力なツールでもあるということです。

1.5.1 AIはジュニアエンジニアの学習を加速させる強力なツール

　AIは、エンジニアリングの初心者にとって特に強力な学習ツールとなります。Stack Overflowが実施した2024年度の開発者調査[*24]によると、AIを使って学習を進めることは、エンジニアの最も重要なメリットの一つとして挙げられています。

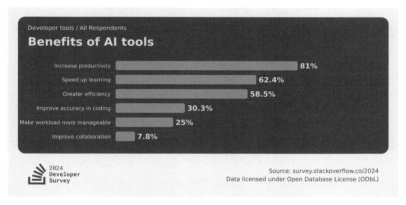

図1.16　Stack Overflowの開発者調査結果：AIの主要メリット

　AIは、初心者エンジニアの知識のギャップを埋め、学習プロセスを加速させる心強い味方となります。Stack Overflowの同調査によると、コーディング学習中の開発者の71%が、AIによる学習の加速を主要なメリットと評価しています。これは、プロの開発者の61%を上回る高い数字です。つまり、コーディングを学習中のエンジニアは、AIの学習支援の側面をより重要視していると言えるでしょう。
　AIの大きな利点は、即時フィードバックと個別化学習の提供にあります。初心者が書いたコードに対して、AIはリアルタイムで改善点の指摘や

[*24] Stack Overflow Developer Survey 2024 https://survey.stackoverflow.co/2024/ より引用。

最適化の提案をしていきます。これにより、学習者は自分のペースで、かつ効率的に知識を吸収できます。

さらに、AIは同じ概念や問題に対して複数の異なるアプローチや実装例を示すことができます。これにより、初心者は多角的な視点から問題を理解し、より深い洞察を得ることが可能になります。専門書や上級者の説明よりも、AIは初心者のレベルに合わせて分かりやすく説明を提供します。

AIは膨大な情報の中から、初心者に適した学習リソースや次のステップを提案することで、効率的な学習パスを提供します。これにより、初心者エンジニアは早期に成功体験を得ることができるのです。つまりAIを使うことで、**自分が短期的に学習可能な範囲までAIを使いこなすことが可能**なのです。好奇心と学習意欲に満ちたエンジニアほど、AIの力を借りてどんどんパワーアップしていくでしょう。

1.5.2　AI駆動の知識獲得 Practice

エンジニアはAIとの対話を通じて、多様な学習機会を得ることができます。たとえば、AIが提案する新しいライブラリの使用法や、未知のプログラミング言語のシンタックスを学べます。さらに、開発の方向性や問題解決のアプローチについて、新たな洞察を得ることも可能です。

AIは、エンジニアがコードを書いている最中にも、その能力向上を支援します。まるで経験豊富なメンターが隣で指導しているかのように、エンジニアの不足しているスキルや知識を補完し、学習過程をサポートしてくれるのです。たとえばコードの解説では段階的な出力を意識して、以下のような形でコードを解説することが効果的です。

> 該当コードをステップバイステップで解説してください。

レビューの際には、以下のように問題点を指摘し、修正方法の提案と、解説を含めて提案のメリット・デメリットを説明してもらうことが効果的です。

> 該当ソースコードにおける問題点を指摘してください。
> 問題点の修正方法と、そのメリット・デメリットについても教えて下さい。

　より良いレビューやリファクタリングの方法に関しては、後半の章で詳しく解説しますが、レビューしてもらいたい観点を明確に伝えると、AIがより適切に提案します。

1.5.3　AIとの協働による高速なトライ＆エラー Practice

　AIとの協働では、完璧な結果を初回から期待するのではなく、高速なトライ＆エラーを繰り返すことが効果的です。すばらしいプロンプトを書くことよりも、AIとの対話を通じて**早く答えにたどり着くこと**が大切です。なぜなら、AIからのフィードバックによって、不足している情報や文脈が明確になるからです。プロンプトの評価と改善のループが重要なことは先述しましたが、これをいかに効率的に行うかを考えてみましょう。

　GitHub社の2023年のレポート[25]によると、GitHub Copilotは開発者の生産性に顕著な影響を与えています。大規模なユーザーサンプル（n = 934,533）の分析から、ユーザーはAIのコード提案の約30％を採用しています。つまり、3回に1回程度はAIの提案が実際の開発に役立っているという結果です。

　この結果は、AIとの協働におけるトライ＆エラーの重要性を示唆しています。完璧な提案を待つのではなく、複数回の試行を通じて有用な結果を得ることが効果的だということです。

　具体的には、3回程度の迅速な試行を通じて、AIにとってタスクが適切か、プロンプトの改善余地があるか、あるいはAIには難しすぎるタスクなのかを判断する必要があります。思ったとおりの答えが出ないからと言って、10回も20回も出力を試すことは時間の無駄です。初回の提案の質を上げることよりも、数回の試行を通じて方向性を探ることが重要です。

　高速なトライ＆エラーに特に適しているのが、GitHub Copilotなどの自

---

[25] https://github.blog/2023-06-27-the-economic-impact-of-the-ai-powered-developer-lifecycle-and-lessons-from-github-copilot/

動補完型AIツールです。これらのツールは、エンジニアがコードを書いている途中で、次々に小さなコードの断片を提案します。たとえば、PythonでのAPI構築方法を知らずとも、そもそもPythonという言語の書き方を知らなくとも、Itemを作成するという指示を与えるだけで、AIは関数名を提案し、その提案を受け入れたあとにはさらに中身のコードまで提案してくれます。

```python
# Itemを作成する
@app.post("/items/")
async def create_item(item: Item):
    item_id = len(items) + 1
    items[item_id] = item
    return {"item_id": item_id}
```

図1.17　AIによるコード補完の動作例

　自動補完型AIツールは、対話型AIツールと比べて出力が速いため、トライ&エラーを効率的に行えます。エンジニアがコードを書きながら、AIが即座に提案を行うため、迅速な試行錯誤が可能になります。重要なのは、**このプロセスをすばやく繰り返すこと**です。繰り返しによって、より良い結果に近づけます。

　さて、「AIは若手エンジニアに使わせると危険なのでは？」という疑問に戻りましょう。ここまでの議論を踏まえると、「開発支援AIツールの導入は、まずは使いこなせる上級エンジニアから」という考え方は、AIの力を過小評価してしまう可能性があることを忘れてはいけません。AIの「学習ツール」としての側面や、「トライ&エラー」の側面は、プログラミング初心者でも上級者でも同様です。答えにたどり着くまでの過程が重要であり、AIはその過程を効率化するためのツールに過ぎず、それはエンジニアのレベルに関係なく利用できるべきものです。

　いまや、小学生でもAIを使ってプログラミングを学びながら、そしてトライ&エラーを繰り返しながらアプリを作れる時代なのです。そのため、

好奇心を持ってAIといろいろなことを試してみることが重要です。

1.6 開発支援AIツールを使い分ける

「開発にはChatGPTだけがあれば十分か？」という問いに対しては、筆者は否定的です。AI技術の急速な進化により、多くのエンジニアがChatGPTをはじめとする対話型AIに注目しています。こうした対話型のAIツールはたしかに強力なツールですが、開発現場ではさまざまなタイプのAIツールが重要な役割を果たしています。効果的な開発のためには、各ツールの特徴を理解し、適材適所で活用することが鍵となります。

まず、ツールの特性と限界を理解することが大切です。ChatGPTは自然言語での対話に優れ、幅広い質問に答えられる反面、開発の全てのシーンには適しているとは言えません。たとえば、コードの自動補完や、画面を切り替えずにエラーに関する即座の示唆を得ることはできません。また、差分を見ながらのコード修正も難しいです。ChatGPTのような対話型のAIは開発のシーン全てをカバーする万能ツールではありません。

開発支援AIツールは主に3つのタイプに分類できます。

- 自動補完型：GitHub Copilotに代表される、リアルタイムでコード補完を提供するツール。コーディング中の生産性を飛躍的に向上させます。
- 対話型：ChatGPTのように、ユーザーとの対話を通じて問題解決をサポートするツール。複雑な概念の説明やアルゴリズムの設計などに威力を発揮します。
- エージェント型：GitHub Copilot Workspaceのように、複雑なタスクを自律的に実行するツール。幅広い汎用的なタスクに対応可能です。

これらのツールは、それぞれ異なる特性と用途を持っています。たとえば、アイデアをすばやくコードに落とし込みたい時は自動補完型が最適です。一方、新しい技術の概念を理解したい時や、設計の相談をしたい時は

対話型が役立ちます。そして、ある程度まとまった機能の実装をAIに任せたい時はエージェント型が適しています。つまり、開発のシーンに応じて、適切なツールを選ぶことが効率的な開発の鍵なのです。

	自動補完型	対話型	エージェント型
実装	集中力を伴うコーディングの支援	ボイラープレート及びコードのたたきの生成	複数ファイルに及ぶ実装
改善	トライ&エラーによる高速改善	コードレビュー及び部分的なリファクタリング	全体的な修正項目の列挙と改善
質問	軽量な指示（コメント）による問いかけ	実装内容の相談や技術質問	複合的な対象物へのレビューの実施
変換	コメント作成や、サンプルの提示による実装	ドキュメントやコードを別のフォーマットに変換	全体的なプロジェクトの更新（機能やドキュメントの追加）

図1.18　各AIツールの得意領域比較

　ここで、しばしば混同されがちなAIモデルとAIツールの違いについても触れておきましょう。AIという言葉が使われると、ツールとモデルがひとくくりにされてしまうことがありますが、これらは明確に区別する必要があります。AIモデルは基盤となる言語モデルを指し、AIツールはそれらを実用的な形で提供するインターフェイスです。たとえば、AIモデルであるGPT-4とAIツールであるChatGPTは、別物として理解すべきです。

　また、人によっては、ツールの話をしている中で「このツールは最新のAIモデルが使えるのか？」と、モデルの性能ばかりに注目してしまうことがあります。たしかに、AIモデルの進化はAIツールの性能に大きく寄与します。しかし実際に開発者にとって重要なのは、単にモデルの性能だけでなく、それをいかに効率的に活用できるかという総合的な「開発者体験」です。常に最新の高性能なモデルを使うことが重要なわけではなく、時にはレスポンスの速さやコストの観点から、古いモデルを使うこともあります。

　AIツールの使い分けは、日常の移動手段選びに似ています。近距離なら

自転車、中距離なら自動車、早く特定の位置に移動するには電車というように、目的に応じて適切な手段を選びます。ちょっとしたコード修正であれば、自分が使い慣れたエディターで自動補完をした方が早いでしょう。逆に、複雑なアルゴリズムの相談を自動補完ツールに頼るのも的外れです。つまり単一のツールに頼るのではなく、状況に応じて適切なツールを選ぶことが、効率的な開発の鍵なのです。

1.6.1　自動補完型 - リアルタイムで小規模コードを提案

　自動補完型AIツールの特徴はその反応の速さとシームレスな開発体験です。代表的なツールにGitHub Copilotがあります。これらのAIは、エディターのプラグインとして機能し、開発者の作業をリアルタイムでサポートします。

```
def hello():
    print("Hello, world!")
```

図1.19　自動補完型AIツールの出力例

　このタイプのAIは、自動的にプロンプトの材料を収集し、構築します。そして、コードの文脈を理解し、次の数行の自然な候補を提案します。開発者は、AIが提案する小規模なコードを随時レビューし、採用するかどうかを判断します。

1 生成AIがエンジニアリングの常識を変える

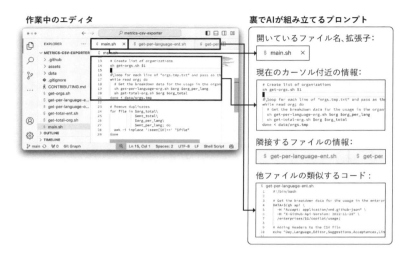

図1.20　自動補完型AIツールがエディター内で行う自動情報収集

　自動補完型AIツールの優れた点は、エディター内の情報を自動的に収集し、プロンプトに組み込む仕組みです。この自動プロンプト作成機能により、開発者は複雑なプロンプトを考える必要がありません。最小限のプロンプトで効果的な補完が可能となります。

1.6.2　対話型 - 問題解決を柔軟に支援

　対話型AIツールは、コーディング中のリアルタイム提案ではなく、必要な条件をプロンプトとして与えて出力を得るタイプです。

図1.21　対話型AIツールの出力例

　主にエディターやWebブラウザを介して提供され、チャット型のUIインターフェイスを持ちます。これらのツールは中規模のコード断片を提供します。

　言語モデルをそのまま使用する感覚に近く、チャットを通じて自由に文脈やコンテンツをAIに伝えることができます。与えられたコンテンツに加え、**条件やフォーマットなどの文脈を明確化する**ことで、対話型AIツールがコードを生成します。

　多くの対話型AIツールは、会話履歴を自動的にプロンプトに含めて送信します。これは非常に有益な機能です。なぜなら、問題が正しく解釈されるためには、会話の文脈が重要だからです[*26]。

[*26] Ross, S. I., Martinez, F., Houde, S., Muller, M., & Weisz, J. D. (2023, March). The programmer's assistant: Conversational interaction with a large language model for software development. In Proceedings of the 28th International Conference on Intelligent User Interfaces (pp. 491-514). https://dl.acm.org/doi/pdf/10.1145/3581641.3584037

1 生成AIがエンジニアリングの常識を変える

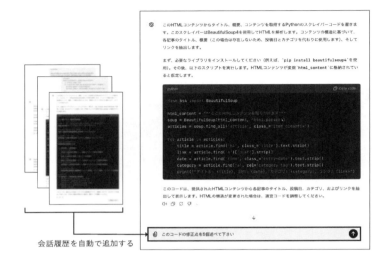

図1.22 対話型AIツールが行う会話履歴の自動追加

しかし、この機能には注意も必要です。やりとりを続けると、予期しない文脈が伝わり、コード生成に余計な情報が混入する可能性があります。対話型AIツールの操作は自由度が高いため、エンジニアには**その場にあったプロンプトをすばやく書いていく**スキルが求められます。

代表的なツールにOpenAIのChatGPT、MicrosoftのCopilot、GoogleのGemini、AnthropicのClaudeがあります。エンジニア向けでは、GitHub Copilot Chatが有名です。

また、2024年5月にリリースされたGPT-4oは、マルチモーダルなボットとのスムーズな対話を可能にし、大きな反響を呼びました。今後は、テキストだけでなく画像や音声などを介したAIとの対話の幅が広がり、AIの理解力を高めるための対話力がより重要になっていくでしょう。

1.6.3 エージェント型 - 複合的なタスク処理を支援

エージェント型は、複合的なタスクや複数のファイルにまたがるタスク

を処理するタイプのAIです。特に、提案をするだけでなく「**アクションを起こすことができる**」能力が特徴で、AIがコードを実行したり、ファイルを生成したりできます。これにより、完成されたアプリケーションやシステムの提供が可能となります。このタイプのツールでは生成されるファイル数や行数が多くなる傾向にあります。

代表的なツールであるGitHub Copilot Workspace[27][28]は、汎用的な開発タスクを幅広くサポートするツールで、内部的に分析や検索、ファイル編集などの複数のタスクを計画して実行します。

図1.23　エージェント型コーディングアシスタントのGitHub Copilot Workspace

開発者がタスクの概要を記述すると、Copilot Workspaceが詳細な計画を提案します。開発者は計画を調整したうえで、Copilot Workspaceとの対話を通じてコードを生成・洗練させていきます。完成したコードはCopilot Workspace上で直接テスト・ビルドできます。このように、GitHub Copilot Workspaceは開発タスクのアイデア出しからテストまでの一連の流れをAIで統合し、開発者は自然言語でのコミュニケーションを通じて生産性高く

---

[27]　図1.23はGitHub Copilot Workspace（https://githubnext.com/projects/copilot-workspace）のサンプル画面です。

[28]　GitHub Copilot Workspaceは執筆時点でプロトタイプとして限定的に提供されています。

1 生成AIがエンジニアリングの常識を変える

開発を進められます。

　また、特定のタスクに特化したエージェント型AIツールも存在します。執筆時点ではデファクトスタンダードのツールがない状態ですが、初期に登場したReactコンポーネントの生成に特化したツールのReactAgent[*29]は、特定タスクにおけるAIエージェントの有用性が示された例です。こうしたタスク特化のツールは特定のテクノロジーやフレームワークに焦点を当て、より効率的にタスクを実行します。これにより、特定の分野において高い生産性を発揮できます。

　エージェント型AIツールは、汎用的なものから特定のタスクに特化したものまで多岐にわたり、開発者のニーズに合わせた選択肢を提供します。

図1.24　オープンソースのエージェントツール実装例「ReactAgent」の実行イメージ

　エージェント型AIツールの中には、汎用的な作業を自動化するものもあります（本書では「汎用エージェント」と呼びます）。プログラミングのタスクだけでなく、データ分析やドキュメント作成など、さまざまな作業を自動化するための役割を担います。また、複数のAIの人格を定義してフローを組むマルチエージェントというアプローチもあります。これらのツールではAIが自走して動作品を完成させるため、完成品が出力され

[*29] https://github.com/eylonmiz/react-agent

るまでエンジニアはアシストできず、レビューの機会も限定的です。エージェント型AIツールでは、**精度の高い安定した出力を出すためのプロンプト設計が特に重要**で、高度なタスク理解、プロジェクト理解とプロンプトの設計能力が求められます。

1.6.4 ツールを状況に応じて使い分ける

以下に、開発支援AIツールの特徴をまとめました。それぞれ、ツールの出力内容、入力元、出力先、プロンプト量、出力量など、ユーザーが開発支援AIツールに期待すべきことが異なります。

特徴	自動補完型	対話型	エージェント型
出力内容	コード、コメント	コード、コメント、解説文	編集可能な成果物
入力元	エディター	フォーム	フォーム、多様な入力フォーマット
出力先	コードの補完	チャットの返信	成果物の出力
プロンプト量	0行～数行程度	数行～数十行	大量
出力量	小規模 (1～20行程度)	中規模 (1行～数百行)	大規模 (数百行～数千行)
応答速度	数百ミリ秒～数秒	数秒～数十秒	数十秒～数分
重点	応答速度、ユーザーの集中力	回答精度、プロンプト構築補助	ソリューションとしての完成度
類似体験	ペアプログラミング	Slackでの技術質問	ローコードツールでの開発
ツール例	GitHub Copilot	ChatGPT, GitHub Copilot Chat	GitHub Copilot Workspace, ChatGPT Advanced Data Analysis

エージェント型は多様な種類がありますが、本書では執筆時点のAIの状況と、コーディングツールの特性を踏まえてこのように分類しています。

1.7 AIで組織の競争力を高める

開発支援AIツールの使い分けや個人のAI活用能力向上について、ここまでの説明で理解を深めていただけたでしょう。しかし、企業が真の競争

力を獲得するには、個人の能力向上だけでは不十分です。AIを単なる生産性向上やコストカットの道具ではなく、新たな価値創造のための戦略的ツールとしてとらえることは、今後の成功に不可欠です。

そのためには、AIの能力をより引き出すためのカスタマイズが必要となります。方法としては、組織固有の情報を活用するための検索との組み合わせ、ファインチューニングなど、さまざまな手段がありますが、これらを実践するには準備が必要です。AIに与えるコードベースの整備、内製化の推進、コードを社内で育てる体制の整備など、組織全体でAI活用を進めるための取り組みが求められます。

執筆時点においても、一部の企業ではAIのさらなる活用が始まっています。たとえば、Goldman SachsのCIOであるMarco Argenti氏は、インタビュー[*30]の中でさまざまなAIモデルを統合したプラットフォームを構築していると述べています。これは、汎用モデルと独自データでファインチューニングしたモデルを、目的に応じて使い分ける新しいアプローチです。インタビューでは、こうしたプラットフォームにより開発者が生成AIアプリケーションを構築するスピードが数か月から数週間に短縮されたと述べられています。

このセクションでは、AIを組織の競争力向上に効果的に活用するための考え方をさらに深く掘り下げていきます。組織全体でAIを戦略的に活用し、新たな価値創造につなげるための具体的な方法や考え方を探っていきましょう。

1.7.1　組織に合わせたAIのカスタマイズで差をつける

AIツールの導入が急速に進む中、単にツールを導入するだけでは企業間の差別化が難しくなってくるでしょう。今後、真の競争力を獲得するためには、組織の特性や目的に合わせて使い方を工夫することや、AIをカスタマイズすることを考える必要があります。

AIツールの進化の一つの方向性は「パーソナライゼーション」です。

---

*30　https://www.youtube.com/watch?v=fGQv9yFd6JQ

たとえば、GitHub Copilot Enterpriseは、プロジェクト固有の情報をインデックス化し、より適切な提案を可能にする機能を提供しています[*31]。このようなツールを活用することで、AIは組織の知識を深く理解し、まさに組織の一員として機能します。

図1.25　GitHub Copilot Enterpriseにおけるインデックス化機能

　執筆時点では「開発支援AIツールを導入しているかどうか」が企業の競争優位性につながっているかもしれません。しかしそれは間違いなく一時的なものです。全ての企業が開発支援AIツールをなんらかの形で導入した場合、「**みんなが使っている開発支援AIツールを導入すること**」**は他社との差別化にはなりません**。今後は、AIを導入していること自体ではなく、いかに効果的にAIを活用し、同時にAIを自社の業務やニーズに適応させるかが企業の競争力を高める鍵となるでしょう。

　しかし、全ての企業が独自のAIモデルを一から開発することは難しい側面もあります。学習には膨大なデータと、それを処理するための計算リソースが必要であり、多くの企業にとってハードルが高いからです。そこで重要になるのが、既存のモデルやツールを**自社の特性に合わせてカスタマイズすること**です。この過程で、組織の独自性を反映させ、より効果的にAIを活用できます。

[*31] 図1.25 は GitHub Copilot Enterprise でリポジトリのインデックス化を行う際の画面です（https://github.blog/changelog/2024-01-10-whats-new-in-copilot-enterprise-beta-january-10th-update/）。

このカスタマイズを実現する主要な技術として、ファインチューニングとRAG（Retrieval-Augmented Generation）が注目されています。ファインチューニングは既存のAIモデルを特定のタスクや分野に適応させる技術で、RAGは外部知識を活用して生成の質を向上させる手法です。これらの技術を駆使することで、一般に公開されている言語モデルを自社の独自ニーズに合わせて最適化できるのです。

ファインチューニングでAIに自分のコードを理解させる

ファインチューニングとは、既存の学習済みAIモデルを特定の目的に合わせて微調整する技術です。たとえば、GPT-4のような汎用的な言語モデルを、自社のコードやドキュメント、企業特有のコーディングスタイルに特化したAIへと作り変えることができます。これは、ゼロから新しいモデルを作るよりも、はるかに効率的で低コストな方法です。

この技術の大きな利点は、自社の特殊なニーズに合わせたAIを短期間で作れることです。汎用モデルは幅広い知識を持っていますが、特定の業界や企業の専門的な内容は苦手です。ファインチューニングを使えば、そのギャップを埋めることができます。

このようなカスタマイズされたAIは、コードの品質向上、生産性の向上、保守性の改善などに貢献します。たとえば、新人プログラマーが既存のコードベースを理解する手助けをしたり、複雑なバグの原因をより早く特定したりする効率がよくなるでしょう。

今後は、一つの万能なAIを使うのではなく、複数の特化型AIを状況に応じて使い分ける時代が来るでしょう。ファインチューニングは、そのような柔軟なAI活用を可能にします。

情報検索と生成の組み合わせで、学習なしに情報を引き出す

一方で、RAGは言語モデルによるテキスト生成に、外部情報の検索を組み合わせることで回答精度を向上させる技術のことです。以下の図のように、自社のナレッジベースへの検索結果をAIへの入力として与えることで、AIがより正確な回答を生成できます。

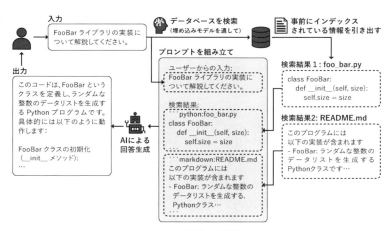

図1.26　RAGの実装例

　一方で、RAGを使う場合は情報検索の設計が非常に重要になります。誤った情報を補足情報としてAIに与えてしまった場合、それはAIにとってはノイズでしかなく、逆に精度を下げることになります。大規模言語モデルはある程度のノイズ耐性を示すものの、複数のソースから得た情報を適切に統合し、一貫性のある回答を生成することや、誤情報の処理などの点で依然として大きな課題を抱えていることが明らかになっています[*32]。そのため必ずしもRAGがファインチューニングよりも簡単というわけではありません。

　以下は、ファインチューニングとRAGの一般的な特性を比較表した表です。

特徴	RAG	ファインチューニング
動的な情報への適応	○ 最新情報や、システムの条件に柔軟に対応	× 最新の状態を保つためには更新が必要
カスタマイズ	× 検索で取得した情報にもとづくカスタマイズに限定	○ 高度なカスタマイゼーションが可能

[*32] Chen, J., Lin, H., Han, X., & Sun, L. (2024, March). Benchmarking large language models in retrieval-augmented generation. In Proceedings of the AAAI Conference on Artificial Intelligence (Vol. 38, No. 16, pp. 17754-17762). https://ojs.aaai.org/index.php/AAAI/article/view/29728/31250

特徴	RAG	ファインチューニング
データ効率と要件	◯ ラベル付きのデータは多くの場合で不要	× タスクに特化した大量の学習データが必要
効率とスケーラビリティ	◯ 一般的なモデルの利用などによりコストを抑制	× 学習のみならずモデルホスティングのための高いインフラコスト

ファインチューニングは、学習およびホスティングのコストがかかる一方で、RAGは汎用的なモデルに対して外部情報を組み合わせるだけなので学習および独自モデルのホスティングは不要です。データの質によって精度が変わるため、この表の内容が全ての状況に当てはまるわけではありませんが、執筆時点ではRAGは比較的安価で、高い精度を実現する方法として注目されています。

この分野は、事前学習済みモデルの多様化や小規模言語モデルの発展などにより状況が急速に変化しているため、最新の情報を追いかけることが欠かせません。

1.7.2　AIに与えるコードベースは準備できているか？

AIモデルやツールの発展により、よりパーソナライズされた体験が可能になる未来が近づいています。その未来では、「みんなができること」ではなく「**みんなができないこと**」をAIで実現することが重要になります。つまり、一般に公開されている言語モデルをそのまま使うだけではなく、先に述べたGoldman Sachsの例のように**AIが使うためのデータを用意し、企業として育てることが重要**なのです。

近年、企業の競争優位性はデータにあると言われていますが、生成AIの文脈では「データ」の意味がより広がっています。ユーザーや消費者のデータだけでなく、企業の**コードベース、仕様書、ドキュメントもAIが扱えるデータ**となりました。これらのデータを活用することで、企業固有の知識をAIに提供して、より高度な提案や支援を受けられます。

生成AI時代に、組織のコードをAIと自由自在に拡張していく未来を想像できるでしょうか？ AIが企業のコードベースや仕様書のことを知っていて、それを踏まえた上で提案してくれる未来です。AIに提供できる情報

が多ければ多いほど、AIはより組織にとって適切な提案ができます。そのため、以下の3つの質問に答えられるかどうかが、生成AI時代における組織の成功を左右するでしょう。

- 組織はAIに与えられるコードベースやドキュメンテーションを用意できていますか？
- それらのコードや情報は、AIが理解しやすい形で整理されていますか？
- それらのコードや情報は、公開されているものと比べて価値が高いものですか？

短期的には、強力なナレッジベースを活用し、RAG技術を用いてAIに情報を提供することが極めて有効です。中長期的には、組織のコードや専門知識を活用した自社専用の開発支援AIツールの開発や、ファインチューニングされたモデルの使用が重要性を増すでしょう。

AIを活用して開発の工数削減や品質向上を図る場合、当然のことですが内製化が進んでいる企業の方が恩恵を受けやすいと言えます。自社のナレッジやコードをAIに提供することで、AIはそれを理解し、より高度な提案を行うことができます。開発コストを削減し、ビジネススピードを加速するためには、内製化したうえでAIを育てることが重要なのです。

今後、RAGやファインチューニングが一般的になることを見据え、組織全体でのコードの再利用ができる体制や文化を作ることが求められます。これにより、AIとの協働がより効果的になり、企業の競争力向上につながるでしょう。

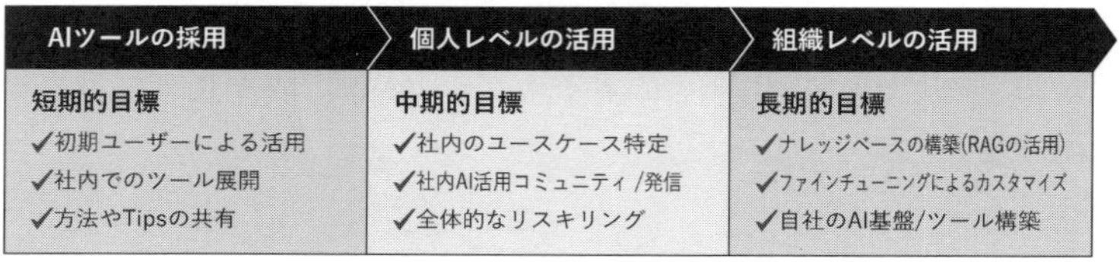

1 生成AIがエンジニアリングの常識を変える

AIツールの採用	個人レベルの活用	組織レベルの活用
短期的目標	**中期的目標**	**長期的目標**
✓初期ユーザーによる活用 ✓社内でのツール展開 ✓方法やTipsの共有	✓社内のユースケース特定 ✓社内AI活用コミュニティ/発信 ✓全体的なリスキリング	✓ナレッジベースの構築(RAGの活用) ✓ファインチューニングによるカスタマイズ ✓自社のAI基盤/ツール構築

図1.27 企業におけるAI活用のロードマップ

1.7.3 内製化によりAIを最大限に活用する

　特に技術を競争優位性とする企業や、IT・エンジニアリングに軸足を置く企業にとっては、内製化がAI活用の成功に不可欠です。他社向けのシステムインテグレーションプロジェクトが中心の企業でも、共通部品となり得るパッケージを自社のプロダクトとして基盤化することは効果的です。ここでいう「プロダクト」とは、デプロイ可能な大きなサイズのアプリケーションだけでなく、ライブラリやドキュメンテーションも含みます。この取り組みにより、AI活用の効果を大幅に高め、開発効率と品質の向上を実現できます。

　たとえば、100個の顧客向けSIプロジェクトを持つ、SI事業を行う企業を例に考えてみましょう。多くの場合、コードの所有権は顧客にあり、AIによる学習や再利用は困難です。仮に自社にコードの所有権があっても、顧客企業の機密情報が含まれていることや、使用の範囲に関する権利関係の問題をクリアすることが複雑であるため、AIによる再活用は制限されます。結果として、企業はAIに学習させるコードも、参考情報として渡せるコードも持てず、毎回企業やプロジェクトに最適化されていない一般的なAIモデルやAIツールを使用せざるを得なくなります。

　対照的に、500人のエンジニアが自社のモノリシックなSaaSアプリケーションを開発するケースを考えてみましょう。大規模なコードベースは、AIが参考にできる情報量が豊富です。また、多くのエンジニアが共有するコードベースは、理解しやすく一貫性のあるコードになりやすく、AIにとっても扱いやすいものとなります。大規模な単一のコードベースを持つSaaS企業や、共有ライブラリを適切に管理・メンテナンスしている企業

は、将来的にも生成AIがもたらすメリットを最大限に享受できます。

もし、顧客向けのプロジェクトが中心の企業であっても、AI活用の効果を高めるためには、以下のような取り組みをおすすめします。

- ナレッジベースの構築
- AIのためのコードベースの整備
- AIプラットフォーム化 / AIツールの開発

これらを着実に進めることで、AI時代において、自社のコードやナレッジをAIが活用しやすい形に整備し、AIの活用を促進する土壌を作ることができます。自社の強みを活かした開発におけるAI活用戦略を立て、段階的に実施していくことが重要です。

ナレッジベースの構築

AIが参照できる情報量を増やし、AIの提案の質を向上させます（例：プロジェクトのドキュメントを充実させる）。

- プロジェクト間で共有可能な知識やベストプラクティスをWikiなどで整理する。
- 仕様書や設計書、ドキュメントなどをAIが参照できる形で整備する。
- 定期的な技術共有会を開催し、暗黙知の形式知化を促進する。

AIのためのコードベースの整備

AIが参照できるコードを増やします（例：コードをライブラリにまとめ、AIが活用しやすい形でメンテナンスする）。

- 共通で使用される機能をライブラリ化し、ソースコード管理システムで管理する。
- コーディング規約を定め、一貫性のあるコードスタイルを維持する。
- メンテナンスを継続し、最新の状態を保つ。

■──── AIプラットフォーム化 / AIツールの開発

　AIを社員がすぐ活用できるように、ボイラープレートや社内向けのプロンプト群を整備。必要に応じて、それらを組み合わせた社内向けの専用コード生成AIツールを開発する（例：特定のプロジェクトに必要なコードを自動生成するAIツールの開発）。

- 社内用のAIに特化した開発プラットフォームを構築し、必要なツールやライブラリを整備する。
- 社内のプロンプトやテンプレートを標準化する。
- ワークフローに組み込み、社内サービス化する。

1.7.4　コードを組織として育てる

　内製化がAIの活用に有利であることは述べましたが、それだけでは十分ではありません。組織としてAIを活用し、自社のコードやナレッジを強みに変えるには、以下の条件が必要です。

1. 内製する：AIが参照・学習できる形式のリソースを保有する。
2. AIが使える：AIがそれらのリソースに適切にアクセスできる環境を整える。
3. メンテナンスする：コードや情報を継続的に更新し、最新の状態を保つ。

　内製化していても、部門間でコードを隠し持ち、再利用できないようではダメなのです。たとえば自分たちの部門で使うために作ったコードを、他の部門には使わせないようにしていると、そのコードは学習やRAGを通じて他のチームが活用することもできません。また、共有されているコードでも、最新情報が反映されていなければ、AIへの有用な情報源とはなりません。

　これらの条件は、AIの学習データとしても使われたオープンソースコードの要件とも共通しています。オープンソースコードは、適切なドキュメンテーションを含めて共有され、継続的にメンテナンスされていることが

重要です。AIにとっても同様で、全ての情報への適切なアクセスとメンテナンスが不可欠なのです。

これらのステップを組織として継続的に実施することは、AIのさらなる活用において極めて重要ですが、容易ではありません。AIに提供するデータ、つまりコードベースやドキュメントの構築には時間と労力を要します。そのため、今後の開発支援AIツールの効果的な活用には、AIと協働可能なコードベースの整備と、それを活用する文化や体制作りが急務となります。

ここで重要になるのが**インナーソース**の考え方です。

インナーソースとは、**企業内でオープンソースのようなカルチャーを醸成し、透明度の高い協働の文化を作ること**を意味します。この概念は、2000年にティム・オライリー氏が提唱した考え方です。オープンソースが世界規模でソースコードを共有するのに対し、インナーソースは企業内でソースコードを大規模に共有することを目的としています。企業規模が大きくなるにつれ、部門間やプロダクト間の壁ができ、コラボレーションが難しくなる弊害があります。インナーソースは、組織全体で共有の文化を作ることで、これらの課題を解決しようとする画期的な取り組みなのです。

企業の中には人を働きにくくする要因、コラボレーションを妨げ、シナジーの創出を妨げる要因、そしてコスト削減を阻む要因が無限にあるのです。このような状況を打破するためには、組織全体でのコードの再利用、コードの改善、コードの共同開発を促進する文化を作ることが必要です。人間だけでなくAIによるコード再利用が一般的になりつつある現在、こうした文化の重要性はさらに高まっています。

インナーソースの具体的な取り組み方やソースコード管理ツールの適切な運用方法についても7.1.1で詳しく解説していきます。

1.7.5　AIをコストカットだけの目的で導入していないか？

経営陣にとって、コスト削減は喫緊の課題であり、AIに業務を肩代わりしてもらうのは合理的な選択です。月に一人当たり数千円の生成AIツー

ルを導入することで、一人当たり数万円以上のコスト削減が見込める可能性すらあるのです。しかし、ここで立ち止まり、「AIの導入目的は本当にコストカットや生産性向上だけでよいのか」という問いについて、あらためて考える必要があります。

企業がAIを活用して競争力を高める方法は、主に以下の3つに分類できます。

- コストカット：必要な労力や資源を減らすこと。
- 生産性向上：同じ労力でより多くの成果を生み出すこと。
- 価値創出：全く新しい製品やサービスを生み出すこと。

多くの企業が「コストカット」や「生産性向上」に注目しがちです。現に、PwCが行った2024年の生成AIに関する調査[*33]によると、生成AI活用の最大の目的として「労働時間の削減」を挙げた企業は30%でした。「生産性の向上による売上増加」が21%、「販管費や人件費などのコスト削減」が17%と続きます。一方で価値創出に関する目的は、低い割合にとどまっています。「新たな技術の導入による新規ビジネスの創出」は9%、「商品・サービスの他社との差別化」は3%です。

コストカットや生産性向上は既存のビジネスモデルやオペレーションの範囲内での改善にとどまるため、取り組みやすく、成果も測定しやすいのです。たとえば、AIによってコードレビューの時間が半減したり、バグの発見が早まったりする効果は、比較的早く数字としてあらわれます。しかし、これらの短期的な成果に目を奪われ、重要な価値創出の機会を見逃さないように注意が必要です。

さて、これまでの議論を踏まえると、生成AIは生産性向上だけでなく、新しい価値を生み出すツールとしての役割も果たすことができると言えるでしょう。既存の資産とAIの能力を組み合わせて新しいものを生み出すことや、エンジニアの学習を促進して価値を創出する能力を企業が持てる

[*33] 中長期的な価値創出への生成AIの貢献に関する考察 https://www.pwc.com/jp/ja/knowledge/column/generative-ai/vol14.html より

ようにすることも重要です。

たとえば、社内での技術資産を共有する取り組みは、即座の効果は見えにくいものの、中長期的には組織の知識共有やイノベーションを実現する能力を向上させます。こうした取り組みは、企業の中長期的な競争力強化につながるのです。

結局のところ、AIの導入には短期的な生産性向上と長期的な価値創造のバランスが求められます。コストカットや効率化はたしかに重要ですが、そこで終わらず、新しい価値を生み出す可能性にも注目すべきです。企業は自社の状況を見極めつつ、AIを通じて短期的な成果と長期的な競争力向上を両立させる戦略を練る必要があるのです。

COLUMN

生成AIとは何か

生成AIという用語は、多くの人々にとってなじみ深いものとなりました。しかし、その定義や関連する用語については、人によって認識が異なることがあります。このコラムでは本書で使用する「生成AI」の定義と関連用語について説明します。

まず、言語モデルについて理解することが重要です。言語モデルとは、テキストの続きを予測するモデルです。大規模言語モデルは、その名のとおり大規模なデータセットで学習された言語モデルです。膨大なテキストデータから学習した汎用的な言語知識を持ちます。また、比較的小規模な言語モデル、小規模言語モデル（Small Language Model, SML）も多くの研究が進められており、その中には高い性能を持つものもあります。

そして、言語モデルと生成AIの違いにも注意が必要です。本書で「生成AI」と呼ぶのは、主に言語モデルにインストラクションチューニングを施したものを指します。インストラクションチューニングにより、モデルは高い対話能力と問題解決力を獲得し、人間がテキストで直接指示を与える形式（プロンプティング）に対応できます。

生成AIは、ユーザーのインストラクション（指示やプロンプト）に対して適切に対話を行い、問題を解決する能力を持ちます。「生成AIを活用する」とは、ChatGPTのような生成AIアプリケーションやAPIを通じて、このモデルの能力を利用することを意味します。

生成AIアプリケーションの中でも、GitHub Copilotのような開発に特化したAIを、本書では「開発支援AIツール」と呼びます。これらのツールが注目を集

めている理由は、その機能だけでなく、革新的なUIやUXにもあります。実際、生成AIの爆発的な普及は、人間が直接テキストで指示を与えるという新しいインターフェイスの成功によるところも大きいのです。

　なお、生成AIという用語は、より広い意味で使われることがあります。単にモデルを指すだけでなく、生成AIやそれを取り巻くエコシステム、アプリケーション群に関する研究や開発全体を指す場合もあり、本書でも文脈に応じてこの広義の定義を用いることがあります。この意味で使われる生成AIは、単にAIと表現されることも多いため、本書でも、生成AIであることを特に強調したい部分以外はAIと表記しています。

　プロンプトエンジニアリングに関してはその定義が広く解釈されていることは述べましたが、生成AIという言葉も多義性を持つことを理解しておくと良いでしょう。

　本書を読み進める際は、文脈に応じて適切な意味をとらえるようにしてください。

第2章 プロンプトで生成AIを操る

さて、それではさっそくAIと協働するためのプロンプトの書き方について学んでいきましょう。プロンプトを書くにあたって、何をどのように書けばよいのでしょうか？

数行のプロンプトを丁寧に書いてAIにコードを生成させる人もいれば、開発支援AIツールのエディター上で自動補完機能を使い、Tabキーと Enterキーを繰り返し押すだけでコードを完成させる人もいるようです。

まずは簡単なプロンプトを見てみましょう。以下はOpenAIがPrompt examplesのページ[*1]で公開しているプロンプトの例です。

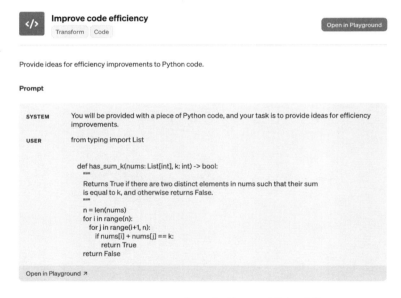

図2.1　OpenAIによるプロンプト例：コード効率の改善

日本語では以下のようになります。

[*1] https://platform.openai.com/examples

> システム：あなたにはPythonコードの一部が提供されます。あなたの仕事は効率を改善するためのアイデアを提供することです。
> ユーザー：{Pythonのコード}

　プロンプトについて扱った記事では数十行の長大なプロンプトを見ることもありますが、実際の開発現場では、この程度のボリュームの指示を次から次にAIに与えていくことが多いでしょう。データやコードを除けば3〜4行程度のプロンプトで足りることが多いと言えます。

　しかし、こうした単純なプロンプトの中に、AIにコードを生成させるためのエッセンスを詰め込むことが重要です。

　コーディングの文脈で「プロンプト」という言葉が使われる際、そのアプローチは多岐にわたります。この章ではプロンプトにはどんな種類があるのか、何を書けばよいのか、どうやって書けばよいのかを学び、AIにコードを生成させるための基本的な考え方とアプローチについて紹介していきます。

2.1 システムプロンプトとユーザープロンプト

　先程の例には、**システムプロンプト**と**ユーザープロンプト**の2つの要素が含まれていることに気づいたでしょうか。

　システムプロンプトとは、ユーザーが入力する前にAIに伝えておくべき規定の指示文のことです。たとえば、Pythonコードの効率改善用のAIを用意したければ、その旨をシステムプロンプトで指定します。これにより、AIの役割や応答の方向性を事前に設定できます。

　言語モデルを直接利用する際、システムプロンプトは多くの場合で自由に設定できます。以下はOpenAIが提供する実験環境であるOpenAI Playground[*2]におけるシステムプロンプトの例です。ここでは、APIを介

[*2] https://platform.openai.com/playground/

したAIとの対話をWeb上で簡単に試すことができます。

図2.2　OpenAI Playgroundのシステムプロンプト設定画面

　一方、ユーザープロンプトは、利用者が実際にAIに入力する具体的な内容を指します。最終的にシステムプロンプトとユーザープロンプトの両方がAIに提供され、これらの情報をもとに回答が生成されます。

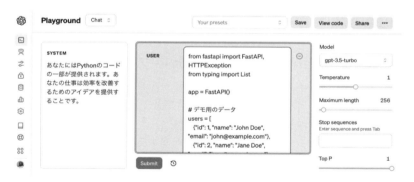

図2.3　OpenAI Playgroundのユーザープロンプト入力画面

　システムプロンプトの必要性は状況によって異なります。一般的なAIツールでは、以下のような汎用的な指示がシステムプロンプトとしてあらかじめ設定されています[*3]。これにより、ユーザーは特別な設定なしに、

自然な対話を楽しむことができるのです。

> システム：あなたはプログラミングの質問を受け付けます。
> 　　　　　プログラミングの質問のみに答えるようにしてください。
> 　　　　　倫理的に問題のある質問には答えないでください。
> 　　　　　回答はステップバイステップで、わかりやすく説明してください。
> ユーザー：Pythonコードの一部が提供します。効率を改善するためのアイデアを提供してください。
> 　　　　　{Pythonのコード}

　AIツールを使う際、私たちが入力できるのは主に「ユーザープロンプト」と呼ばれる部分です。これは、ChatGPTに私たちが直接指示や質問を入力するテキストボックスのことです。一般的なAIツールでは、このユーザープロンプトを入力するだけで対話を始められます。

2.1.1　業務で使うプロンプト：再利用か使い捨てかを見極める

　生成AIを日常的に利用する中で、システムプロンプトとユーザープロンプトの区別は実用上あまり重要ではありません。実際、どちらに記述しても精度に大きな差は生じません。先述したとおり多くの場合、ユーザーが操作できるのはユーザープロンプトのみであり、この区別にこだわる必要性は低いのです。

　むしろ大切なのは、プロンプトを**再利用するか**、**使い捨てるか**の判断です。この区別は業務効率に大きく影響します。たとえば、特定の画面、ロジック、ドキュメントなどのリソースを一気に生成する場合、プロンプトの再利用性を高めておくと、チームメンバーや将来の自分が楽になることでしょう。再利用可能なプロンプトは、リファクタリングやテストケース作成などの定型作業にも有効です。抽象度の高いプロンプトを構築しておくことで、類似のタスクに対して効率的に対応できます。

　一方で、エンジニアの日常業務には、創造的で一度きりの作業が多く含まれることは第1章でもお伝えしてきました。日々の開発では、具体的か

---

*3　システムプロンプトは通常非公開であり、実際にはより詳細な指示が含まれています。本書で紹介するプロンプトは、その本質を理解していただくために筆者が推定で記載したものであり、実際のプロンプトとは異なります。

つ状況に応じたユニークな問題に直面することが多いため、使い捨てのプロンプトを柔軟に組み立てる必要があります。

一回限りで使用するプロンプトに過度な時間をかけることは非効率です。状況に応じて、再利用可能なプロンプトと使い捨てのプロンプトを適切に使い分けることが、効率的な業務遂行の鍵となります。プロンプトの作成にかける時間と、そこから得られる価値のバランスを常に意識しましょう。

2.1.2　迅速かつ簡潔な使い捨てプロンプトの生成 Practice

日常の業務で使うプロンプトを書く際に、100%の正確さを追求するのは効率を損なうことがあります。AIは完璧ではないことを前提に、期待の8割方の要件を満たすAIの出力を目指し、残りの2割は自分で補完する方が、全体的な効率を高められます。

読者のみなさんにも、達成したいことがある時に完璧に動くサンプルコードを検索エンジンやStack Overflowで見つけようとして時間を費やした経験があるでしょう。おそらく、検索しているうちに、自分でドキュメントを読んでコードを書いた方が速かったことに気づくこともあるでしょう。

プロンプト作成についても同様です。AIのプロンプトを考える時間、自分が考える時間や調査する時間、コードを入力する時間、そしてコードの修正をする時間を適切に配分することが大切です。**自らが書くプロンプトを最小限に抑えたうえで、欲しい情報をAIから引き出すことを目指しましょう。**

2.1.3　再利用するプロンプトの抽象化・パーツ化 Practice

プロンプトを再利用する際は、完璧なプロンプトの共有を試みるのではなく、抽象化して、パーツ化してプロンプトを扱う必要があります。タスクの文脈や意図は異なるため、プロンプトの品質を一貫して保証することは難しいでしょう。

おすすめは**フォーマットや条件、注意事項など、プロンプトに必要な要**

素を分解してプロンプトを構築することです。こうすることで、パーツとしてのプロンプトの再利用性が高まります。このアプローチにより、プロンプトは柔軟性を持ち、時間の経過とともに進化し続けるニーズに適応できます。

たとえば、ReactとTailwind CSSを使用した単一ファイルのWebページを作成するプロンプトを考えてみましょう。以下のように箇条書きにすることで、プロンプトのパーツとしての再利用性を意識します。

```
- スタンドアロンページで実行できるようにReactを含めます： <script src="(本書では省略)">
- Tailwindを含めます： <script src="(本書では省略)">
- Google Fontsを使用できます。

## 指示
- ...
- ...
- ...
```

AIに「Reactのコードを生成して」と言っても、どのバージョンで、どのように使うのかなど、AIの選択は毎回異なります。このようにセットアップを固定することで、AIによるコード生成の一貫性が向上します。そしてこのセットアップは、さまざまな場面で使える可能性があります。

プロンプトを抽象化し、パーツ化することで、新しい状況への適応力が高まります。また、行の追加や削除で出力にどのような影響があるかを理解しやすくなります。完璧を求めるのではなく、変化に対応できる柔軟なプロンプトを目指しましょう。このアプローチにより、プロンプトの再利用性が向上し、効率的な開発が実現できます。

▪ 作ったプロンプトが将来役に立つかはわからない

企業では「使えるプロンプトを共有する」取り組みが行われることがあります。たしかに、こうした取り組みは、効率化や知見の共有という点で意義深いものです。しかし、作成したプロンプトの将来的な有用性を正確に予測するのは難しく、投資すべき時間の判断も容易ではありません。

そもそも、自分にとって使いやすいプロンプトでも、チームメンバーに

は使いづらい場合があります。組織で作られるあらゆるテンプレートに言えることですが、**完成度が高く、目的が明確で、継続的なメンテナンスがなされていない限り**、活用されない可能性が高いでしょう。そしてプロンプトに汎用性を持たせようとする過程で、本来の目的からずれたり、精度が低下したりする可能性もあります。

　プロンプトの価値は、AIモデルやAIサービスの進化に応じて急速に変化する可能性があります。まず、AIモデルの進化に伴い、以前は適切に機能していたプロンプトが、新しいモデルでは期待どおりの結果を出せなくなることがあります。また、汎用的なプロンプトは、時間とともにサービスの標準機能に組み込まれたり、コミュニティによって配布されたりすることがあります[4]。たとえば、以前は数十行の複雑かつ専門的なプロンプト（いわゆる呪文）を与えないと希望する画像を生成することは困難でした。しかし、AIの画像生成能力が向上した現在では、多くのユーザーにとって、プロンプトの作成にそれほど労力をかける必要がなくなっています。たとえばMicrosoftが提供するMicrosoft Designer[5]を使えば、簡単に画像を生成できるようになっています。

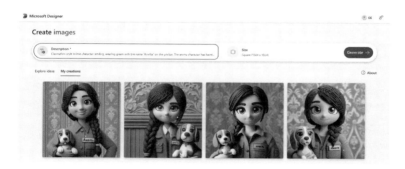

図2.4　Microsoft Designerで生成された画像

---

[4] OpenAIのGPTsは、ChatGPTをカスタマイズできる機能です。ユーザーが独自の指示や知識を追加し、AIの動作を調整できます。公開も可能で、他のユーザーと共有できるマーケットプレイスであるGPT Storeも提供されています。
https://openai.com/index/introducing-the-gpt-store/

[5] https://designer.microsoft.com/image-creator

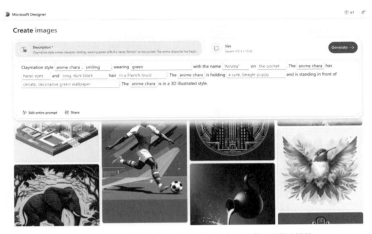

図2.5　Microsoft Designerにおけるプロンプトの補助機能

　プロンプトを作成する際には、**再利用性を意識することは大切ですが、そのために無理をする必要はありません**。必ずしも再利用自体を目的とするのではなく、プロンプトをリファレンスとして保持し、必要に応じて修正を加えながら、さまざまな場面で参考にすることが必要です。明確な再利用性と投資の価値が認められる領域を除いては、再利用を前提としたプロンプトの作り込みに必要以上に時間を費やすのは避けることをおすすめします。

2.2 プロンプトの構成要素 ─ AIに適切な情報を提供するための情報戦略

　プロンプトを書くときに最も重要なのは、自分自身がAIに出力してほしい答えを理解していることだと言えるでしょう。完璧な答えを知らなかったとしても、問題解決のアプローチを把握し、AIの力を借りなくても解決策を導き出せる状態が理想的です。

一見矛盾しているように感じられるかもしれません。しかし、求める情報の本質と期待される回答の形式を理解していなければ、AIを適切に誘導することはできません。AIを活用する意義は、人間の理解とAIの能力を組み合わせることにあります。

良いプロンプトを書くには、自分の目的を明確にし、その構造や背景、アプローチを理解していることが不可欠です。そのための手法の一つが、情報アーキテクチャ（IA）です。情報アーキテクチャは、ユーザーの複雑であいまいなニーズを理解し、コンテンツを整理・構造化し、コンテキスト（文脈）を明確にすることで、最適なユーザー体験を提供するための設計手法です。つまりユーザーが**正しく情報を引き出せるような戦略を立て、システムに落とし込むための手法**だとも言えます。

情報アーキテクチャは、Web開発やアプリ開発、検索システムの開発など、さまざまな分野で活用されてきました。AI時代に「プロンプト」という概念が登場しても、全く新しい方法論を生み出す必要はありません。既存の知見を応用することが効果的です。

プロンプトエンジニアである読者のみなさんの役割は、情報アーキテクトとしてAIから情報を引き出すための戦略を立て、実行することです。この役割を果たすことで、AIとの効果的なコミュニケーションが可能となります。

2.2.1 情報構造化の3要素 Practice

別名：ユーザー、コンテキスト、コンテンツ

プロンプトを書く際には、意図（Intent）、コンテキスト（Context）、コンテンツ（Content）の3つの要素を意識しましょう。これらの要素を意識してプロンプトを書くことで、効果的に情報を整理し、AIに理解しやすい情報を提供できます。

情報アーキテクチャ（IA）の分野では、情報整理の基本的な枠組みとして「ユーザー、コンテキスト、コンテンツ」の3要素がよく使われてきました。本書では、開発者自身が情報の消費者であるため、「ユーザー」を「意図」に置き換えています。「意図」とは、AIに求めるニーズおよびタスクのゴールを明確にすることを指します。

2.2 プロンプトの構成要素 — AIに適切な情報を提供するための情報戦略

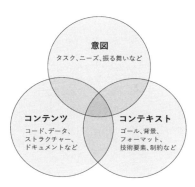

図2.6　情報アーキテクチャの3要素

プロンプトに以下の要素が含まれていることを確認しましょう。

要素	内容
意図	基本的な命令セット、開発者である自分のニーズ、期待する結果
コンテキスト	その情報を取り出すためのプロジェクト状況、背景、既存コードベースや実装における制約
コンテンツ	提供する情報と取り出したい情報、書式や構造、関数の名前、引数、戻り値、処理内容、フォーマット

特にコード生成では、コンテキスト情報が複数の場所に散らばっていることがあります。たとえば、操作中のファイル以外にも、インポート、親クラス、同じディレクトリ内のファイル、APIドキュメントなどが含まれます。これらの情報を効果的に集約し、プロンプトに反映させることが大切です[6]。

この整理にのっとって、Pythonで四則演算をするためのCalculationSystemクラスを実装するためのプロンプトを考えてみます。

---

[6] Shrivastava, D., Larochelle, H., & Tarlow, D. (2023, July). Repository-level prompt generation for large language models of code. In International Conference on Machine Learning (pp. 31693-31715). PMLR. https://proceedings.mlr.press/v202/shrivastava23a/shrivastava23a.pdf

おおよそ、次のようなものになるでしょう。

```
意図：CalculationSystem クラスを実装するための Python コードを書く
コンテンツ：
- sum, subtract, multiply, divide, average, median の関数を実装する。
- validate 処理を実装し、数値データのみを受け付ける。
- 数値以外のデータを受けつけた場合、エラーをおこす。
- 返り値は数値データにする。
コンテキスト：
- python 3.8以降
- PEP 8のスタイルに準拠
- タイプヒンティングの使用
- docstringで説明を記述（日本語）
```

プロンプトに絶対的な正解は存在しませんが、効果的なベストプラクティスはたしかに存在します。これは、Webページのデザインや情報構造を扱う情報アーキテクチャの分野と似ています。たとえば、多くの人がWebサイトのナビゲーションバーの配置に慣れているように、プロンプトにも一般的に効果的とされる手法があるのです。これらの一般的な手法を活用することで、AIから期待どおりの結果を得やすくなります。

ここでは、わかりやすさのために意図、コンテンツ、コンテキストをそれぞれのセクションに分けて説明していますが、必ずしもこのフォーマットに従う必要はありません。**重要なのは、フォーマットではなく、それぞれの内容が網羅されているかをチェックすること**です。

ChatGPTのような対話型AIとのコミュニケーションにおいても、情報アーキテクチャの考え方が有用です。情報の構造化や整理の手法を活用することで、より効果的なプロンプトを作成できます。

AIから期待どおりの回答が得られない場合、まず自分のプロンプトを見直すことが大切です。「自分の意図を適切に言語化できているか」という観点から自己評価し、プロンプトを改善していきましょう。

KEYWORD

情報アーキテクチャ（Information Architecture - IA）

　情報アーキテクチャは、情報を整理し、構造化し、分類し、見やすくするための設計手法です。Web サイトやアプリのデザイン、情報の可視化や共有など、幅広い範囲におよびます。

　たとえば「どのようなナビゲーションが最適か？」「どのような情報がどのように表示されるべきか？」などの、いわゆるユーザー体験につながる事柄はこの分野の研究対象です。私たちは日常的に、情報アーキテクチャのベストプラクティスにもとづいたユーザー体験を無意識のうちに体験しています。

　情報アーキテクチャに関しては「情報アーキテクチャ―見つけやすく理解しやすい情報設計[*a]」が参考になります。

[*a] https://www.oreilly.co.jp/books/9784873117720/

2.2.2　箇条書きを用いた条件指定 Practice

　プロンプトの条件は、箇条書きにして、できるだけ具体的に伝えることが重要です。特に大規模な成果物を生成する場合、プロンプトは長くなりがちですが、詳細な条件設定により、AI はより適切なコードを生成できます。

　以下の例では「HTML のランディングページを生成」というのが主たる指示ですが、その下に詳細な指示が続きます。こうすることで、AI はより適切なコードを生成できるでしょう。

```
以下の条件を満たすHTMLのランディングページを生成してください。
- Bootstrap を使用する。
- "Foo Bar Products Co." というタイトルを含める。
- Containerにコンテンツを配置し、左右に余白を持たせる。
- コンテンツには、"Foo Bar Products Co."のロゴ、製品の画像、価格、および購入ボタンを含める。
- 画像にはplacehold.coを使用する。
- コンテンツは中央配置する。
- ナビゲーションバーを含める。
- フッターには著作権情報を含める。
```

　このプロンプトを AI に与えることで、以下のようなランディングペー

ジが生成されるでしょう。

図2.7　**ChatGPTが生成したサンプルウェブページ**

箇条書きにすることで、プロンプトの試行錯誤が容易になります。行の追加や削除を繰り返し、結果を比較することで、精度向上に寄与した条件を特定しやすくなります。また、出力の変化を追跡しやすくなるという利点もあります。

プロンプトをハードコーディングする場合、箇条書きは特に有用です。行を分割することで、バージョン管理ツールでの変更追跡が容易になります。差分可視化のための`git diff`コマンドで差分が見やすくなり、`git blame`コマンドで変更履歴の追跡も容易になります。GitHubのようなプラットフォームを使っている場合、UI上でも変更履歴を追跡が可能です。

図2.8　**GitHubのページにおける変更箇所追跡**

2.2.3 制約指示の段階的導入 Practice

AIに対して禁止事項を伝えることは、やってほしいことを指示するのと同様に大切です。プロンプトに制約条件を加えることで、より適切なコード生成が可能になります。

完璧な制約を最初から設定するのは困難です。過度な制約は、AIの創造性を制限してしまう可能性があります。そのため、プロンプトにおける制約の指示は一気に書き連ねるのではなく、段階的に追加するようにしましょう。これにより、AIの能力を最大限に引き出しながら、期待に合ったコードを生成させることができるでしょう。

先ほどのHTMLの例に再度訪れてみましょう。さきほどはAIが優れたページを出力しましたが、実はいくつか改善の余地があります。まず、フッタはページの最下部に固定されていません。また、スクリーンショットでは見えませんが、いくつかの不必要なコメントが出力HTMLに含まれています。

これらの問題を解決するため、次のような制約を追加することが効果的です。

- 出力にはコメントを含めないでください。
- フッターは浮かせず、ページの最下部に固定してください。

再度お伝えしますが、これらの命令が一発目のプロンプトに含まれている必要はありません。「AIがコメントを含めるか」や「フッタを最下部に固定するか」はAIに一度回答を出力させてみないとわからないのです。最初は簡単な条件から始め、反応を見ながら少しずつ追加していくことがおすすめです。これらの条件設定は試行錯誤の結果です。

2.2.4 プロンプト修正戦略 Practice

プロンプトを完成させるには、試行錯誤が欠かせません。理想的な出力を得るためには、AIとの対話を通じて、プロンプトを段階的に改善していく必要があります。

先程の例で「フッタは浮かせず、ページの最下部に固定してください」という指示を追加したものの、期待どおりの結果が得られず、フッタが浮いたままであったケースを考えてみましょう。こうした場合、プロンプトの修正戦略を考えることが効果的です。

プロンプトの修正戦略にはさまざまな方法がありますが、以下のような戦略が一般的に使われます[*7]。

- 言い換え（単語の追加、削除、変更、または並べ替え）
- スコープの拡大
- スコープの縮小
- より簡単なターゲットを設定して再実行
- 言語モデルのパラメータを調整して再実行

これらの戦略は、AIモデルの出力を改善するため、また望ましい結果を得るためのプロンプト調整技術として使用されます。先程のプロンプトの修正後の例を参考にみてみましょう。

戦略	修正後のプロンプト / 設定
言い換え	フッタは下部に固定して、ページの最下部に配置してください。
スコープ拡大	フッタは浮かせず、ページの最下部に固定してください。ページの最下部に接するように配置し、ページをスクロールしてもフッタが浮かないようにしてください。
スコープ縮小	フッタは浮かせないでください。

[*7] Jiang, E., Toh, E., Molina, A., Olson, K., Kayacik, C., Donsbach, A., … & Terry, M. (2022, April). Discovering the syntax and strategies of natural language programming with generative language models. In Proceedings of the 2022 CHI Conference on Human Factors in Computing Systems (pp. 1-19). https://dl.acm.org/doi/abs/10.1145/3491102.3501870 / 参照 YouTube: https://www.youtube.com/watch?v=dDqO8-Zb_pg

[*8] Temperature は、生成されるテキストの多様性を調整するためのパラメータです。低い値にするほど決定的・再現性が高く、高い値にするほど確率的・多様性が高くなります。GPT モデルにおいては 0 から 1 の間の値を取ります。AI モデルを API 経由で直接利用している場合、このパラメータの調整も可能であることが多いです。開発支援 AI ツール経由で AI モデルを利用している場合、このようなパラメータの調整機能が提供されていないことがあります。

戦略	修正後のプロンプト／設定
より簡単な ターゲット 設定	`<div class="foo-bar">` において、`mt-auto` クラスを追加し、フッタを浮かせないようにしてください。
言語モデル のパラメー タ再調整	Temperature[*8] を 0.5 に上げて再実行する。

それでは、これを念頭に、プロンプトを修正してみましょう。まず、以下はAIが最初に出力した `<footer>` タグ部分です。

```
<footer class="bg-dark text-white mt-5 p-4 text-center">
```

実はこのコードは、ページのコンテンツが多い場合はフッタが浮く問題は発生しません。最下部に固定という当初のコメントは、コンテンツが多い場合には適切な制約だったのです。つまり、AIは別に「指示に従ってくれなかった」わけではなかったのです。

ただし、これは当初想定した実装とは異なります。もし出力されたHTMLを直接理解できる場合は、「より簡単なターゲットを設定して再度実行」の戦略を取ることができます。一方、HTMLの理解が不十分な場合は、AIの出力を見て、言い換えやスコープの拡大/縮小などの戦略を選択できます。今回は、より詳細な指示を追加し、考慮事項（スコープ）を拡大してみましょう。

- コンテンツが少ない場合も**フッターは浮かせず**、ページの最下部に接するように配置してください。

書き換えた後の条件では コンテンツが少ない場合 という詳細条件が加わり、**フッターは浮かせず** という強調が加わり、最下部に固定 という制約が 最下部に接するように配置 という言い回しに変わっています。

このように条件を変えたことで、今回はAIが `mt-auto` というCSSクラスを追加し、フレックスボックスのアイテムがコンテナ内で縦方向に自動的に余白を取る処理をしてくれたようです。こうすることで、無事AIは

ページ下部に余白がない HTML を完成させました。

```
<footer class="mt-auto bg-dark text-white text-center py-3">
```

　自分の期待することをAIに正しく伝えるのは難しく、ましてや最初から完璧な制約を設定することは容易ではありません。制約を少しずつ追加していき、AIとのコミュニケーションを重ねていきましょう。

2.2.5　約束を破るAIの対応強化 Practice

　AIに指示をしても、必ずしもそれが聞き入れられるとは限りません。人間の指示があいまいである可能性は高いですが、明確化しても、AIが必ずそれを聞き入れてくれるわけではありません。特に大量の指示を渡したときなどで、AIが命令を無視することがあるのです。

　そのような場合、制約の強調や、言い回しの変更などで、AIが制約を守るように促すことが効果的です。たとえば、「フッタは浮かせず、ページの最下部に固定してください」という制約を正しく伝えるためには、いくつかの方法があります。プロンプト修正戦略のプラクティス（2.2.4）では、AIが方向性を守るように促すための方法を学びましたが、ここではそれをより強調して伝える具体的な方法を学びます。

■──── より具体的な制約を追加する

　条件をより具体化します。

> コンテンツが少ない場合もフッタは浮かせず、ページの最下部に接するように配置してください

■──── 文字フォーマットで強調

　Markdown[*9]の太字表記や、英語における大文字[*10]を使います。

[*9]　Markdownは、文書を記述するための軽量マークアップ言語です。

> フッタは**浮かせず**、ページの最下部に固定してください

- **文章の強調**

  形容詞や形容動詞などを使い文章の意図を明確にします。

> フッタは**絶対に**浮かせず、ページの最下部に**間違いなく**固定してください

- **制約を繰り返す**

  同じことを2回言います。

> フッタは浮かせず、ページの最下部に固定してください。**ページの最下部に固定してください！**

- **別の言い方で同じ制約を追加する**

  同じことを違う言い回しで表現します。

> フッタは浮かせず、ページの最下部に固定してください。**つまり、フッタの下に空白スペースがあらわれないようにし、確実に最下部に接地するようにします**。

AIに制約を正しく伝えるためには、さまざまな工夫が必要です。明確な指示を心がけつつ、強調表現や繰り返し表現を効果的に使うことで、AIが制約を守るように促すことができます。

2.2.6 専門性を引き出すロールプレイ Practice

生成AIに特定の役割を設定することで、専門家のような応答を引き出すことができます。これは「ロールプレイ」と呼ばれる手法として知られており、手法の研究が進められています[11]。AIの模倣能力を活用するこ

---

[10] DO NOT USE...のように強調したい部分を大文字にする。ALL CAPS。

[11] Kong, A., Zhao, S., Chen, H., Li, Q., Qin, Y., Sun, R., & Zhou, X. (2023). Better zero-shot reasoning with role-play prompting. arXiv preprint arXiv:2308.07702. https://arxiv.org/pdf/2308.07702

とで、より高度な回答を得られる可能性があります。

　生成AIは与えられた情報をもとに模倣することが得意です。たとえば、自分のコードの続きを書くよう指示すると、AIはそのスタイルを真似て書いてくれるでしょう。ただし、これは良くも悪くも働きます。自分のコードが高品質でなければ、AIも同様の品質のコードを生成してしまうのです。

　しかし安心してください。AIは他の人のスタイルも同様に模倣できます。たとえば、優れたプログラマーのスタイルを真似るよう指示すれば、AIはそれに応じたコードを生成できるのです。この特性を利用すると、仮に自分のコードの品質が不十分でも、真似する対象を変更することでAIからより高度な応答を引き出しやすくなります。

　言語モデルに特定の役割や専門性を持たせるようなプロンプトを与え、その役割にもとづいた応答を得ましょう。たとえば、Ruby on Railsの専門家のようなコードを生成したいときは、以下のようにプロンプトに追記します。

```
あなたはRuby on Railsのエキスパートです
```

　ロールプレイはプログラミングタスクに限らず、幅広く応用できます。PM、デザイナー、データサイエンティストなど、さまざまな役割を設定することで、AIはその専門性に応じたコードやドキュメントを生成できます。これは、AIにコンテキストを提供するための強力な手法なのです。

■── 効果的ではないロールプレイ

　AIとの効果的なコミュニケーションには、適切なロールプレイが欠かせません。一方で、あまりにも抽象的なロール設定や不要なキャラクター設定は避けるべきです。

　たとえば、以下は必ずしも良いロール設定とは言えません。

2.2 プロンプトの構成要素 — AIに適切な情報を提供するための情報戦略

> あなたはRuby on Railsを熟知した20年の経験を持つエンジニアです
> DevOpsの経験も持っています
> 大企業でRubyを使って堅牢なコードを書いているエンジニアです

このロール設定には、いくつかの問題点があります。

ロール設定の問題点	詳細
関係ないロール設定	**DevOpsの経験を持っていること**がRuby on Railsのエンジニアであることとは直接関係がないシーンも多いでしょう。
意味が不明瞭なロール設定	**大企業で働くこと**がコードにもたらす影響は不明確です。
あいまいなロール設定	**堅牢なコードを書いているエンジニア**というのは一見良いロール設定に見えますが、この表現には抽象性が残ります。テストコードを毎回書いてほしいのか、エラーハンドリングを適切に行ってほしいだけなのか、具体的な指示がないため、AIの解釈にばらつきが生じる可能性があります。

効果的なロール設定は、簡潔で具体的、かつ目的に沿ったものである必要があります。良いロール設定の例としては、次のようなものが考えられます。

まず、以下のような汎用的で最小限の設定は、さまざまな場面で使えるという利点があります。

> あなたはRuby on Railsのエキスパートです。

また、特定の出力条件をキャラクターとして組み込むこともできます。

> あなたはRuby on Railsのエキスパートです。
> エラーハンドリングを適切に行い、最低限だが文脈を正しく補うコメントを書くことを重視するエンジニアです。

ロール設定は、AIとのコミュニケーションを効果的にし、望む結果を得るための重要なテクニックです。AIが特定の役割を持つことを明示的に指示することで、AIの出力をより制御しやすくなります。不要な情報を省き、具体的で関連性の高い指示を心がけましょう。

2.2.7 即席ロールプレイ Practice

対話型のツールではなく、自動補完型のツールを使っている場合にも簡易的にチャットボットのような対話形式を表現できます。以下のように：のシンボルを用いることで、AI は Python のエキスパートとしての役割を自覚し、より適切な回答を提供できるでしょう。

```
Me: Python で http サーバーを起動して index.html を表示する方法は
Python Expert:
```

```
Me: Python で http サーバーを起動して index.html を表示する方法は
Python Expert: python -m http.server 8000
```

▼ server.py
```
1  # Me: pythonコマンドでhttpサーバーを立ち上げてindex.htmlを表示
2  # Python Expert: python -m http.server 8000 --bind
```

図2.9 コメントを使って簡易的にチャットを実行している例

さらに簡易的な方法は、Q: と A: のシンボルを用いることです。この形式では、AI は自動的に回答者の役割を担います。以下は、vim コマンドに関する質問の例です。

```
Q: vim のコマンドで、HTMLタグを全部消す方法は
A: :
```

```
Q: vim のコマンドで、HTMLタグを全部消す方法は
A: :%s/<[^>]*>//g
```

このようにすると暗黙的に AI のロールを回答者に設定できるでしょう。

2.2.8　Few-shotプロンプティング Practice

　大規模言語モデルは、少量のデータからも新しいタスクを理解し実行可能にする能力を持っています[*12]。Few-shotプロンプティングは、大規模言語モデルのこの能力を活用し、少数の例示から新しいタスクをすばやく理解させ実行させる手法です。

　類似した手法として、One-shotプロンプティングがあります。これは1つの例のみを使用してタスクを理解させる方法です。

　プログラミングの分野においても、この手法は非常に有効です。AIにコード生成を依頼する際、質の高いサンプルコードやデータを提供することで、**AIはその文脈を理解し、意図に沿った適切な出力を生成できます**。

　この手法の大きな利点は、AIに知ってほしい知識を伝えるための追加のモデル学習が不要な点です。トークン数の制約はありますが、最低限の知識を与えたい場合は有効です。たとえば、さまざまなプログラミング言語やフレームワークの例を与えることで、モデルの対応範囲が広がります。

　具体的な適用例として、Pythonでデータベースのモデルクラスのコードを AI に生成させる場合を考えてみましょう。

```
以下をもとにPythonのモデルクラスを生成する
```json
[
  {
    "listing_id": "RNS123",
    "name": "Yotsuya Apartment",
    "rent": 100000,
    "apartment_area": 30,
    "location": "Yotsuya, Tokyo"
  },
```

[*12] Brown, T., Mann, B., Ryder, N., Subbiah, M., Kaplan, J., Dhariwal, P., Neelakantan, A., Shyam, P., Sastry, G., Askell, A., Agarwal, S., Herbert-Voss, A., Krueger, G., Henighan, T., Child, R., Ramesh, A., Ziegler, D., Wu, J., Winter, C., Hesse, C., Chen, M., Sigler, E., Litwin, M., Gray, S., Chess, B., Clark, J., Berner, C., McCandlish, S., Radford, A., Sutskever, I., & Amodei, D. (2020). Language models are few-shot learners. Advances in neural information processing systems, 33, 1877-1901. https://proceedings.neurips.cc/paper_files/paper/2020/file/1457c0d6bfcb4967418bfb8ac142f64a-Paper.pdf
```

```
        ... 中略
    ]
```

すると、AIはこのサンプルを参考にして、以下のようなモデルのコードを生成します。

```
class Listing(BaseModel):
    listing_id: str
    name: str
    rent: int
    apartment_area: float
    location: str
```

アイデア次第では、この時にキャメルケースやスネークケースなど特定のコーディングスタイルを適用したり、あるいは特定のフレームワークにおける実装を指定したり、細い命令が可能です。

■────── Few-shotプロンプティングは提供サンプルの質が勝負

Few-shotプロンプティングでは、提供するサンプルの質が結果を大きく左右します。適切で吟味された例を与えることが、モデルの正確な理解と出力につながります。逆に、不適切な例を提示すると、モデルが誤った解答を導き出す恐れがあります。

また、与える例が対象集団を適切に代表していることも重要です。偏りのある例を提供すると、AIの出力が不安定になる可能性があります。そのため、多様性を考慮しつつ、対象集団の特徴を的確に反映した例を選択することが求められます。

さらに、モデルに必要最小限の情報を与えることも効果的です。たとえば、大量のデータがある場合でも、その特徴を代表する少数の例を選んで提供することで、効率的にAIに情報を伝えることができます。その場合、100個の項目がある連想配列から、1つの代表的な値だけをAIに渡すだけで十分です。

Few-shotプロンプティングの活用例

Few-shotプロンプティングは、以下のような場面で活用できます。

用途	内容
コードパターンの提示	特定のコードパターンやフレームワークの例を教えることで、AIにそれに沿ったコードを生成させることができます。
仕様書やドキュメントの出力パターンの提示	コードだけでなく、仕様書やドキュメントのひな型を与えることで、AIはそれにもとづいた出力を生成できます。
データフォーマットの提示	特定のデータフォーマットや構造に関する例を与えることで、モデルはそのデータフォーマットに対応したコードを生成できます。

たとえば、FastAPIのエンドポイントの一部を提供することで、AIは残りのCRUDエンドポイントを生成できます。以下は、その具体例です。

```
# FastAPIのエンドポイントを参考にして、残りの CRUD エンドポイントを生成してください

@app.get("/items/{item_id}")
async def read_item(item_id: int, q: str = None):
    return {"item_id": item_id, "q": q}
@app.post("/items/")
async def create_item(item: Item):
    # 中略
    return item
```

AIはこの例を参考にして、以下のようなコードを生成します。

```
@app.get("/items/{item_id}")
async def read_item(item_id: int, q: str = None):
    return {"item_id": item_id, "q": q}

@app.post("/items/")
# 中略
@app.put("/items/{item_id}")
# 中略
@app.delete("/items/{item_id}")
# 中略
@app.get("/items/")
# 省略
```

さらに、生成AIを使用することで、JSONをYAMLやTOMLなどの設定ファイル、またはテーブル定義ドキュメントへの変換も可能です。これにより、一つの情報源から多様な形式のデータを生成できます。

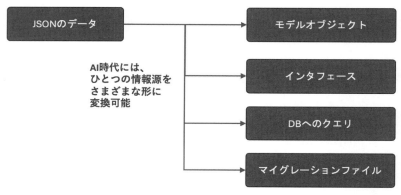

図2.10　AIによるデータ変換の可能性

組織内にあるコードベースやドキュメントなどは、Few-shotプロンプティングで提供する貴重な情報源になる可能性があります。これらのリソースを活用することで、新しい発見や効率的な開発につながるかもしれません。ぜひ、自社の資産を見直し、AIとの協働の可能性を探ってみてください。

2.2.9　Zero-shotプロンプティング Practice

大規模言語モデルは、広範囲のデータを使って学習されており、外から与えられた情報が限定的でも、適切なコードや問題解決の手段を自分の中から取り出せます。この能力を利用した、Zero-shotプロンプティングは、モデルに先行する情報や例を提供せずに、直接質問やタスクを提示する方法です。Few-shotプロンプティングとは異なり、コードの例示や詳細な説明は不要です。プログラムに関する要求や問題を、Google検索のようにそのままAIに問いかければ良いのです。

たとえば、BootstrapはWebの一般的なスタイルを簡単に実装できる

CSSフレームワークですが、生成AIはこういった代表的なフレームワークについての知識をすでに持っています。以下のように質問を投げると、AIにBootstrapのボタンの種類を教えてもらうことができます。

CSS の bootstrap で実装できるボタンの種類を教えて下さい

ここでは、Bootstrap でよく使われるボタンの種類について紹介します。各ボタンは特定のクラスを使ってHTMLに追加することができます。

```
### 基本的なボタンの種類
1. **Primary Button** - `.btn-primary`
   - メインアクション用の青色ボタン
2. **Secondary Button** - `.btn-secondary`
   - セカンダリーアクション用の灰色ボタン
3. **Success Button** - `.btn-success`
   - 成功または正のアクションを示す緑色ボタン
<!-- 省略 -->
```

　Zero-shotプロンプティングは、特定のプログラミング言語のシンタックス、フレームワークの使い方、アルゴリズムの実装など、幅広い分野で活用できます。以下のように、具体的な命令を与えるだけで、AIに特定の技術を教えることなく、期待する出力を得ることができるのです。

```
Terraformで、Azure Functionsのリソースを作成するコード群を生成してください。
```

　著名なフレームワークや言語であればあるほど、モデルの学習データに含まれている可能性が高く、精度が高くなる傾向にあります。AIがすでに持っている知識を引き出すことで、提供するトークンを節約しつつ、望む結果を得やすくなります。このテクニックは、モデルが望む知識を所有しているかをテストする手段としても利用可能です。

2.3 状況に応じたプロンプトの調整戦略

プロンプトを構築する際は、必ずしも特定のフォーマットに従う必要はありません。事実として、プロンプトの構成にはかなりの自由度があります。**最低限、情報アーキテクチャの3つの要素を意識して、自分が書くプロンプトがどのような情報を伝えるべきかを考えることが大切です。**

ただし、プロンプトを書く際には情報を詰め込もうとするのではなく、以下の点に留意しましょう。

- プロンプトの質と量のバランス
- プロンプトの記述言語
- プロンプトのフォーマット

上記を踏まえた上で、臨機応変に簡潔に書いていきましょう。

2.3.1 プロンプトの質と量のバランス

AIに明確に文脈や意図を伝えるためには、**適切な量の質の高い情報を提供する**ことが求められます。よくある間違いが、いつでも完璧なプロンプトを提供しようとすることが挙げられます。もちろん質の高いプロンプトを作成することは大切ですが、使い捨てのプロンプトについて説明した際にも述べたように（2.1.2）、プロンプトは完璧である必要はありません。

質と量のバランスを意識し、AIに必要十分な情報を適切に伝えることが、効果的なプロンプト作成には不可欠なのです。

2.3.2 必要最低限のプロンプト Practice

エンジニアリングの日常業務でプロンプトを書く際、その品質は最低限で十分です。完璧なプロンプトを追求すると、開発時間を無駄に消費してしまう可能性があります。効率的な開発のためには、プロンプトは簡潔に記載しましょう。

たとえばログインフォームのReactコンポーネントを生成するプロンプトを考えてみましょう。よくある例として、以下のようなプロンプトが紹介されることがあります。

```
ログインフォームのReactコンポーネントを生成してください。
これは私のキャリアにとって非常に重要です。
丁寧に美しく作成をお願いします。

条件
- Tailwindを使用してください。
- Google Fontsを使用できます。

実装内容
- フォームはメールアドレスとパスワードの2つの入力フィールドを持ちます。
- メールにはバリデーションが必要です。
- パスワードにはバリデーションが必要です。
- ログインボタンを含めてください。
- パスワードを忘れた場合のリンクを含めてください。
```

しかし、これは冗長で時間がかかります。単純な話、日々の業務で使うプロンプトは雑でいいのです。

```
ログインフォームのReactコンポーネントを生成してください。
技術：Tailwind, Google Fonts
実装：メール、パスワード、ログインボタン、パスワードを忘れのリンク
その他：メールとパスワードにはバリデーション
```

AIへの質問のしかたを工夫すれば、より良い回答が得られる可能性はあります。しかし、一度きりの作業であれば、詳細なプロンプトはタスクの完了とともに不要となります。**プロンプトは短ければ短いほど美しいと考えるようにしましょう。**

2.3.3　効率重視の言語選択戦略：英語と日本語の使い分け

プログラミングにおいて生成AIを活用する際、プロンプトを英語で書くか日本語で書くかは重要な選択肢となります。この選択は、AIツールから得られる結果の質に直接影響を与えるため、慎重に検討する必要があり

ます。

　多くの大規模言語モデル、特にOpenAIのGPT-3.5やGPT-4は、学習データに英語が占める割合が高いことで知られています。これは、そもそもインターネットにおける情報の大部分が英語で書かれていることにも起因しています。そのため、英語でプロンプトを書くと、より期待どおりの結果が得られることが多いのが現状です[*13]。以下の図は、GPT-4の言語処理能力を比較したものですが、両モデルとも英語での性能が際立っています[*14]。

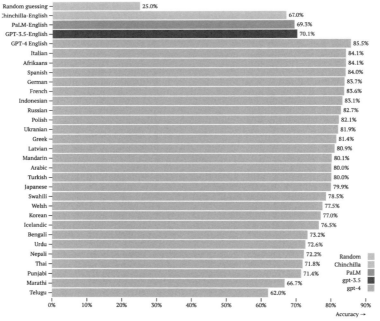

図2.11　言語別MMLUにおけるGPT-4の精度

[*13] OpenAIのモデル比較に関する記事 "GPT-4" https://openai.com/research/gpt-4 より。
[*14] 図2.11におけるMMLU(Massive Multitask Language Understanding)は言語モデルの性能評価に使われているベンチマークの一つです。

一方で、最近ではLLM-jp[*15]をはじめとする日本語に特化したモデルの開発も進んでいます。これらのモデルは、日本語のプロンプトに対してより適切な応答を生成できる可能性があります。そのため使用するモデルの特徴を理解し、最適な言語を選択することが大切です。

プロンプトの言語を選ぶ際は、使用するAIモデルの特性、タスクの性質、期待する出力の言語を考慮しましょう。また、プロジェクトの性質やチームメンバーの言語スキルなども大切な要素です。たとえば、技術的な質問は英語で、ビジネスロジックに関する質問は日本語で行うなど、柔軟な対応が効果的です。実際の使用では、スピード重視か精度重視かによっても言語選択が変わってきます。最適な選択は、実際に試行錯誤を重ねながら見つけていくことです。

2.3.4　母国語による高速イテレーション Practice

日々の創造的な一度きりのタスクのためにコードを書く場合、使い捨て目的のプロンプトをすばやく考えることが重要です。たとえばGPT-4の場合、2023年時点で英語の精度は85.5%、日本語では79.9%と5.6%の差があります。しかし、英語にしたところで正確に物事を伝えられず、英語を読解するのに時間がかかるようであれば本末転倒です。小さな差を埋めるために英語を使うよりも、慣れ親しんだ日本語で質問の精度を高めてAIに繰り返し尋ね、望む結果をより早く得るようにしましょう。

また、英語使用の理由として、トークン消費量の違いも挙げられることがありますが、その重要性は状況によって異なるため注意が必要です。同じ内容でも、日本語は英語の2〜3倍のトークン数を要することがあり、これはコストにも影響します。たとえば、Pythonコード改善のシステムプロンプトを日本語で書いた場合と英語で書いた場合を比較してみましょう。日本語の方は多くのトークンを消費しますが、英語の方はその半分以下で済みます。

[*15] https://github.com/llm-jp

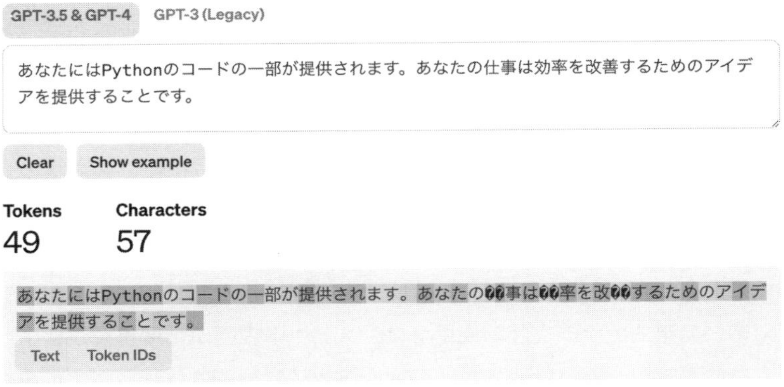

2 プロンプトで生成AIを操る

図2.12 日本語プロンプトのトークンカウント

（GPT-3.5 & GPT-4 / GPT-3 (Legacy)）

入力: 「あなたにはPythonのコードの一部が提供されます。あなたの仕事は効率を改善するためのアイデアを提供することです。」

Tokens: 49　Characters: 57

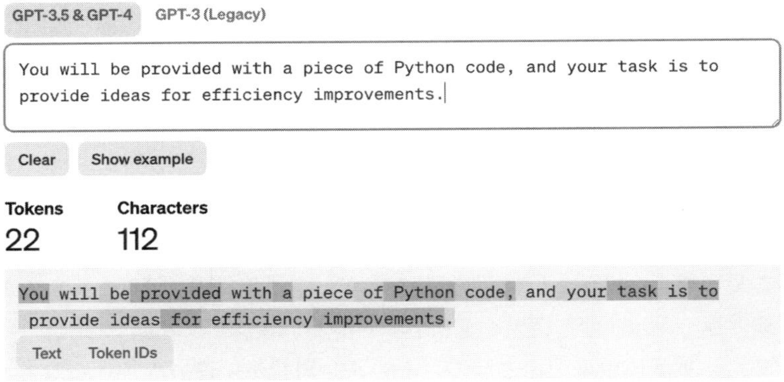

図2.13 英語プロンプトのトークンカウント

（GPT-3.5 & GPT-4 / GPT-3 (Legacy)）

入力: "You will be provided with a piece of Python code, and your task is to provide ideas for efficiency improvements."

Tokens: 22　Characters: 112

しかし、そもそもこうした言語ごとのトークン効率の違いは、AIの進化により次第に縮まっていく可能性があります。また、開発支援AIツールではユーザーアカウントごとの課金が主流[16]のため、トークン数による経済的制約はあまり気にする必要がありません。これらのことを念頭に置き、言語選択に関する妥当な選択を行えるようにしましょう。

---

[16] 執筆時点でのGitHub Copilotなど。実際の課金については各サービスのドキュメントを参照してください。

2.3.5 英語プロンプトを用いた精緻化 Practice

この内容は「母国語による高速イテレーション（2.3.4）」で述べた内容とは対照的なものです。

再利用性と高精度な応答が求められる場合、英語でのプロンプト作成が効果的です。これは、言語モデルをアプリケーションに組み込む際に特に重要となります。ユーザーに直接提供される出力や、コードが言語モデルからの出力自体を消費する可能性がある場合、一貫した正確さが求められるためです。たとえば、画像生成アプリで高品質な画像を毎回出力したい場合、わずかな品質の差がユーザー離れにつながる可能性があります。このような状況では、プロンプトを英語に切り替えることで、より安定した結果が得られるでしょう。

大規模にスケールするサービスでは、トークン数の節約が重要な課題となります。多数のユーザーがアクセスする場合、APIの利用料金が急増する可能性があります。トークン数の節約が大幅なコスト削減につながるため、英語を使用してコストを抑えることができます。

また、出力の種類によって、プロンプトの言語を選択することも効果的です。日本語の文章を出力したい場合は、日本語でプロンプトを書くのが適切です。日本語を出力したいのにプロンプト本文が英語だと、AIに「Please answer in Japanese」と指示しても、英語での出力になる可能性があります。一方、画像やプログラムコードなど、言語に依存しない出力を求める場合は、英語でプロンプトを作成しても問題ありません。

つまり、短期的な実験や使い捨てのプロンプト作成には日本語を、高精度の出力を常に提供したい場合には英語を使用するのが良いでしょう。状況に応じて適切な言語を選択することで、効率的かつ効果的な開発が可能になります。言語の選択は、プロジェクトの目的や規模に合わせて判断しましょう。

2.3.6 文脈分離のための区切り文字 Practice

生成AIの基本的な使用方法は単純で、適切なプロンプトを入力するだけで、AIがコンテキストに応じた続きの文章を生成します。しかし、平文

の文字列をそのまま渡すだけでは、意図がうまく伝わらないことがあるのです。

そこで、**意図を正しく伝えるために、文脈を明示的に示すためのデコレーションや区切り文字を使うのが効果的**です。具体的には、ハイフンなどの記号、XMLタグ、文字列マーカー、Markdown記法などを使います。

好きなものを使うことができますが、一般的なものとしては、以下のようなものがあります。

─── 記号による境界設定

```
---
===
+++
```

─── XMLタグでのデコレーション

```
<prompt>
</prompt>
<example>
</example>
```

─── 文字列マーカーの使用

```
__START__
__END__
__PROMPT1__
```

─── Markdown記法の活用

```
## Intent

## Context

## Content
```

─── 何を選ぶかはあなた次第

著者もさまざまなパターンを試してきましたが、精度に大きな差はありませんでした。結局のところ、**AIの反応を見ながら、自分が使いやすいも**

のを選ぶのがおすすめです。

たとえば、Few-shotプロンプティングでの文脈分離方法を考えてみましょう。フォーマットを意識した場合、Few-shotプロンプティングは以下のように構成できるでしょう。

```
<input /> タグで与えられた内容を <format /> の形式に変換する Python のスクリプトを書いてください。

<format>
  <!-- 中略：変換先テーブルのフォーマット、カラム情報など-->
</format>

<input>
  <!-- 中略：データのサンプル -->
</input>
```

こうすることで、AIは<format>タグで囲われた出力フォーマットを理解し、<input>タグの内容を出力できます。

また、コードのサンプルを提供したい場合、Markdown記法を使い、以下のようにも記述できます。

```
<!-- プロンプト本文 -->

```python
# 参照コード
```
```

COLUMN

ChatGPTが盛り上がる「その瞬間」は予知できたか

2022年11月のChatGPTの公開で世界は実感を持って生成AIのインパクトを理解しました。では、どれほどの人が、世界を変えるほどのその可能性を事前に感じ取っていたのでしょうか。

人によっては、いきなりChatGPTが登場したと感じるかもしれませんが、今振り返ってみれば、このような未来が来ると早期に気づくチャンスはありました。

- 2017年6月に"Attention is all you need"[*a]論文が公開され、Transformerアーキテクチャが提案されたとき。
- 2020年7月にOpenAIがGPT-3を発表したとき。
- 2021年6月に大規模言語モデル搭載のGitHub Copilotのテクニカルプレビューが公開されたとき。

これからもこのような瞬間は幾度となく訪れ、さまざまな形でエンジニアの生産性を向上させるでしょう。

AIの進化は、まさに日進月歩ですが、**未来はいきなりあらわれるわけではありません**。その未来に向けて、**今から準備をしておくことが大切なのです**。

なるべくさまざまな情報に触れ、そしてAIを「体験」することをおすすめします。実際に体験しなければ実感が湧かないものです。体験すれば、ちょっと先の未来については、備えることができるはずです。

[*a] Vaswani, Ashish; Shazeer, Noam; Parmar, Niki; Uszkoreit, Jakob; Jones, Llion; Gomez, Aidan N; Kaiser, Lukasz; Polosukhin, Illia (2017). Attention is All you Need. Advances in Neural Information Processing Systems. 30. Curran Associates, Inc. https://proceedings.neurips.cc/paper/2017/file/3f5ee243547dee91fbd053c1c4a845aa-Paper.pdf

第3章
プロンプトの実例と分析

3 プロンプトの実例と分析

　ここまでの章で、プロンプトの基本構造や設計における重要な要素について学びました。本章では実際のプロンプト例を通じて、プロンプトエンジニアリングの実践的な側面を探求します。具体的な事例を通じて、効果的なプロンプトの作成方法やAIとの効率的な対話のしかたを学びましょう。

　プロンプト作成において、**他者の例を参考にすることは非常に有益で
す**。インターネット上には優れたプロンプトが多数公開されており、これらを分析することで、実践的なプロンプトの設計ポイントを学べます。本書では、以下のオープンソースのツールから実際のプロンプトを紹介します。紹介する内容は最新の発展的なテクニックがちりばめられたものというより、初期に登場した原始的でシンプルな例です。

- Reactのコンポーネント生成（ReactAgentより、3.1）
- スクリーンショットからのコード生成（screenshot-to-codeより、3.2）
- SQLクエリ生成（LangChainより、3.3）
- 汎用エージェント（OpenHandsより、3.5）

　これらのツールはエージェント型AIツールに分類され、そこで使われるシステムプロンプトはプロンプトエンジニアリングの本質理解に適しています。AIの進化により、エンジニアがAIから受け取るのはコードの断片だけでなく、**実行結果自体やひとまとまりのソリューション**[*1]になってきています。すでにGitHub Copilot WorkspaceやChatGPT Advanced Data Analysis[*2]のような、エージェント型AIツールが登場しています。

---

*1　ここでのソリューションは、単なるコード片や質問への回答ではなく、アプリケーションの仕様策定、コード全体、デプロイなども含めた総合的な解決の提供を意味します。
*2　旧ChatGPT Code Interpreter

図3.1　ChatGPT Advanced Data Analysis のコード実行の例

　これらのツールは、データを渡すとAIが自律的に処理を実行し、結果を返してくれます。執筆時点では、データ分析やフロントエンド開発などの特定分野で特に活用が進んでいますが、今後さらに多様な用途での応用が期待されます。エージェント型AIツールの特徴は第4章で詳しく説明します。

　エージェント型AIツールのプロンプトは、日常的なタスク用の短いプロンプトとは異なり、多様なユーザー入力に対応するため、汎用性と高精度を兼ね備えた設計が必要です。そのため、結果として作られるのは再利用を前提とした綿密に設計されたシステムプロンプトであり、必要な機能や動作を詳細に記述するため長文化する傾向があります。日常的に使い捨てのプロンプトを書く際には、これらのことを一つ一つ気にして時間をかける重要性は低いですが、よく練られたプロンプトがどのようなものかを学んでおくことは役立ちます。

　これらのプロンプトを紹介する目的は、単なる「書き方」の学習だけで

なく、**いわゆる巷で言われている「プロンプトの正体」を知るためでも**あります。さまざまな開発支援AIツールが登場し、世界を一変させているように見えるかもしれません。しかし、実際にその内容を見ると、**私たちが作成できる一般的なプロンプトとそれほど変わらないことがわかります**。

　この章では実世界における英語で書かれたプロンプトを日本語に翻訳し、筆者の視点で解説します。ただし、これは一つの解釈に過ぎません。**大切なのは、読者のみなさんが自分なりの解釈を持つことです**。これらの実例を通じて、より効果的なプロンプト作成のヒントや気づきが得られるはずです。

3.1 Reactのコンポーネント生成プロンプト

　まずはフロントエンド開発におけるプロンプトの例を見てみましょう。ここでは、UIコンポーネントを生成するためのプロンプトの特徴や設計のポイントについて考察します。ReactAgentは、Reactアプリケーションの生成を支援するオープンソースプロジェクトです。このツールは、自然言語での指示を受け取り、それにもとづいてReactコンポーネントを生成します。初期の意欲的な開発支援AIツール例として、開発者コミュニティで一定の評価を得ています。

　紹介するプロンプト[3]ではフロントエンド開発者として、指示に従ってReactの関数コンポーネントを作成するよう、指示を出しています。

　全部で16行のプロンプトですが、その中には多くのプロンプトエンジニアリングのエッセンスが含まれています。

---

[3] https://github.com/eylonmiz/react-agent/blob/main/backend/main/react-agent/generative/ReactComponentGenerator.ts

リスト 3.1　英語のプロンプト（原文）

```
Act as a Frontend Developer.
Create Typescript React Functional Component based on the
description.
Make sure it is beautiful and easy to use.
Make sure it covers all the use cases and states.
---
Return Example:
${componentExample}
---
Instructions:
Make sure it's a working code, don't assume that I'm going to
change or implement anything.
Assume I have React Typescript setup in my project.
Don't use any external libraries but @react-agent/shadcn-ui which
is interal library, recharts for charts.
---
Return Type:
return a React component, written in Typescript, using Tailwind CSS
.
return the code inside tsx/typescript markdown ```tsx <Your Code
Here> ```.
```

リスト 3.2　日本語に翻訳したプロンプト

```
フロントエンド開発者として行動してください。
説明に基づいて、TypeScriptのReact Functional Componentを作成してくださ
い。
美しく使いやすいものにしてください。
すべてのユースケースと状態をカバーするようにしてください。
---
返却例:
${componentExample}
---
指示:
動作するコードであることを確認し、私が何かを変更したり実装したりすることを想定し
ないでください。
プロジェクトにTypeScriptのReactセットアップがあることを前提としてください。
外部ライブラリは使用せず、内部ライブラリの@react-agent/shadcn-uiとグラフ用の
rechartsのみを使用してください。
---
返却タイプ:
Reactコンポーネントを返却し、TypeScript で記述し、Tailwind CSS を使用しま
す。
tsx/typescript Markdown ```tsx <あなたのコードをここに> ``` 内にコードを
返却してください。
```

3 プロンプトの実例と分析

それぞれのポイントを見ていきましょう。

3.1.1　核となるプロンプトはシンプルに - ロールプレイと基本指示

まず、書き出しの部分に注目します。最初に、プロンプトの文脈を明確にするために、役割設定と基本的な指示が行われています。ここでプロンプトのゴールが設定され、その後の指示が展開されます。

> フロントエンド開発者として行動してください。
> 説明に基づいて、TypeScriptのReact Functional Componentを作成してください。

フロントエンド開発者として振る舞い、記述にもとづいてTypeScript React Functional Componentを作成するような指示が出されていますが、この2行だけでも、多くの場合は十分な指示となります。エディターを開いているエンジニアが、AIの出力を随時修正できる環境にあれば、これ以上の指示は不要でしょう。しかし今回は、確実に動く、そして要件にあった成果物が求められているため、より詳細な指示が必要になります。

3.1.2　精度向上を狙う - 要件を確実に満たす指示

具体的な役割と指示が示された後、AIの出力品質を向上させるための指示が行われます。このプロンプトでは、出力を美しく使いやすいものにすることや、与えられた指示の条件を確実に満たすことが求められます。

> 美しく使いやすいものにしてください。
> すべてのユースケースと状態をカバーするようにしてください。

AIは指示に従ってコードを生成しますが、時として指示の一部を無視したり、出力を勝手に省略したりすることがあります。これらの問題を防ぐために、出力のカバレッジに関する明確な指示が重要になります。しかし、この指示自体が確実に取り扱われることも保証されているわけではあ

りません。そのため開発者は、AIの出力を慎重に確認することが求められます。

3.1.3 プロンプトの出力を制御 - フォーマットの指示

プロンプトの出力を制御する効果的な方法の一つに、フォーマットの指示があります。ユーザーが明確な指示を与えることで、AIは望ましい形式で回答を生成できます。この手法は出力の一貫性を保ち、必要な情報を確実に含めるのに役立ちます。

```
リターンの例:
${componentExample}
```

ここで、`${componentExample}`には具体的なサンプルフォーマットが挿入されます。最終的にAIが読み取るプロンプトは、ユーザーの指示とサンプルフォーマットが含まれた状態のものとなります。

AIに特定のフォーマットで出力させる方法は、プロンプトエンジニアリングの分野ではOne-shotプロンプティングやFew-shotプロンプティングとして知られています。これらの手法では、AIに一つまたは少数の例を示すことで、同様の形式での出力を促します。この方法により、AIは新しいタスクやフォーマットにすばやく適応できます。

3.1.4 使う技術の指定 - 条件の明確化

フォーマットなど、大枠の指示が与えられた後、より具体的な条件や制約が示されます。これらの指示は、出力の品質と一貫性を確保するために重要です。

```
指示:
動作するコードであることを確認し、私が何かを変更したり実装したりすることを想定しないでください。
プロジェクトにTypeScriptのReactセットアップがあることを前提としてください。
外部ライブラリは使用せず、内部ライブラリの@react-agent/shadcn-uiとグラフ用のrechartsのみを使用してください。
```

3 プロンプトの実例と分析

まず、「動作するコード」のみを受け付ける条件が設定されています。「私が何かを変更したり実装したりすることを想定しないでください」という指示は、完成形のコードを求めていることを強調しています。これは、中途半端なコードや未完成のコードの返却を防ぐための重要な指示です。

次に、「TypeScriptのReactセットアップがあることを前提としてください」という指示があります。これには2つの重要な意味があります。一つは出力の安定化です。実はプロンプトの前半にも「TypeScriptのReact Functional Componentを作成」という記述があります。あえてTypeScriptをここで指定する必要はないように見えます。

しかし、ここであらためて出力対象を確認することで、JavaScriptではなく確実にTypeScriptのコードを生成することを保証しています。もう一つは、出力しないものの明確化です。「Reactのセットアップがあることを前提」とすることで、Reactコンポーネントのみを返却するよう指示しています。エージェント型の仕組みでは、複数の出力が連続して行われ、それが組み合わさることが想定されるため、毎回Reactのセットアップ込みのコードを生成する必要はありません。

最後に、「外部ライブラリは使用せず、内部ライブラリの@react-agent/shadcn-uiとグラフ用のrechartsのみを使用してください」という指示があります。エージェント型の仕組みではユーザーがある程度完成された動くコードを求めているため、コードに必要以上の依存関係をもたらしかねない外部ライブラリの使用は避けるように指示されています。その代わりに、`shadcn-ui`と`recharts`など、AIが知識を持っている可能性が高いライブラリの使用を指示しています。

このアプローチには2.2.9で取り上げたZero-shotプロンプティングのエッセンスが含まれています。Zero-shotプロンプティングとはAIがすでに持っている知識を活用するよう指示することです。著名なライブラリの使用を指定することで、AIの知識を最大限に活用し、ハルシネーションのリスクを軽減しています。

3.1.5 プログラムからの利用を考慮 - 出力形式に関する指示

最後に、出力形式に関する指示が示されています。これは、先ほどの指示に加え、出力のフォーマットを統一するためのものです。返却タイプとして、TypeScriptで記述したReactコンポーネントが指定されており、Tailwind CSSという、AIが知っているであろう著名なCSSフレームワークの使用が指示されています。ここでも、指示の重複が目立ちます。「TypeScriptで記述し」という度重なる指定があるほか、さらにMarkdownのコードブロックでもtsx拡張子の指定があります。

> 返却タイプ:
> Reactコンポーネントを返却し、TypeScriptで記述し、Tailwind CSSを使用します。tsx/typescript Markdown ```tsx <あなたのコードをここに>``` 内にコードを返却してください。

さらに、この出力指示はコード品質だけでなく、プログラムによる解析を容易にする目的も含んでいます。出力はMarkdown形式で、バッククオート（```）で囲んで返却するよう指示されています。AIの出力は毎回異なり、出力によってMarkdown、プレーンテキスト、生のコードなど複数の形式を取る可能性があります。複数のReactコンポーネントの出力を統合して成果物を完成させる場合、出力がぶれると、プログラムが毎回「どこにコードがあるのか」を解析する必要があり、パターンマッチングが難しくなります。フォーマットを統一することで、プログラムによる解析が容易になります。

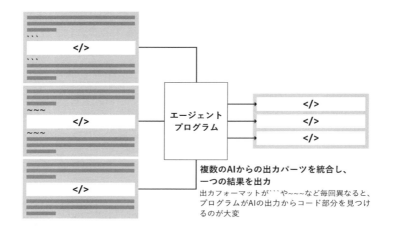

図3.2　エージェントがAIの出力の中から必要部分を抽出して一つのコードにまとめる

　このような詳細な指示は、一回限りのプロンプトでは過剰ですし、エンジニアがAIの出力をレビューし、毎回取捨選択できる場合には不要です。しかし、自動化されたシステムや継続的な利用を想定する場合には、出力の一貫性を保つために重要な役割を果たします。

3.1.6　プロンプトエンジニアリングのエッセンスをちりばめる

　Reactのコンポーネント生成のプロンプトは非常に良い学びのある実装例でした。いくつかのプロンプトエンジニアリングのエッセンスが含まれており、またロール設定、条件設定、プロンプトの強調による出力の安定化が図られています。特に有用なのは以下のポイントでしょう。

- 明確にプロンプトの用途や前提が示されており、ユーザーが求めるべき出力が明確になっている。
- Zero-shotプロンプティングやFew-shotプロンプティングのエッセンスが含まれている。

- 明確な出力フォーマットが定められており、安定した出力を得るための指示がある。

一方で、このプロンプトは「一回限りのプロンプト」としては過剰な部分もあります。この中から、自分のプロンプトに取り入れるべきポイントを見つけることが重要です。

3.2 スクリーンショットからのUI生成プロンプト

次に扱うのは、screenshot-to-code[*4]という、AIがスクリーンショットをコードに変換するツールです。入力の分析にはマルチモーダルモデルであるGPT-4 Visionなどを使用することが想定されており、出力はHTMLだけでなく、ReactやVueなどの各種フレームワークのコードも生成できるようになっています。

[*4] https://github.com/abi/screenshot-to-code

3 プロンプトの実例と分析

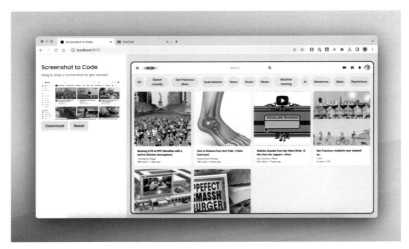

図3.3 screenshot-to-code の実行サンプル

　以下は、与えられたスクリーンショットを元に、ReactとTailwind（Tailwind CSS）で作られたUIの出力を促すプロンプト[5]です。

リスト3.3　英語のプロンプト（原文）

```
You are an expert React/Tailwind developer
- Do not add comments in the code such as "<!-- Add other
navigation links as needed -->" and "<!-- ... other news items ...
-->" in place of writing the full code. WRITE THE FULL CODE.
- Repeat elements as needed. For example, if there are 15 items,
the code should have 15 items. DO NOT LEAVE comments like "<!--
Repeat for each news item -->" or bad things will happen.
- For images, use placeholder images from https://placehold.co and
include a detailed description of the image in the alt text so that
 an image generation AI can generate the image later.

In terms of libraries,
- Use these script to include React so that it can run on a
standalone page:
    <script src="<link to react.js omitted>"></script>
    <script src="<link to react-dom.js omitted>"></script>
```

---

[5] https://github.com/abi/screenshot-to-code/blob/main/backend/prompts/imported_code_prompts.py

```
    <script src="<link to babel.js omitted>"></script>
- Use this script to include Tailwind: <script src="<link to
Tailwind CSS omitted>"></script>
- You can use Google Fonts
- Font Awesome for icons: <link rel="stylesheet" href="<link to
Font Awesome omitted>"></link>


Return only the full code in <html></html> tags.
Do not include markdown "```" or "```html" at the start or end.
```

リスト 3.4 **日本語に翻訳したプロンプト**

```
あなたは熟練したReact/Tailwind開発者です。
- コードに"<!-- Add other navigation links as needed -->" や "<!--
... other news items ... -->"のようなコメントを追加するのではなく、完全な
コードを書いてください。**完全なコードを書いてください**。
- 必要に応じて要素を繰り返します。たとえば、15個のアイテムがある場合、コードには
15個のアイテムが必要です。「"<!-- Repeat for each news item -->"」のよう
なコメントを残さないでください。そうしないと悪いことが起こります。
- 画像には、https://placehold.co のプレースホルダー画像を使用し、後でAIが画
像を生成できるように、alt テキストに画像の詳細な説明を含めてください。

ライブラリに関しては、
- 以下のスクリプトを使用して、スタンドアロンページで実行できるようにReactを含め
ます：
    <script src="(省略：react.jsへのリンク)"></script>
    <script src="(省略：react-dom.jsへのリンク)"></script>
    <script src="(省略：babel.jsへのリンク)babel.js"></script>
- 以下のスクリプトを使用してTailwindを含めます： <script src="(省略：
Tailwind CSSへのリンク)"></script>
- Google Fontsを使用できます。
- アイコンにはFont Awesomeを使用します： <link rel="stylesheet" href="(
省略：Font Awesomeへのリンク)"></link>

<html></html>タグ内の完全なコードのみを返してください。
Markdownの "```" や "```html" を最初や最後に含めないでください。
```

　この例における期待される成果物は、最初に取り上げたReactAgentのプロンプトと成果物は類似しているものの、より詳細な指示が含まれています。今まで説明した部分と重複するような指示は割愛しますが、注目に値する点をいくつか挙げてみましょう。

3 プロンプトの実例と分析

3.2.1　あなたは熟練した開発者 - ロールプレイ

まずはロールプレイの部分です。この例ではReact/Tailwindのエキスパートとしての設定がされています。ここでは最低限の指示がされています。

> あなたは熟練したReact/Tailwind開発者です。

3.2.2　「端折らず全部書け。全部だ！」- 文脈を強調する指示

これは、コードの完全性を保つための禁止事項が強調された形で示されています。具体的には、コメントを残すことなく、完全なコードを書くように指示されています。

> - コードに"<!-- Add other navigation links as needed -->" や "<!-- ... other news items ... -->"のようなコメントを追加するのではなく、完全なコードを書いてください。**完全なコードを書いてください**。
> - 必要に応じて要素を繰り返します。たとえば、15個のアイテムがある場合、コードには15個のアイテムが必要です。"<!-- Repeat for each news item -->"のようなコメントを残さないでください。そうしないと悪いことが起こります。

ここでいう完全とは、不完全なコードスニペットや、動くコードの一部を切り取った部分提案ではなく、全てのコードを含めることを指します。興味深いのは英語の原文では、in place of writing the full code. WRITE THE FULL CODE. とかなり強く禁止命令が下されている点です。上述の訳文では直訳的な表現を採用しましたが、日本語でより適切にニュアンスを表現するなら「コードを端折らず全部書け。全部だ！」といったところでしょうか。

「たとえば、15個のアイテムがある場合、コードには15個のアイテムが必要です」という指示もありますが、手をかえ品をかえ、さまざまな表現で同じことを指示していることがわかります。さらに、完全なコードを書かないと、

「悪いことが起こる」と書かれています。これは感情プロンプト[*6][*7]というプロンプトエンジニアリングテクニックのエッセンスが含まれている例と言えるでしょう。

3.2.3 使う技術を外部から提供 - 条件の明確化

ここでは、使うべきライブラリが指定されています。品質を保ちつつ、言語モデルが画像やCSS、フォントの指定を行えるように、ここでも有名なライブラリが指定されています。

```
- 画像には、https://placehold.co のプレースホルダー画像を使用し、後でAIが画像を生成できるように、alt テキストに画像の詳細な説明を含めてください。
ライブラリに関しては、
- 以下のスクリプトを使用して、スタンドアロンページで実行できるようにReactを含めます： <script (本書では省略)>
- 以下のスクリプトを使用してTailwindを含めます： <script src="(省略：Tailwind CSSへのリンク)"></script>
- Google Fontsを使用できます。
- アイコンにはFont Awesomeを使用します： <link rel="stylesheet" href="(省略：Font Awesomeへのリンク)"></link>
```

後でAIが画像を生成できるように、altテキストに画像の詳細な説明を含めてくださいというのは後段におけるAIの画像生成処理を考慮したプロンプトです。また、AIが知っている知識の中から古いライブラリバージョンを提案しないように、ライブラリのリンクも指定されています。

言語モデルは学習の過程で多くの情報を取り込みますが、モデルのナレッジカットオフ[*8]の時点以降の情報は反映されません。そのため、プロンプトによってAIに最新の情報を提供することが大切です。

[*6] Li, C., Wang, J., Zhu, K., Zhang, Y., Hou, W., Lian, J., & Xie, X. (2023). Emotionprompt: Leveraging psychology for large language models enhancement via emotional stimulus. arXiv e-prints, arXiv-2307. https://arxiv.org/abs/2307.11760

[*7] 「これは私のキャリアにとって非常に重要です」のように、感情にはたらきかける文句を使うことで言語モデルの精度を向上できるとされる研究。

[*8] AIが最後に学習データを受け取った時点

3.2.4 完全なコードのみを返す - 出力形式の指示

最後にも、コードのフォーマットに関する指示があります。ここでは出力のノイズを排除するため、HTMLタグのみを返すように指示されています。

```
<html></html>タグ内の完全なコードのみを返してください。
Markdownの "```" や "```html" を最初や最後に含めないでください。
```

AIはコードを出力する際に、Markdownのフォーマットを利用してコードを囲う傾向があるため、それを排除するための指示と言えるでしょう。3.1で扱ったReactAgentは、AIの出力から特定の部分を取り出す処理を、プログラムによって行っていました。一方で、このプロンプトはAIの出力時点でコード部分のみが出力されることを保証するため、HTMLタグのみを返すよう指示しています。

図3.4　エージェントがAIの出力コードをそのまま使う

どちらの方法が適しているかは、AIの出力を利用するシステムの設計によりますが、少なくともプロンプトで「どのような形式で出力するか」を指定することは、出力の一貫性を保つために不可欠です。

3.2.5 目的に特化した具体的なプロンプト設計

このプロンプトでは、3.1のReactAgentに比べ、より具体的な指示がさ

れています。文章で命令を与えたユーザーが**抽象的なゴールイメージ**を持っているとすると、スクリーンショットで命令を与えたユーザーは**より明確なゴールイメージ**を持っていると考えられます。ユーザーの期待値が高いことがうかがえるため、**いかに完璧なコードを生成させるか**という点に注力しているのが特徴です。

以下の点が、特にユニークな指示として挙げられます。

- コードのフォーマットに関する詳細な指示がある。
- 指示を繰り返すだけではなく、大文字の表現などで命令を強調している。
- 禁止事項を提示することで、AIが避けるべき行動を示している。

こうした指示の方法を学ぶことで、AIの出力をより正確に制御できるようになるでしょう。

3.3 SQLクエリ生成プロンプト

LangChainは言語モデルを利用したアプリケーション開発のためのフレームワークです。執筆時点で特に注目されているオープンソースプロジェクトの一つです。以下のスタック（LangChain Stack）によって構成されており、幅広いAIアプリケーション開発に利用できます[*9]。

[*9] 図3.5の説明図はリポジトリの https://github.com/langchain-ai/langchain/blob/master/docs/static/svg/langchain_stack_062024.svg より。

図3.5　LangChain Stack

　LangChain自体はエージェントではありません。複数のプロンプトを組み合わせた複雑なフローを作ったり[*10]、AIエージェントを作ったりするための機能[*11]がパッケージ化されたフレームワークです。LangChainでは、複数の処理をチェーンのようにつなげて実行できます。文章整形のような一般的なタスクの他に、データベースにアクセスしてデータを取得する処理を行うことも可能です。

[*10] LangChain Chainsは、複数の処理をチェーンのようにつなげて実行するためのフレームワークです。複数の処理を組み合わせることで、複雑なタスクを解決できます。

[*11] LangChain AgentsはAIがどのような意思決定を行いアクションを実行に移すかを制御するためのフレームワークです。

LangChainのリポジトリには、さまざまな用途に対応したプロンプトが用意されています。ここでは、create_sql_query_chain[*12]というSQLクエリを生成するためのプロンプト[*13]に焦点を当てます。

　この機能はユーザーの質問をSQLクエリに変換する役割を担っています。たとえば、SalesテーブルのЗに売上データが格納されている場合「2024年6月の売上データを取得するクエリを作成してください」といった具体的な自然言語による質問に対して、以下のようなSQLクエリを生成することが期待されます。

```
SELECT * FROM Sales WHERE YEAR(Date) = 2024 AND MONTH(Date) = 6;
```

　プロンプトの原文は以下のとおりです[*14]。

リスト3.5　英語のプロンプト（原文）

```
You are an MS SQL expert. Given an input question, first create a
syntactically correct MS SQL query to run, then look at the results
 of the query and return the answer to the input question.
Unless the user specifies in the question a specific number of
examples to obtain, query for at most {top_k} results using the TOP
 clause as per MS SQL. You can order the results to return the most
 informative data in the database.
Never query for all columns from a table. You must query only the
columns that are needed to answer the question. Wrap each column
name in square brackets ([]) to denote them as delimited
identifiers.
Pay attention to use only the column names you can see in the
tables below. Be careful to not query for columns that do not exist
. Also, pay attention to which column is in which table.
Pay attention to use CAST(GETDATE() as date) function to get the
current date, if the question involves "today".
```

---

*12　https://api.python.langchain.com/en/latest/chains/langchain.chains.sql_database.query.create_sql_query_chain.html

*13　https://github.com/langchain-ai/langchain/blob/master/libs/langchain/langchain/chains/sql_database/prompt.py

*14　ここではMS SQL（Microsoft SQL Server）の部分を抜粋して紹介しています。ほかにもprompt.py内にはMySQLやPostgreSQLなど多種のデータベースに対応したプロンプトが準備されています。

```
Use the following format:

Question: Question here
SQLQuery: SQL Query to run
SQLResult: Result of the SQLQuery
Answer: Final answer here
```

リスト3.6 **日本語に翻訳したプロンプト**

```
あなたは、MS SQLの専門家です。入力された質問に対して、まず構文的に正しいMS SQL
クエリを作成して実行し、そのクエリの結果を見て、入力された質問に対する答えを返し
ます。
ユーザーが質問の中で取得する例の具体的な数を指定しない限り、MS SQLのTOP句を使用
して最大{top_k}件の結果を問い合わせます。データベース内の最も有益なデータを返す
ように結果を並べ替えることができます。
テーブルからすべての列を問い合わせることは絶対にしないでください。質問に答えるた
めに必要な列のみを問い合わせる必要があります。各列名を角括弧([])で囲んで、区切り
文字付き識別子として示します。
以下のテーブルで確認できる列名のみを使用するように注意してください。存在しない列
を問い合わせないように注意してください。また、どの列がどのテーブルにあるかに注意
してください。
質問が「今日」を含む場合は、CAST(GETDATE() as date)関数を使用して現在の日付
を取得するように注意してください。

次の形式を使用してください:

Question：ここに質問
SQLQuery：実行するSQLクエリ
SQLResult：SQLQueryの結果
Answer：ここに最終的な答え
```

3.3.1　あなたはSQLの専門家 - ロールプレイと指示

　これまでの例と同様に、一行目はロールプレイによる役割設定と、基本命令を組み合わせたプロンプトになっています。

```
あなたは、MS SQLの専門家です。入力された質問に対して、まず構文的に正しいMS SQL
クエリを作成して実行し、そのクエリの結果を見て、入力された質問に対する答えを返し
ます。
```

　ここで、AIに対してMS SQLの専門家としての役割を与え、AIが働く

べき文脈をコントロールしています。これによりAIはMS SQLの専門家として振る舞うようになります。指示は基本的なもので、入力された質問に対してクエリを作成し、その結果を返すことを求めています。本質的には、ベースとなるプロンプトはここで完結しており、この後に続くのは指示への具体的な補足や条件の定義です。

3.3.2 絶対にしないでください - 強い禁止の指示

次の指示は、AIの挙動をより適切に制御するためのものです。まずは、**「ユーザーが指定しない限り」**という条件付きの指示と、**「データベース内の最も有益なデータを返すように結果を並び替える」**という自由度の高い指示が含まれています。AIが自分で判断してより適切な操作を行うように促しています。

> ユーザーが質問の中で取得する例の具体的な数を指定しない限り、MS SQLのTOP句を使用して最大{top_k}件の結果を問い合わせます。
> データベース内の最も有益なデータを返すように結果を並べ替えることができます。

そして、次の指示でも、AIの挙動を制御するために、いくつかの効果的な項目が含まれています。これらの指示は、AIが大量のトークンを受け取ることを防ぐために重要な役割を果たしています。テーブルの全ての列を問い合わせないようにすることで、不要なデータ処理を避けることができます。

> テーブルからすべての列を問い合わせることは絶対にしないでください。質問に答えるために必要な列のみを問い合わせる必要があります。
> 各列名を角括弧([])で囲んで、区切り文字付き識別子として示します。

注目すべきは、**テーブルから全ての列を問い合わせることは絶対にしないでください**という厳格な禁止事項が示されていることです。これは、AIがデータベースから不必要なデータを取得することを防ぐためです。次に、**質問に答えるために必要な列のみを問い合わせる必要があります**という指示があります。これは、AIが効率的かつ的確にデータを取得するように促すもの

です。

「ユーザーが指定しない限り」と「絶対にしないでください」のような禁止事項と必要な操作を組み合わせることで、AIの行動を適切に制御しているのです。指示を冗長に書くに至った理由は、AIが指示を無視することがあったためと推測されます。また、AIの解釈を助けるために、**各列名を角括弧([ ])で囲んで、区切り文字付き識別子として示します**という具体的な指示も含まれています。

3.3.3 注意してください - 指示にプライオリティを持たせる

次の指示は、AIがデータベース内の列名を取得する際に、不必要な列を取得しないようにするためのものです。特にAIがやりがちなミスを防ぐために、**注意してください**という表現が使われています。

> 以下のテーブルで確認できる列名のみを使用するように注意してください。
> 存在しない列を問い合わせないように注意してください。
> また、どの列がどのテーブルにあるかに注意してください。
> 質問が「今日」を含む場合は、CAST(GETDATE() as date)関数を使用して現在の日付を取得するように注意してください。

「注意してください」という表現は、「絶対にしないでください」という表現と比べて、より許容度の高い指示と言えるでしょう。このように、**指示の重要性に応じて表現を使い分けることで、AIに適切なメッセージを伝えることができます**。「全部強調する」というのは「全部強調しない」ということと同じです。単に守ってほしいことを全て強く命令するのではなく、状況に応じて言葉を選んでAIにプライオリティを伝えることが効果的です。

3.3.4 出力を整える - フォーマット指定

次の指示は、AIが出力するデータのフォーマットに関するものです。質問、SQLクエリ、結果、最終的な答えの各項目について、どのような形式で出力するかが指定されています。

次の形式を使用してください:

```
Question：ここに質問
SQLQuery：実行するSQLクエリ
SQLResult：SQLQueryの結果
Answer：ここに最終的な答え
```

3.3.5　実行前に命を吹き込む - コンテンツの挿入

　さて、このプロンプトの中に含まれる {top_k} という Python のフォーマット済み文字列リテラルの表現からも分かるとおり、実行時には外部からプロンプトにいくつかの情報が付与されています。つまりプロンプトのテンプレートをもとに、以下の input_variables にあるコンテンツが挿入され、最終的なプロンプトが作られます。

```
MSSQL_PROMPT = PromptTemplate(
    input_variables=["input", "table_info", "top_k"],
    template=_mssql_prompt + PROMPT_SUFFIX,
)
```

　最終的なプロンプトは、テンプレートの本文（_mssql_prompt）と追加情報（PROMPT_SUFFIX）を組み合わせて作成されます。PROMPT_SUFFIX は以下のように定義されており、**使用可能なテーブルのスキーマ情報とユーザーの質問が含まれます。**

```
Only use the following tables:
{table_info}

Question: {input}
```

　これ以上詳細な解説は本書では行いませんが、重要なことはデータフローを制御するために、プロンプトにコンテンツを挿入したうえで、AIによる出力を制御しているという点です。適切なコンテンツを挿入することで、AIの出力の質と関連性を高めることができます。

3.4 プロンプトにおける文脈情報の重要性

これまでのプロンプト観察を通じて、その構造や文脈情報の設定方法、指示の表現方法など、基本的な例を確認してきました。特に繰り返し使用されるシステムプロンプトでは、いくつかの特徴が見られました。

- プロンプトのほとんどは条件やフォーマット情報などの**文脈補足情報**で構成され、最後にコンテンツが挿入されている。
- 厳格な「絶対にしないでください」などの指示だけでなく、「注意してください」などの柔軟な指示も含まれており、指示の重要性に応じて表現を使い分けている。
- 一部の条件に関しては冗長に指示が繰り返されている。

例として示したReactとSQLクエリ生成プロンプトは、それぞれのタスクに特化していますが、ロールプレイや条件設定などに共通点があります。一方で、文脈の注入量や内容には違いがあります。この違いは、各タスクの特性と必要な情報量の差異から生じています。

本書で紹介したReactのコード生成例では、「大枠のデザイン」や「抽象的な命令」で十分な場合が多かったです。特にTailwind CSSのような広く知られたフレームワークを使用すれば、ある程度のクオリティを保つことができます。つまり、「とりあえず動くものを生成する」までのハードルが比較的低いのです。

一方、SQLクエリ生成のような「固有のドメインに対する操作」は異なります。たとえば、ユーザー情報を管理するデータベース設計は企業ごとに大きく異なります。自然言語からSQLクエリを生成するには、AIが知らないデータベースのスキーマやデータの内容を詳細に書き込む必要があります。たった数行の動くSQLクエリを生成するためにも、外部から大量の情報をAIに提供しなければなりません。

このように、生成対象によって必要とされる文脈情報が異なるため、最

終的なプロンプトの内容も異なります。実際の開発では、タスクの性質を理解し、それに応じた適切な文脈情報をプロンプトに含めることが大切です。効果的なプロンプト設計には、タスクの特性を見極め、必要十分な情報を的確に提供する能力が求められるのです。

3.5 汎用エージェントのプロンプト

　最後の例として、より高度なエージェント型AIツールのプロンプト例を紹介します。
　これまでの例では、AIに単一の役割を与え、具体的な指示を出していました。ReactコンポーネントやSQLクエリなど対象を限定しています。
　エージェント分野では、より複雑な問題に対する解決策が研究されており、複合的なフローを自律的に実行し、汎用的なソフトウェア課題に対処できるシステムの構築が進んでいます。本書では汎用エージェントと定義しています。
　ソフトウェア開発向けの汎用エージェントは、分野を問わず、ソフトウェア開発における全般的なタスクを自動で実行してくれます。APIサーバーの構築、データ分析プロジェクトの立ち上げ、Issueを元にしたコード修正の提案など汎用的な課題を解決します。
　また、注目すべきは複合的なフローを実行できる能力を有している点です。たとえば作成したいアプリケーションを指定するだけで、仕様の作成、言語やライブラリの選定、コードの実装までをこなします[15]。汎用エージェントは、要望に応じてソフトウェア開発に必要な多くの成果物、いわばソリューションそのものを提供してくれます。
　ここまでReactコンポーネントやSQLクエリの作成など、具体的な課題に対して個別の実装を提供させる例を紹介してきました。それと比較し

---

[15] 実際には、作成したいアプリケーションを指定するだけで全自動で実装されるわけではなく、実行計画の確認など適宜人間による介入が必要です。

て、汎用エージェントが取り扱う課題や出力する成果物はより汎用的で包括的です。

汎用エージェントは非常に注目を集める分野です[16]。汎用エージェントサービスのデモ動画で、簡単な指示から一気にアプリケーションを自動で作成する様子を目にしたことがある方も多いでしょう。しかし、印象的なデモとは裏腹に、実際の使用では期待外れだったり、限られたタスクでしか効果を発揮しなかったりします。執筆時点では、これらの汎用エージェントは一般的な使用にはいたっていませんが、活発な研究開発が進められています。

以下は代表的な例です。

- GitHub Copilot Workspace[17]
- Devin[18]
- Devika[19]
- OpenHands[20]
- SWE-agent[21]
- Microsoft AutoGen[22]

COLUMN

マルチエージェント

ここまでに紹介したエージェントは特定の課題に集中していました。たとえば、「スクリーンショットからReactコードを生成する」といった単一タスクを一人のAI（エージェント）に指示するシングルスレッド的なアプローチでした。

複数のエージェントが協力して問題を解決するマルチエージェントアプロー

---

[16] OSSならGitHubのStarsからも人気がうかがえます。中には公開後わずか1か月で1万以上のGitHubスターを獲得するものもあります。
[17] https://githubnext.com/projects/copilot-workspace/
[18] https://www.cognition-labs.com/
[19] https://github.com/stitionai/devika
[20] https://github.com/All-Hands-AI/OpenHands
[21] https://swe-agent.com/
[22] https://microsoft.github.io/autogen/

チも注目されています。このアプローチでは、ソフトウェアエンジニア、PM、デザイナーなど、複数の役割をそれぞれのAIに割り当て、協調して幅広いタスクをこなすことを目指しています。

たとえば、MicrosoftのAutoGenはマルチエージェントでタスクを実行するためのフレームワークです[*a]。

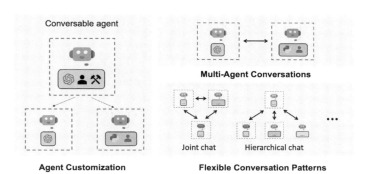

図3.6　AutoGenの動作イメージ

*a　図3.6の動作イメージはリポジトリの https://github.com/microsoft/autogen/blob/main/website/static/img/autogen_agentchat.png より。

3.5.1　汎用エージェントのプロンプトは参考になるか

「これらのエージェントのプロンプトを参考にすれば、日々のエンジニアリングタスクを効率的にこなせるのでは？」と考える方もいるでしょう。しかし、これらの汎用エージェントのプロンプトは、日々のタスクには直接的な参考になりにくい可能性があります。なぜなら、これらのツールは「Reactコードの生成」といった特定のタスクではなく、汎用的な問題解決のためのフロー設計や役割分担に焦点を当てているからです。

汎用的な目的のために作られたエージェントは、ユーザーがUIデザインを求めているのか、データ分析を必要としているのか、それともバックエンド開発を望んでいるのか、事前にはわかりません。そのため、「CSSにはこのライブラリを使う」といった具体的な指示をプロンプトに含めることができません。代わりに、幅広い問題に対応できるよう設計されてい

ます。

　こうしたプロンプトは日常的なエンジニアリングタスクには直接的な参考になりにくいかもしれません。しかし、AIによる自動化ツールやAIアプリ自体を開発している場合、エージェントの設計思想やタスクの分割方法、プロンプトの構成などから多くを学べるでしょう。これらの知識を活用することで、より汎用性が高く、安定したAIツールを作ることができます。

3.5.2　OpenHandsのプロンプトデザイン

　ここでは、複雑なエンジニアリングタスクを処理する汎用エージェント型AIツールであるOpenHands[23][24][25]を例に挙げます。OpenHandsを使用すると、ソフトウェアエンジニアに仕事を依頼するかのように、AIにタスクを指示できます。AIは自動的にファイルの作成や編集を行い、ユーザーの要求に応じてコードを生成します。

---

[23]　https://github.com/All-Hands-AI/OpenHands
[24]　旧OpenDevin。
[25]　図3.7の動作イメージはOpenHandsのリポジトリ https://github.com/All-Hands-AI/OpenHands/raw/main/docs/static/img/screenshot.png より。

3.5 汎用エージェントのプロンプト

図3.7　OpenHandsの動作イメージ

プロンプトの全容は長大であるため、ここでは重要な部分を抜粋して翻訳したうえで解説します[*26]。プロンプトの原文に興味がある方は、公開されているリポジトリを参照してください。

3.5.3　明確な能力と行動範囲 - ロール設定

OpenHandsのプロンプトは、AIに明確なロールと具体的な能力を定義することから始まります。

> あなたは勤勉なソフトウェアエンジニアのAIです。
> あなたは見ることも、描くことも、ブラウザと対話することもできない。
> しかし、ファイルの読み書きができ、コマンドを実行し、考えることができる。

---

*26　本書で扱うプロンプトは2024年6月時点のものであり、今後のアップデートにより内容が変更される可能性があります。 https://github.com/All-Hands-AI/OpenHands/releases/tag/0.7.1

このロール設定は、単なる「SQLのエキスパート」といった単純なものではありません。「勤勉なソフトウェアエンジニア」という抽象的な役割を与えつつ、ファイルの読み書きやコマンドの実行といった具体的な能力を明示しています。これにより、AIの行動範囲と能力が明確に定義されています。

3.5.4 複数のタスクを実行するためのプラン設計 - 全体計画

次のプロンプトでは、複数のタスクを管理するための「プラン」という概念が導入されています。

```
あなたには次のタスクが与えられている：
%(task)s

## プラン

このタスクを完了するとき、あなたはプランを構築し、進捗状況を追跡します。
以下はあなたのプランをJSONで表したものです：
%(plan)s

%(plan_status)s
```

この部分では、単一のタスクではなく、複数のタスクに対する全体的な指示が与えられています。プランはJSON形式で提供され、task、plan、plan_statusはプロンプトのテンプレートに外部から挿入される変数です。これにより、複雑なタスクマネジメントが可能になります。

3.5.5 タスクの依存関係を整理 - タスクの順序付け

次は、複合的なタスクを管理するための操作です。タスクの追加や変更に関する具体的なアクションが定義されています。

```
この計画とその中のタスクの状態を管理するのはあなたの責任であり、
後述の `add_task` アクションと `modify_task` アクションを使用します。

以下の履歴がこれらのタスクの状態と矛盾する場合、
後述の `modify_task` アクションを使用してタスクを修正しなければなりません。

タスクを重複させないように注意すること。
すでに表現されているタスクに `add_task` アクションを使わないでください。
すべてのタスクは一度だけ表現しなければなりません。

連続したタスクは兄弟でなければなりません。
親タスクに順番に追加しなければなりません
<!-- 省略 -->
```

ここでは、add_taskやmodify_taskといったアクションが導入されています。これらのアクションを使用して、AIは複数のステップからなるタスクを管理します。たとえば、README.mdを作成するというタスクを考えてみましょう。ファイルを完成するためには、以下の3ステップを踏む必要があります。

1. README.mdファイルを作成する
2. README.mdファイルのコンテンツを考える
3. README.mdファイルにコンテンツを書き込む

OpenHandsではそれぞれのタスクが別個のタスクとして、順番に追加され、その実行が管理されます。

3.5.6 タスク実行に一貫性をもたらす - 履歴管理

次はAIの行動履歴を管理する仕組みの導入です。

```
## 履歴
この計画のためにあなたがとったアクションの最近の履歴と、あなたが行った観察です。
これは直近の10件のアクションのみを含みます。

%(history)s
```

3 プロンプトの実例と分析

> あなたの直近のアクションは、その履歴の一番下にあります。

履歴管理は、フロー設計において非常に重要です。過去のアクションを参照することで、同じ思考や行動の繰り返しを防ぎ、効率的なタスク実行を可能にします。この仕組みにより、AIは常に最新の状況を把握しながら次のアクションを決定できます。

3.5.7　エージェントの行動を指定 - アクションの定義

OpenHandsではAIが取るべきアクション（Action）が明確に定義されています。

```
# Action

あなたの次の考えや行動は何ですか？回答はJSON形式でなければなりません。

Actionはオブジェクトでなければならず、2つのフィールドを含んでいなければなりません：
* `action`：以下のアクションのいずれか
* `args`：キーと値のペアのマップであり、そのアクションの引数を指定

* `read` - ファイルの内容を読み込む。引数：
  * `path` - 読み込むファイルのパス
* `write` - ファイルに内容を書き込む。引数：
  * `path` - ファイルのパス
  * `content` - ファイルに書き込む内容

<!-- 省略 -->
```

このアクション定義は、エージェント設計の核心部分です。AIの行動をあらかじめ定義されたアクションに限定することで、安全性と制御性を確保しています。たとえば、readアクションは単にファイルを読み込むだけの機能として実装されており、AIはこの安全なインターフェイスを通じてファイル操作を行います。

もしかしたらAIはインターネットにアクセスできないのにインターネットにアクセスするタスクを思い付くかもしれません。また、ハルシネーションを起こして、ないファイルを開こうとするかもしれません。も

しくは、AIが「重要なファイルを削除する」というアクションを命令するかもしれません。

こうしたあらゆる可能性をAIに対して開放しておくのは、期待する結果を得られないだけでなく、非常に危険な可能性があります。そのため、あくまでもここでは選択肢を狭めるために、プログラムとして用意されているアクションをいくつか絞り、そのアクションを指定して実行するように指示をしています。事前に安全な「アクション」をプログラムとして用意しておくことで、AIの制御を容易にできます。

たとえば、OpenHandsにおけるReadアクションは以下のように定義されています。この簡単な`FileReadAction`クラスはOpenHandsがファイルを読み込むアクションの実態です。

```python
class FileReadAction(ExecutableAction):
    path: str
    action: str = ActionType.READ

    def run(self, controller) -> FileReadObservation:
        path = resolve_path(controller.workdir, self.path)
        with open(path, "r", encoding="utf-8") as file:
            return FileReadObservation(path=path, content=file.read())

    @property
    def message(self) -> str:
        return f"Reading file: {self.path}"
```

このアクションのプログラムをAIが呼び出せるようにプロンプトでは以下のようなインターフェイスが提供されます。

* `read` - ファイルの内容を読み込む。引数：
  * `path` - 読み込むファイルのパス

3.5.8 AIの思考と行動のバランス - フロー制御

OpenHandsでは、AIの思考と行動のバランスを保つためのフロー制御も実装されています。

> 読む、書く、実行する、ブラウズする、リコールするなどの行動の合間に考える時間を取らなければなりません。
> 何も考えずに2回連続でアクションをしてはなりません。
> しかし、もし直近の数回の行動がすべて「考える」行動であったなら、別の行動を取ることを考えるべきです。
>
> 次の思考や行動は何ですか？ここでもJSONで、そしてJSONだけで答えなければなりません。

こちらはフロー制御に関するプロンプトです。AIに対して「何も考えずに2回連続で行動してはならない」というルールを課しています。しかし、直近の数回の行動が全て「考える」行動であったなら、別の行動を取ることを考えるべきですというルールもあります。

つまり、「考えずに実行するな。でも考えすぎるな」と言われています。これによりAIが無限に「考える」ループに陥ってしまうことを防ぎ、さらにAIが無駄にファイルを更新し続けてしまうことを防ぐことができます。これを具体的なルールとしてAIに伝えることで、フローを制御しているわけです。また、確実にJSON形式で返答するように指示していることも、AIの出力を制御するために不可欠です。

3.6 プロンプトエンジニアリングの本質

さて、ここまで4つのプロンプトの例を見てきました。これらが、いわゆる世間で話題の「プロンプトエンジニアリング」の高度な例なのです。いかにAIという獣を制御して複雑なタスクを遂行させるか、そのためのプロンプト設計の一端を本章で垣間見ることができたでしょう。このようなプロンプトは、AIの出力を安定させるために、厳しい制約を設けています。

また、これはあくまでもシステムプロンプトの事例であることは忘れないでください。複雑な要求に応えるためにAIを制御し、自律的に動かすには、狭義におけるプロンプトエンジニアリングのテクニックが不可欠で

す。この場合のプロンプトは非常に複雑になりえるほか、設計には膨大なトライ＆エラーが必要です。

前章までの解説とここまでの例を通じてここであらためて強調したいのは、「AIアプリやエージェント開発に必要な狭義のプロンプトエンジニアリング」と「日常業務でのAI利用時の制御スキル」は、似て非なるものだということです。

複雑なプロンプトエンジニアリングが特に重要になるのは、タスクを自動化し、人間の介入なしにAIに実行させる場合です。一方、日常的なプログラミングタスクに必要なプロンプトの多くは、**使い捨てのユーザープロンプト**です。これらには複雑なテクニックや精度向上の努力は通常不要です。AIの出力に誤りがあっても、ユーザーが少し修正するだけで十分です。「日常のタスクのために**狭義のプロンプトエンジニアリングを学ぶことの優先順位は高くない**」とお伝えしたのはこうした背景からです。

3.6.1 ユーザープロンプトは雑でいい

たとえばscreenshot-to-codeのプロンプトは英語では1,295文字（315トークン）で構成されていました。日本語に翻訳されたプロンプトは約1,010文字（496トークン）になります。日々の作業で毎回1000文字ものプロンプトを書くのは、かなりの労力がかかります。

実際にエンジニアの日々の作業を考えると、これらのプロンプトの構成物のほとんどが不要であることも事実です。以下のような理由から、読者のみなさんが普段使うプロンプトには、このような厳しい指示は必要ないでしょう。

- Markdownなどの不必要なデコレーションが出力されても、それを除いたコードをコピーして使うことができる。
- 完全なコードが出力されなくても、3、4回出力を試行すれば、正しいコードが出力される可能性がある。
- ハルシネーションを起こしても、人間が修正すればよい。

前章の「必要最低限のプロンプト」のプラクティスにもあるとおり、普段のユーザープロンプトを考えた場合、プロンプトは大幅に圧縮できます。たとえば screenshot-to-code のプロンプトは以下のようにすることで、トークン数を 1/4 程度にまで圧縮できます。

```
あなたは熟練したReact/Tailwind開発者です。
- 省略せず完全なコードを書くこと。
- 画像には、placehold.coのプレースホルダーを使用すること。
- 後でAIが画像を生成できるように、alt属性に画像の詳細な説明を含めること。
- 出力にはTailwind、フォントにはGoogle Fonts、アイコンにはFont Awesomeを使用すること。
```

これは 186 文字で、137 トークンです。どうでしょう、これなら簡単に作成できそうですね。

こういった、一定の評価を得ているシステムプロンプトから学ぶことは多いですが、それを全て真似る必要はありません。それよりも重要なのは、**自分がAIを使って何を達成したいのか**を明確に考えて最小限の文章で伝えることです。

3.6.2 プロンプトの質を向上させるためのヒント

プロンプトの作成は、AIへの指示とAIからのフィードバックによる質向上のプロセスです。実験を通じて経験から学ぶことが必要です。

もし、参考になるプロンプトをもっと探したい場合、インターネットで検索することで、さまざまなプロンプトを見つけられます。以下は、プロンプトを探す際の具体的な例です。

- 著名なオープンソースの実装を見る。
    - 有名なオープンソースのコード生成ツールのコードベースに、いくつかのプロンプト例が含まれる可能性があります。
    - 特に、Reactコンポーネントを生成するツールや、スクリーンショットを特定のフレームワークに変換するツールなど、特定目的のコード生成ツールは参考になるプロンプトが含まれている可能性が高いです。

- 著名なライブラリやツールを使っている他のユーザーの作業痕跡を探す。
    - たとえば、PythonのLangChainライブラリを使用しているオープンソースのリポジトリを探すことは有効な方法です。
        - `from langchain.prompts import PromptTemplate`という`import`文を使用しているファイルには、プロンプトがハードコードされている可能性が高いでしょう。
- 一般的な検索で`prompt =`というキーワードで検索する。
    - このキーワードでGitHubなどを検索すると、プロンプトを含むコードの例を見つけることができます。
    - さらに、`prompt = "You are`というような検索ワードを使うと、"You are a professional Python developer"のような文字を含むロール設定のプロンプトを見つけることができるでしょう。

AIとの対話力をチームとして高めるための方法は、第7章で紹介していますので、ぜひ参考にしてください。

第**4**章

AIツールに合わせた
プロンプト戦略

4 AIツールに合わせたプロンプト戦略

　これまで、AIとの対話のコツやプロンプトの基本、そして開発支援AIツールの分類について学んできました。この章では、それぞれのAIツールに焦点を当て、各ツールに適したプロンプトの書き方を探求します。第3章で見たように、エージェント型AIツールのプロンプトは日常的なものより精緻に構築されています。開発対象やシーンによって、プロンプトの最適な形式は大きく変化することがあります。特に、**ツールの種類によってプロンプトの書き方は異なります**。

　自動補完型AIツールでは、ユーザーのプロンプト入力を最小限に抑え、AIの提案を活用することが鍵となります。対話型AIツールでは、文脈の制御やマルチモーダル機能の活用など、プロンプトの工夫の幅が広がります。適切なプロンプト設計スキルを身につけることで、AIとの協働効率が向上し、開発生産性が大幅に改善されます。ツールの特性を理解し、プロンプトを適切に設計する能力は、これからのソフトウェア開発に欠かせない要素となります。

4.1 自動補完型AIツール

　自動補完型のツールは、生成AIにもとづく開発支援AIツール登場以前からMicrosoftのIntellisenseなどの形で存在していました。エンジニアの多くは、もうすでにこれらのツールの操作に慣れ親しんできました。自動補完型AIツールはこの発展形で、エディターのプラグインとして機能し、1行から10行程度の短いコードスニペットを出力します[*1]。GitHub CopilotやTabnineなどが代表的な自動補完型AIツールで、これらのツールはエディターを介して大規模言語モデルにアクセスします。自然なコーディングフローの中でAIが補完を提供する点が、エンジニアにとって魅力的な特徴となっています。

---

*1　本書では特に言及のない限り生成AIを活用したものを自動補完型AIツールと呼称します。

大規模言語モデルの本質は、**次の言葉を予測すること**です。1、2歩先のコードを予測することは、AIにとっては比較的簡単なことです。AIによるコード補完を使用すると、開発者は特別なプロンプトを書く必要なく、次のコードを予測して提案してもらえます。たとえば、Pythonで関数を記述し始めると、AIが適切な補完を提案します。

```
def multiply_values(x
```

```
def multiply_values(x, y):
    return x * y
```

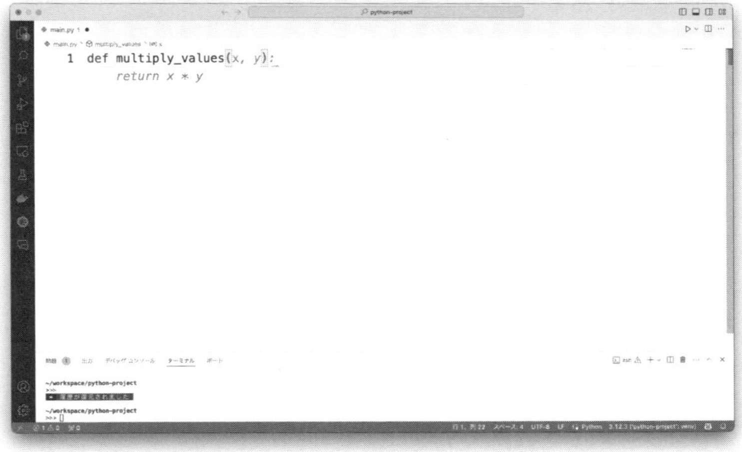

図4.1　**提案時の画面**

この例では、AIが掛け算関数の実装を自動的に提案しています。multiply_valuesという掛け算をする関数の実装方法は自明であり、「誰が書いてもおそらくこのような処理になるだろう」と、AIが判断をして提案をしています。AIが代わりに文字を入力してくれるので、タイピングエラーやシンタックスエラーが減少し、定型的なコード記述の負担が軽減さ

4 AIツールに合わせたプロンプト戦略

れます。ただし、エンジニアはAIの提案を都度レビューし、採用の可否を判断する必要があります。

また、ここでは関数名や引数名を途中まで入力していますが、具体的な関数や変数だけでなく、コメントで指示を追加することもできます（4.1.4も参照）。

```
# 高速にハッシュ値を生成
def
```

```
# 高速にハッシュ値を生成
def fast_hash(s):
    h = 0
    for c in s:
        h = h * 31 + ord(c)
    return h
```

　自動補完型AIツールの利点は、プロンプトの自動構築にあります。ツールが自動でエディターの中から情報を収集して、操作者の代わりに必要な情報が入ったプロンプトを構築してくれます。事細かに指示を書かなくても、途中まで関数を入力した時点で、現在開いているファイルや入力中の内容をもとに実装を出力するためのプロンプトが自動で生成されると考えてください。

　エンジニアはプログラミングに集中し、ツールの提案に注意を払うだけで済みます。

　ChatGPTなどの対話型AIツールではなく、開発に自動補完型AIツールを選択する主な理由は以下の3点です。

- ユーザーによるプロンプトの最小化
- インクリメンタルな実装のサポート
- 迅速なレスポンスによる集中力の維持

これらの特徴を詳しく見ていきましょう。

4.1.1 ユーザーによるプロンプトの最小化

自動補完型AIツールの価値は、いかに**ユーザーに明示的なプロンプトを書かせることなく、望まれる出力を正確に予測できるか**にかかっています。優れた自動補完型AIツールは、エディター内の豊富な情報を活用します。エディター内には、現在作業中のファイルや関連コードなど、AIがコンテキストを理解するための情報が豊富にあります。これらの情報を効果的に利用することで、ユーザーによるプロンプトの最小化が実現できます。

エンジニアにとって、自動補完型AIツール使用時のプロンプト作成を最低限に抑えることは大切です。**コメントアウトされた部分に5〜10行もの長いプロンプトを書いている人を見かけることがありますが、これは必ずしも有効な手段とは限りません。**そのような時間があれば、直接コードを書いた方が早い場合も多いでしょう。エンジニアは、自分の仕事を楽にするためにAIを使うべきであり、AIにわかってもらうために**真面目に、長い時間をかけて、丁寧にプロンプトを書くべきではありません。**これは、プログラミング言語Perlの開発者であるラリー・ウォールが提唱した、エンジニアの三大美徳である「怠惰」「短気」「傲慢」という考え方に通じるものがあります。

4.1.2 インクリメンタルな実装のサポート

自動補完型AIツールの大きな特徴は、インクリメンタルな記述方式にあります。対話型AIツールが一度に大量のコードを出力するのに対し、自動補完型は段階的に出力します。たとえば、100行のコードを書く場合、ChatGPTをはじめとする対話型AIツールは一度に全てを出力しようとしますが、自動補完型AIツールでは数文字または数行ずつ提案します。ユーザーは各段階でAIの提案を評価し、採用するか否かを決定できます。この方式により、コードの品質管理と開発の柔軟性が向上します。

以下は対話型と自動補完型の違いを示す出力例です。

4 AIツールに合わせたプロンプト戦略

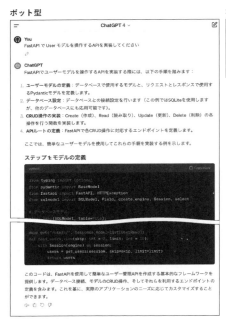

図4.2 　自動補完型は少しずつコードを出力

　同じ入力に対しても、得られる出力のボリュームが大きく異なることがわかります。自動補完型AIツールの段階的な出力は、開発者の思考プロセスに沿った形で進められます。

　インクリメンタルなアプローチには、主に2つの重要な利点があります。一つは迅速なフィードバック、もう一つは方向転換の容易性です。

　まず、自動補完型AIツールを使うと、コードの修正後すぐに新しい提案を得られます。この迅速なフィードバックは、AIとの効果的な対話を可能にするほか、学習を促進します。AIからの初回提案が必ずしも適切でなかったとしても、その出力からユーザーがなんらかの洞察を得られたり、あるいは新たなアイデアが生まれたりすることがあります。その学びを活かし、次のAIへの指示や提案へと進むサイクルを繰り返すことで、AIの

出力の質を短期的に向上させることにつながります。高速なフィードバックループは、AIとの協働を効果的に進めるために重要です。

そして、**方向転換が必要になった場合にも、対応が迅速に行えること**も重要な点です。自動補完型AIツールを使うとコードの一部を書いた後に修正や手戻りをしたり、さまざまな提案を試したりすることが容易です。一部のツールでは、「部分採用（パーシャル・アクセプタンス）」機能も提供されています。部分採用とはAIの提案のうち、途中までの出力が正しい場合、その部分のみを採用し、残りを破棄して新たな提案を出力させる機能です。こうした機能を活用することで、開発者は柔軟にコードの方向性を制御できます。

このように、自動補完型AIツールのインクリメンタルなアプローチはAIの能力を最大限に活用しつつ、人間の創造性や判断力を組み合わせた効率的な開発が実現できます。開発者の意図をAIに正確に伝え、細かく制御しながら開発を進めたい場合、特に有効な手法といえるでしょう。

4.1.3　迅速なレスポンスと集中力の維持

自動補完型AIツールの大きな利点の一つが、レスポンスの速さです。人間の集中力は時に散漫になりがちですが、AIツールの迅速な反応によって、開発者は作業に没頭し続けることができます。たとえば、変数名の提案や関数の自動補完など、小さな助けが瞬時に得られることで、思考の流れを途切れさせることなくコーディングを進められるのです。

自動補完型AIツールを使用することで、開発プロセスが大きく改善されます。小さなコードの断片をすばやく受け取り、採用するか破棄するかを即座に判断できるため、開発のリズムが格段に向上します。また、長い待ち時間による退屈や集中力の低下を防ぐことができ、結果として生産性が飛躍的に高まります。

PythonのFastAPIのコード生成（2.2.8参照）を例に取ると、対話型のAIツールでは2,000文字程度の出力に80秒以上かかることがあります。一方、コード補完型のAIツールでは、数秒程度で小規模な提案を受け取ることができます。この時間の差は、開発者の作業フローに大きな影響を与え

ます。80秒もの間、AIの回答を待っていると、他の作業に気を取られてしまい、元のタスクへの集中力が途切れてしまう可能性が高くなります。

　多くのエンジニアは、日々の開発作業において頻繁なコンテキストスイッチに悩まされています。コンテキストスイッチとは、異なるタスクや環境間を行き来することを指し、集中力の維持を困難にする要因の一つです。さまざまなファイルを開いたり、同僚に質問したり、ブラウザで調査したりと、一つのタスクに集中し続けることが難しい状況に陥りがちです。このような環境下では、AIツールからの迅速なレスポンスが、集中力を維持する強力な味方となります。

　効果的な開発のためには、作業内容に応じて適切なAIツールを選択することが大切です。必ずしも毎回高精度を求めるのではなく、タスクの性質に合わせてツールを使い分けることが賢明です。ツールの背後にあるモデルも、必ずしも最新・最高精度である必要はありません。たとえば、短いコードの自動生成では速さを重視し、全体的なコードレビューでは精度を重視するなど、状況に応じたバランスの取れたツール選定が求められます。このような柔軟な対応が、開発効率の向上と質の高いコード生成につながるのです。

4.1.4　コメントによるAIへの指示強化 Practice

　AIによって生成されるコードを、ユーザーの意図に沿ったものとするためには、**適切な文脈を提供するように心がける**ことが大切です。自動補完型AIツールは賢くエディター内から情報を収集します[*2]が、それでもユーザーは最低限の文脈を提供したほうが良い場合もあります。

　たとえば、先ほどの`multiply_values(x, y)`関数は、ユーザーが明示的なプロンプトをAIに示さない例でした。このような場合、AIは学習データにもとづいて最も一般的な実装を提示しますが、それがユーザーの意図

[*2] GitHub Copilotではたとえばエディター内で開いているファイル、トップレベルにあるコメントなどを参照します。GitHubのブログ記事「Using GitHub Copilot in your IDE: Tips, tricks, and best practices」（https://github.blog/2024-03-25-how-to-use-github-copilot-in-your-ide-tips-tricks-and-best-practices/）」内でGitHub Copilotにおけるベストプラクティスなどが解説されています。

と完全に一致するとは限りません。

特に、プログラミング言語特有の挙動を考慮する必要がある場合、AIの出力は予期せぬ結果をもたらす可能性があります。

Pythonに詳しい方なら、 multiply_values(x, y) 関数が想定外の動作をする可能性に気づくかもしれません。この関数に x="hello", y=3 という引数を渡すと、結果は "hellohellohello" となります。これは、Pythonが文字列と数字の掛け算を、その文字列を指定回数繰り返すという挙動を持っているためです。

このような言語固有の挙動は、経験の浅いプログラマーにとっては予測困難な場合があります。実際、多くのプログラミング言語において、似たような「驚き」が存在します。JavaScriptなら "2"+"2"-"2" の結果が 20 になるという挙動があります。

予測可能で信頼性の高いコードを生成するためには、エンジニアがこういった言語の特性を理解し、AIに対して適切なプロンプトを提供することが重要です。この挙動を変更したい場合、以下のように 数値のみを許容 とプロンプトをコメントとして追加することで、よりユーザーの意図に沿ったコードを生成させることができます。

```
def multiply_values(a, b):
# 数値のみを許容
```

```
def multiply_values(a, b):
    # 数値のみを許容
    if not (isinstance(a, (int, float)) and isinstance(b, (int, float))):
        raise TypeError
    return a * b
```

このように、コードのコメント部分を活用して適切なプロンプトを提供することで、AIはより正確にユーザーの意図を理解し、期待どおりの結果を生成できます。

4 AIツールに合わせたプロンプト戦略

4.1.5 　AIツールへの情報提供管理 Practice

　エンジニアが開発支援AIツールを使用する際、そのツールの挙動を理解することは非常に有益です。特に、ツールがどのようにしてコードを自動的に収集し、開発者の作業を支援するのかを知ることは、効果的な利用につながります。

　たとえば、GitHub Copilotでは、隣接するタブから情報を収集するために、ジャッカード類似度を活用していることが知られています[3][4]。ジャッカード類似度とは、2つの集合の類似度を測る指標の一つです。これは、2つの集合の積集合の要素数を、和集合の要素数で割ったもので、文字列の類似度測定によく使われます。

　この仕組みにより、現在編集中のコードに類似するコード群が隣接するタブから自動的に取得されます。そして、これらの情報がプロンプトに組み込まれ、バックエンドに送信されるのです。結果として、AIは学習データだけでなく、エディター上の文脈や類似コードも考慮した提案ができます。

　具体例を見てみましょう。 multiply.py というファイルに数値のみを許容する関数を保存した後、隣に add.py という新規ファイルを作成し、 def add_values(と入力したとします。すると、AIは以下のようなコードを提案する可能性が高くなります。

```
def add_values(
```

```
def add_values(a, b):
    # 数値のみを許容
    if not (isinstance(a, (int, float)) and isinstance(b, (int, float))):
        raise TypeError
    return a + b
```

---

[3]　https://github.blog/2023-07-17-prompt-engineering-guide-generative-ai-llms/
[4]　2023年7月時点の実装。

AIは何も例を示さない場合には**あらゆる型の値を受け入れる関数**として、`add_values`関数を生成することがあります。しかし、隣のタブの`multiply.py`にある実装情報が参照されることで、`add.py`の関数実装時にも「数値のみを許容」という文脈がAIに伝わり、同様の実装が提案されるのです。このように、自動補完型AIツールはエディターから収集した情報を活用し、文脈に応じたコードを提案します。ただし、各AIツールがアクセスする情報の範囲は異なるため、使用するツールの特性を理解しておくことが大切です。

こうした、開発支援AIツールの情報収集メカニズムを理解することで、エンジニアはAIとの協働をより効果的に進めることができます。コーディング中も常にどのファイルやテキストがAIに読み取られるかを意識し、必要に応じてタブを閉じるなど、情報収集を制御しましょう。

4.1.6　コード定義の明示的提供 `Practice`

AIツールを開発に活用する際、適切な情報提供は不可欠です。特に、プロジェクト固有のコードやライブラリなど、AIが事前に学習していない情報については、開発者が意識的に提供する必要があります。これにより、AIが実在しない変数名や関数名を提案するリスクを大幅に軽減できます。

自動補完型AIツールと対話型AIツールでは、情報提供の方法が異なることがあります。対話型AIツールでは、特定のファイルをアップロードすることや、コピー&ペーストで意図的に直接情報を提供することが一般的です。一方、自動補完型AIツールは、開発者がコーディングに集中している間、バックグラウンドで情報を収集します。しかし、この自動収集には限界があるため、開発者は使用するライブラリの依存関係をAIが参照できる状態にするなど、追加的な配慮が必要です。これにより、AIがより正確で適切なコード提案を行えます。

たとえば、以下のように`my_function`関数を利用する場合を考えてみましょう。

4 AIツールに合わせたプロンプト戦略

```
from my_library import my_function

# ここで my_function の定義を見たい
result = my_function(
```

このコードだけでは、`my_function`の引数や処理内容が不明です。AIがこの関数を使おうとすると、適切な提案ができず、誤った情報を生成する可能性が高くなります。AIが`my_library`にある`my_function`の定義を知っていれば、より適切なコードを提案できる可能性が高まります。このときエンジニアは、対話型AIツールが確実に情報を得られるよう、コードベースをAIに渡す手段を押さえておくべきです。

そこで、**Visual Studio Code**の**「定義へ移動」機能を活用しましょう**。この機能を使えば、関数やクラスの定義にすばやく移動し、そのコードをAIに提供する準備ができます。調べたい関数やクラスを右クリックして「定義へ移動」を選択するか、ショートカットキーF12を押すだけで、定義元のファイルに移動できます。

図4.3 Visual Studio Codeの「定義へ移動」機能

「定義へ移動」機能を使って実装をさかのぼりながらファイルを開いていくことで、コードの奥深くにある関連するコードスニペットにもアクセスできます。これはコード構造の理解を深めるのに役立ちます。

今後、RAGやファインチューニングなど、AIへの情報提供手段は増えていくでしょう。しかし、どんなに優れた自動情報収集手段にも「絶対」

はありません。そのためそれらの手段を通してではなく、**確実に情報を提供するために、対象のコードベースをすぐに手元に引き出す手段も習得しておくべきです**。そうすることで、開発支援AIツールをより効果的に活用し、より質の高いコードを生成できるでしょう。

4.1.7 重要ファイルのピン留めによる即時参照体制 Practice
別名：インターフェイスファイル、型定義ファイル、宣言ファイルの活用

開発支援AIツールへの適切な情報提供において特に有効なのが、インターフェイスファイルや型定義ファイル（TypeScriptなど）の活用です。これらのファイルは、データ構造や実装に関する豊富な情報を含んでおり、AIが提案するコードの精度を大幅に向上させることができます。

たとえば、TypeScriptの型定義ファイルは以下のような形式で記述されます。

リスト4.1　user.d.ts（TypeScriptの型定義ファイル）

```typescript
interface User {
  id: number;
  name: string;
  email: string;
}
```

このような簡潔な定義が、AIにとって非常に有用な情報源となります。この例の場合、わずか数行のコードで、ユーザーデータの構造を明確に示しており、余計なノイズはほとんどありません。

開発支援AIツールのパフォーマンスは、私たちが提供する文脈に大きく依存します。多くの場合、AIに必要なのは実装の詳細ではなく、関数の使い方やプロパティの情報です。宣言ファイルやインターフェイスファイルは、これらの情報を最小限の表現で提供できる優れた手段です。クラスや関数の構造が明確に示されているため、AIはこれらの情報をもとに、より適切なコード提案を行えます。実装自体を渡すと情報量が多くなりがちですが、型定義ファイルを使うことで、AIは必要な情報だけを得ることができます。

こうした重要なファイルは、エディターでピン留めしておくことで、開

発支援AIツールに情報を渡したいと思ったときにすぐにアクセスできます。Visual Studio Codeでは、ファイルを開いた状態で右クリックして「ピン留め」を選択するか、ショートカットキー Ctrl + K, Pを使用してピン留めができます。

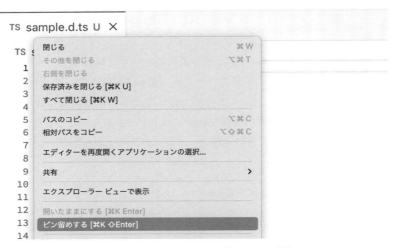

図4.4　Visual Studio Codeの「ピン留め」機能

ピン留めされたファイルは、エディターのタブに固定され、隠れることなく常にタブの一覧に表示されます。必ずしもピン留め自体が開発支援AIツールに優先して情報提供をすることにはなりませんが、エディター上で重要な情報にすぐアクセスできるようにすることは、効率的な開発の鍵となります。

4.2 対話型AIツール

現在最も普及している生成AIツールは、OpenAIのChatGPTをはじめとした**対話型AIツール**です。対話型AIツールは、チャットUIを通じ

てユーザーとAIが対話的にやりとりできる特徴を持ちます。OpenAIのChatGPTを筆頭に、Microsoft、Google、Anthropicなど、多くの企業がこの形式でAIモデルを提供しています。これらのWeb UIで提供されるツールに加え、よりエンジニアの業務に特化したGitHub Copilot Chatなどのエディター拡張も存在します。

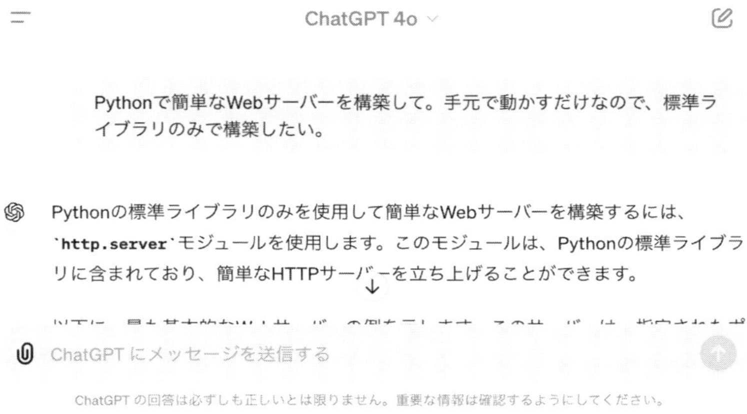

図4.5　ChatGPTでコード生成をしている例

これらの対話型AIツールには、以下のような特徴があります。

- 文脈の柔軟なコントロール
- 多様なファイル形式のサポート
- 外部情報へのアクセス
- 履歴の積み上げと再利用

これらの特徴を詳しく見ていきましょう。

4.2.1　文脈の柔軟なコントロール

対話型AIツールの一つの魅力は、確実に文脈を限定し、余計な情報を排

4 AIツールに合わせたプロンプト戦略

除しながら、自由度が高くプロンプトを作ることができることです。AIには必要な情報だけを提供することが重要で、不要な情報は精度低下の原因となります。ChatGPTのようなWebブラウザ上のツールは、エディターの文脈から独立しているため、クリーンな環境で文脈を制御できます。

一方で、エディターに統合されたツールであるGitHub Copilot Chatには、 @workspace や #file というチャット内で使える機能があります。これを指定することで、コピー&ペーストをしなくても、**プロジェクト全体の幅広いコード**や**特定の単一ファイル**を意識的にプロンプトに挿入し、AIに情報を提供できます。こうしたプロンプト作成補助機能は、効率の良い開発を支援してくれるでしょう[*5]。

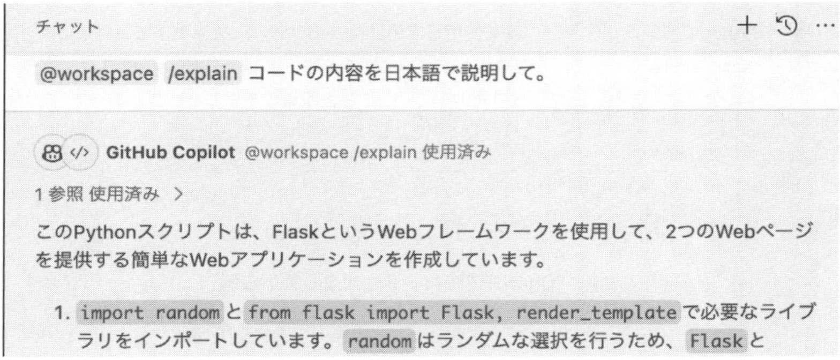

図4.6 GitHub Copilot Chatでコマンドを使った例

表4.1 GitHub Copilot Chatで利用できるコマンドなどの例

種別	キーワード	概要
エージェント	@workspace	現在のワークスペースをチャットの文脈に置く。
エージェント	@terminal	エディターに統合されたターミナルをチャットの文脈に置く。

[*5] コマンドについて詳細は https://docs.github.com/en/copilot/using-github-copilot/asking-github-copilot-questions-in-your-ide や https://code.visualstudio.com/docs/copilot/copilot-chat をご参照ください。なお、 /help でGitHub Copilot Chatのヘルプが参照できます。

種別	キーワード	概要
スラッシュコマンド	`/tests`	選択したコードのユニットテストを生成。
スラッシュコマンド	`/fix`	選択したコードの問題点の修正を提案。
スラッシュコマンド	`/explain`	選択したコードを説明。
コンテキスト変数	`#file`	特定のファイルをチャットで参照。
コンテキスト変数	`#selection`	エディターでの選択箇所を参照。
コンテキスト変数	`#terminalSelection`	ターミナルでの選択箇所を参照。

このようにさまざまなニーズに柔軟に対応できるのが、**優れた開発支援AIツールの条件**だと言えます。

4.2.2　多様なファイル形式のサポート

一部の生成AIツールは、テキストだけでなく画像やPDFなど複数のファイルタイプに対応しています。たとえば、PDFファイルを読み込むことで内部のテキストを解釈し、要約を生成できます。

You

Can GPT-4 Replicate Empirical Softwar...
PDF

この論文を日本語で要約してください

ChatGPT

この論文は、生産システムに関する実証的なソフトウェアエンジニアリング研究が、実務家や研究者にとってソフトウェアエンジニアリングプロセスの理解を深めるのに役立っていることを指摘しています。しかし、研究されている生産システムはほんの一部であり、この研究の影響は限定的です。ソフトウェアエンジニアリングの実務家が自身のデータに対して研究を再現しようとすると、研究方法論の深い理解やソフトウェアエンジニアリングデータの微妙なニュアンスが必要とされるため、多くの挑戦があります。大規模言語モデル（LLM）、特にGPT-4は、ソフトウェアエンジニアリングおよび科学関連のタスクに取り組む上で有望であり、実証的ソフトウェアエンジニアリング研究を民主化する手助けになるかもしれません。

図4.7　ChatGPTのファイルアップロード機能

4 AIツールに合わせたプロンプト戦略

また、OpenAIが発表したGPT-4oのようなマルチモーダルモデルでは、音声や画像もAIに提供できるため、より自然な対話が可能になりました。たとえばダイアグラムや画像を読み込むことで、AIにより幅広い情報を提供できます。アイデア次第でAIができることの幅が広がります[*6]。

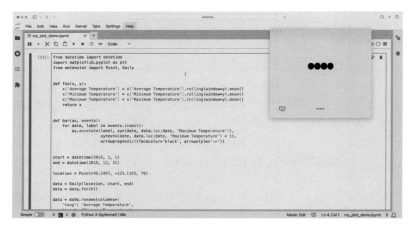

図4.8　OpenAIによるGPT-4oモデルのデモ

4.2.3　外部情報へのアクセス

一部のAIツールは、インターネット検索や特定のAPIへの通信機能を備えています。この機能により、AIは最新の情報や幅広い知識を活用して回答を生成できます。たとえば、MicrosoftのCopilot in Bingは、ユーザーの質問に対してインターネット検索の結果をもとに回答を作成します。これにより、最新の技術動向やトレンドに関する質問にも的確に対応できるのです。

[*6] "Live demo of GPT-4o coding assistant and desktop app" https://www.youtube.com/watch?v=mzdvw_euKlk より引用。

図4.9　インターネットの検索結果をもとに回答を生成するMicrosoftのCopilot in Bing

　外部情報へのアクセス機能は、開発者にとって非常に有用です。たとえば、「最新のPythonのバージョンは？」という質問に対し、AIは最新の公式ドキュメントやブログ記事を参照して、バージョン番号だけでなく、主な更新内容や互換性に関する注意点なども含めた包括的な回答を提供できる可能性があります。これにより、開発者は常に最新の情報にもとづいて作業を進めることができます。

　外部情報へのアクセスにより、AIツールの情報源が大幅に拡大し、より正確で時事的な回答が可能になります。しかし、この機能を利用する際は、情報の信頼性や最新性を確認することが大切です。AIが参照する情報源の質や、その情報の解釈の正確さを常に意識しながら利用することで、より効果的にツールを活用できるでしょう。

4.2.4　履歴の積み上げと再利用

　ChatGPTなどの対話型AIツールは、過去の会話履歴を考慮して回答を生成します。たとえば、コードの改善を依頼する際、前回の提案を踏まえてさらなる改善点を指示できるのです。この機能を活用することで、開発者はトライ&エラーを繰り返しながら、対話的なプロセスを経て段階的に

望む結果に近づけていくことができます。

履歴機能は、一貫性のある開発に特に有効です。たとえば、データ分析プロジェクトで複数の類似したPythonスクリプトを作成する場合、過去の会話履歴を参照することで、コーディングスタイルや使用するライブラリの一貫性を保つことができます。これにより、効率的かつ品質の高い開発が可能になります。

ただし、履歴機能にも制限があることを理解しておく必要があります。入出力のトークン数（AIが処理できる文字数の単位）には制限があるため、全ての履歴が常に参照されるわけではありません。また、過去の履歴の参照範囲や条件は、ツールごとに異なります。多くの場合、その仕組みは外からは見えないようになっています。そのため、対話の中で必要な文脈が勝手に切り取られていないかを確認することが大切です。

会話が長くなる場合は、特定時点での結果を切り出すか、必要な情報やプロンプトを要約して新しいチャットを始めることも有効です。これにより、過去の会話の重要な点を保持しつつ、効率的に作業を進められます。

4.2.5 プロンプトの明確化 Practice

対話型AIツールは、ユーザーが自由にテキストを入力できるチャット型インターフェイスを特徴としています。この自由度は便利である反面、ユーザー自身がコンテンツの指定や意図の明確化を行う必要があります。

自動補完型AIツールでは、AIの役割は次の数文字、数行程度を予測するだけでした。一方、対話型AIツールでは多くの場合で、一回の指示で数十行以上の多くの情報を生成することが期待され、入出力において扱う情報量も増加する可能性があります。そのため、ユーザーは**どんな文脈で、なんのファイル/コードを読んでもらうのか**を自ら指定し、**意図をより明確に伝える**ことが重要になります。

AIに対する不明確な指示は、ユーザーにとっても望ましくない結果を招きます。たとえば、以下のような指示を考えてみましょう。

与えられたデータセットから基本統計量を計算する関数群を実装

基本統計量とはデータの基本的な特性を表すもので、平均値、中央値、最頻値などが含まれますが、この指示だけでは関数をどのように実装すればよいかがわかりません。たとえば以下のような観点は指定されていないため、AIは与えられた可能性の中からランダムに関数を生成することになります。

- 関数では値をreturnするか、printするか。
- 関数は数式で実装するか、ライブラリを使うか（numpy, pandasなど）。
- 関数はどのようなデータ型を受け取るか（リスト、辞書、データフレームなど）。
- 関数はどのようなエラーハンドリングをするか（データ型が違う、データが空の場合など）。

プロンプトに全ての条件を含める必要はありませんが、少なくとも、AIにどのような関数を実装するか指定する必要はあります。対話型AIツールにより詳細に指示を出す方法を考えると、以下のようになります。

与えられたデータセットから基本統計量を計算する関数群を実装
- 関数は標準偏差、分散、平均、合計、最小値、最大値、第1四分位、中央値、第3四分位。
- 関数は数式で実装し、numpy、pandasなどのライブラリは使わない。
- 関数はリスト型のデータを受け取り、データが空の場合はエラーを返す。

このような具体的な指示にもとづいて、AIは以下のようなコードを提案するでしょう。

4 AIツールに合わせたプロンプト戦略

```
def check_empty(data):
    if len(data) == 0:
        raise ValueError("Data cannot be empty")

def calculate_mean(data):
    check_empty(data)
    return sum(data) / len(data)

# 中略

def calculate_third_quantile(data):
    return calculate_quantile(data, 0.75)
```

このコードでは、空のデータに対するエラーハンドリングや、ライブラリを使用しない実装など、指示に沿った関数が生成されています。

AIにより多くの出力を求める場合、より詳細な指示を与える必要があります。一方で、短い出力に対して長い指示を与えるのは非効率なので、適切なバランスを見つけ、最低限の指示で必要な出力を得ることが重要です。指示の詳細さは、タスクの複雑さや期待する出力の質に応じて調整しましょう。

4.2.6　プロンプト品質の早期評価 Practice

AIでコードを生成するプロセスでは、「コードレビューの重要性」がよく強調されます。しかし、実際にレビューすべき対象は、AIによって生成されたコードだけではありません。**自分の意図をAIに正確に伝えるためのプロンプトもまた、同様に重要なレビュー対象**です。

そして、AIに提供した**プロンプトの評価は、できるだけ早い段階で行うべき**です。早い段階のレビューにより、不適切なプロンプトによる時間の無駄を防ぎ、効率的にAIとの対話を進めることができます。また、プロンプトのどの部分が有効であるかを迅速に判断できる利点もあります。

自動補完型AIツールでは、AIからの回答をリアルタイムで確認できるため、プロンプトの効果を即座に評価できます。AIからの回答がいまいちだった場合、プロンプトをすぐに修正して再度提案を受け取ればよいので

す。しかし対話型AIツールの場合、プロンプトを数行入力して送信ボタンを押した後に初めてAIの提案を受け取ります。自分の書いたプロンプトが、良いものだったか判断できるのは、プロンプトを書き終えて、AIからの提案を受け取った後です。

性能判定をはじめとしたプロンプトの品質評価が遅れると、以下のような問題が発生します。

- AIにとって有益でないプロンプトを書き続けて時間を浪費する。
- プロンプトのどの部分が効果的かを見極めるのが困難になる。
- プロンプトの修正に要する時間が増加する。

図4.10 プロンプトのレビューは早い段階で実施

プロンプトの品質評価（プロンプトレビュー）は、アジャイルな方法で行うことが効果的です。長大なプロンプトを一度に作成するのではなく、短いプロンプトを逐次入力し、その都度AIの反応を確認しながら進めていくアプローチが望ましいです。**早期にプロンプトの失敗を発見し、修正することが鍵となります**。この繰り返しの過程により、プロンプトの質が向上し、より優れた結果をより早く得ることができます。

プロンプトの早い段階でのレビューを実践するには、以下のステップを踏むことをおすすめします。

1. 最小限の指示から始める：まず、核となる指示のみを含む短いプロンプト

を作成します。
2. AIの反応を確認：AIの回答を分析し、意図した方向性に沿っているか評価します。
3. プロンプトの微調整：必要に応じてプロンプトを修正し、より明確で具体的な指示を追加します。
4. 繰り返し：ステップ2と3を繰り返し、望ましい結果が得られるまで継続します。

この方法により、対話型のツールを使っている際もプロンプトの質を段階的に向上させ、効率的にAIとのコミュニケーションを進めることができます。

200文字程度のプロンプトでも、作成には予想以上の時間がかかることがあります。トライ＆エラーのサイクルを短縮し、迅速に最適な回答を得るためには、プロンプトの早い段階でのレビューが不可欠です。一連のプロセスを通じて、次第にすばらしいコードが完成していくはずです。

4.2.7　AI駆動のプロンプト生成 Practice

AIにコードを生成させるためのプロンプトを詳細に書く作業は、時に多くの時間を要します。この課題に対し、プロンプト自体をAIに生成させることで、作成時間を大幅に短縮できます。この方法は、特に複雑な要求や多岐にわたる条件を含むプロンプトの作成に効果的です。

たとえば、基本統計量を計算する関数群の実装を求める以下のプロンプトを考えてみましょう。

```
与えられたデータセットから基本統計量を計算する関数群を実装
- 関数は標準偏差、分散、平均、合計、最小値、最大値、第1四分位、中央値、第3四分位をカバー。
- 関数は数式で実装し、numpy、pandasなどのライブラリは使わない。
- 関数はリスト型のデータを受け取り、データが空の場合はエラーを返す。
```

詳細な要求を一から書き出すのではなく、以下のように指示自体を作ってもらった方が効率的です。

> データセットから基本統計量すべてをnumpyなどは使わず数式で計算する関数群を実装したい。
> 関数の実装方法の際に気をつけることを箇条書きで教えて

そうすると、以下のようなリストを返してくれるでしょう。これをプロンプトに再利用します。

> - データの型チェック：数値型であることを確認。
> - エッジケース処理：空のデータセットや一つの要素のみのケース。
> - ソート処理：中央値や四分位数を計算する際、データをソート状態に保つ。
> - 分割可能性：複数の基本統計量を計算する際、再利用可能な中間結果を保持。
> - 浮動小数点の扱い：計算過程での丸め誤差に注意。
> - 効率性：大きなデータセットに対しても効率的に計算できるように工夫。
> - エラーハンドリング：不適切な入力や計算不可能なケースに対する適切なエラーメッセージ。

　プロンプト生成において重要なのは、AIに直接的な実装方法を尋ねるのではなく、考慮すべき点や条件などの情報をまず引き出すことです。単に「実装を教えて」と質問すると、AIは多くの可能性の中から1つの解答を選択するだけになってしまいます。

　AIが生成したコードに対して、さらにAIに実装のレビュー依頼もできますが、初回の実装に固執する、もしくは正しい初期実装を覆すような意見を提供する可能性もあります。このように、最初から実装を求めると、必ずしも最適な結果を得られるとは限らないほか、AIの提案を受け入れるかどうかの意思決定の負担が増大してしまいます。オープンエンドの質問はAIの創造性を引き出すのに役立ちますが、実装したい機能や条件が明確な場合には、具体的な情報をAIに提供することが効果的です。

　実装時の注意点や条件など、判断に役立つ情報を事前に集めておくと、AIの提案の適切さを評価する際の助けになります。このアプローチを取ることで、プロンプトがより明確になり、AIによる実装の可能性を絞り込むことができるでしょう。人間が見落としがちな視点を含めた幅広い情報を得られるだけでなく、プロンプトの作成効率やレビュー効率の向上にもつながります。特にやりたいことは明確だけれど、実装方法がはっきりしない場合は、まず気をつけるべきポイントを引き出すアプローチが有効

です。

このように、コードだけでなくプロンプト自体の生成もAIに任せてみましょう。AIとの対話を通じて、より効果的なプロンプト作成を実現できるはずです。

4.2.8 AIによる自動リファクタリング Practice

AIにコードの改善点を指摘してもらい、そのままコードを修正してもらうこともできます。たとえば、以下のようなプロンプトを作成してAIに提案をもらうことで、コードの改善点を指摘して、改善例をもらうことができます。

> 以下のコードには改善点があります。
> 改善点をリストアップしたうえで、改善例を提案してください。
>
> ```python
> # ソートされたリストから特定の値を探す関数
> def binary_search(arr, x):
>     low = 0
>     high = len(arr) - 1
>     mid = 0
>     while low <= high:
>         mid = (high + low) // 2
>         # 中央値が探している値と一致するかどうか
>         if arr[mid] < x:
>             low = mid + 1
>         elif arr[mid] > x:
>             high = mid - 1
>         else:
>             return mid
>     return -1
> ```

すると、AIは以下のように答えます。

> このコードには以下の改善点があります：
>
> 1. 関数の説明やパラメータ、戻り値の説明がありません。
> 2. 入力のバリデーションがありません（空のリストや、ソートされていないリ

ストに対する処理）。
3. オーバーフローの可能性があります（`(high + low) // 2`の計算で）。
4. `mid`の初期化は不要です。
5. 関数名が一般的すぎる可能性があります。

改善例を以下に示します。

```python
def binary_search_sorted(arr: list, target: int) -> int:
    """
    ソートされた整数リストから特定の値を二分探索で探す関数

    Args:
        arr (list): ソートされた整数のリスト
        target (int): 探索対象の整数

    Returns:
        int: 見つかった場合はその要素のインデックス、見つからなかった場合は-1
    """
    if not arr:
        return -1
    low = 0
    high = len(arr) - 1
    while low <= high:
        mid = low + (high - low) // 2
        if arr[mid] < target:
            low = mid + 1
        elif arr[mid] > target:
            high = mid - 1
        else:
            return mid
    return -1
```

このアプローチの最大の利点は、**その手軽さと汎用性**にあります。さまざまなコードに対して同じ方法を適用できるため、開発プロセス全体の効率化につながります。また、AIの指摘を通じて、自分では気づかなかった改善の視点を学ぶこともできます。「改善点をリストアップしたうえで、改善例を提案してください」という指示を数回繰り返せば、コードの品質を段階的に向上させることができます。

ただし、AIが提案する改善点を鵜呑みにするのではなく、毎回の回答を批判的に評価することが重要です。先程の指摘は自信満々な書きっぷりで

もっともらしく見えますが、以下のような観点でさらに批判的に指摘を返せます。

- **オーバーフローの問題**
  - オーバーフローの問題について、Pythonは自動的に大きな整数を処理できるため、(high + low) // 2 の計算でオーバーフローが起こる可能性は非常に低いです。
- **関数名の変更**
  - 関数名のbinary_search から binary_search_sorted への変更は、関数の特性をより明確にする点で良いですが、二分探索は本質的にソートされたリストに対してのみ機能するため、必ずしも必要ではありません。
- **型ヒントの改善**
  - 型ヒントの追加は良い実践ですが、arr: list よりも arr: List[int] （from typing import List をインポートして）とする方がより正確です。

AIが提案する改善点をそのまま採用することには注意が必要です。AIは与えられた情報にもとづいて提案を行いますが、プロジェクトの特性や要件を完全に理解しているわけではありません。また、「良い改善」と「最適な改善」を区別し、責任を持って意思決定を行うことはできません。

AIの提案には「どちらも正しい」というケースがしばしばあります。そのため、AIの提案を活用する際は、人間の判断が不可欠です。開発者はプロジェクトの特性や目的を理解し、AIの提案を批判的に評価する必要があります。提案された改善点を取捨選択し、自分自身と組織にとって最適な改善点のみを採用することが重要です。

「AIによる自動リファクタリング」を効果的に使うには、反復的なプロセスにおいてAIと人間が協力することが不可欠です。AIの提案をもとに人間が改善を加え、それをまたAIに評価させる。このサイクルを繰り返すことで、コードの品質を段階的に向上させられます。AIに全てを委ねたり、よく確認せずに何回もAIに提案を求めたりするのではなく、要所で人間の判断を入れることが、AIを活用したコード改善の鍵となるのです。

4.2.9 AI可読性を考慮した情報設計 Practice

開発においては、テストケース、テーブル定義、アーキテクチャ図、シーケンス図など、さまざまなデータをAIに提供する機会があります。AIとのコミュニケーションを円滑にするには、読みやすく理解しやすいシンプルなフォーマットでデータを提供することが効果的です。日ごろから情報のAI可読性を高める工夫をすることで、AIとの協働がより効果的になります。

ファイルのフォーマットによっては、AIがデータを理解するのに支障をきたすことがあります。たとえば、テストケースリストやテーブル定義などが扱われるExcelデータには、セル結合や色分け、オブジェクト配置などで付加情報が含まれることがあります。これらの情報はAIにとって理解が難しく、特に画像や図形は多くの意味情報を含んでいます。形状、色、座標、矢印の向きなど、一見シンプルな図でも多くの情報が詰まっているのです。

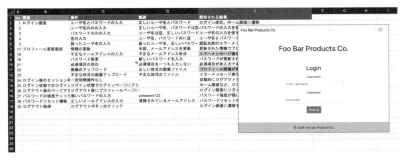

図4.11 複雑なExcelシートの例

Excelファイル（xlsx）は一見AIが扱いやすい2次元のデータに見えますが、内部は複雑なXML構造を持っています。もちろん、Excelが扱うテーブルデータ自体に焦点を当てた場合には、AIにとっても理解しやすい二次元のデータ形式です。しかしながら、多くのメタ情報を含む場合、AIがそれらを理解するのが困難になることがあります。

生成AIを使用する場合、データのシンプル化がより重要になります。

Excelファイルのようなドキュメントは以下のポイントを押さえ、シンプルにすることでAIによる可読性を高めることができます。

- セル結合をしない。
- 色分けをせず、代わりにテキストで情報を表現する。
- 罫線などは理解を促進するために使い、意味を持たせない。
- オブジェクト配置をなくすか、極力シンプルにする。

あるいは、そもそもExcelやWordといった形式のファイルを避けるのも選択肢でしょう。Excelである必然性が乏しいデータはCSVやYAMLなどでやりとりする、文書はMarkdownで書くようにするといった対策が考えられます。

これらの工夫を実践することで、AIによるデータの理解が容易になります。日々の業務の中でAI可読性を意識することで、長期的には大きな効果が得られるでしょう。

■──── マルチモーダルモデルは万能の解決策?

大規模言語モデルの利用では、コンテンツの**AI可読性**が課題になりえますが、マルチモーダルモデルの登場によってこの問題が一気に解決するのではないかと期待する向きもあるでしょう。「テキストにできなくてもスクリーンショットを撮ればよい」という考え方は、たしかに有効な場合があります。画像としてまとめられた情報をAIが理解してくれる時代はもう来ていると言えるでしょう。

しかし一方で、以下のようにプレーンなテキストで扱うことが適している情報もあります。

- 複数ページにまたがるドキュメントや関連する複数のファイルを扱うとき。
- 長大なテキストが必要なとき。
- 不要な情報を適宜削除する必要があるとき。
- RAGなど、検索によって情報を引き出す必要があり、大規模モデルだけでなく検索エンジンもデータを読み取る必要があるとき。

AI可読性を考える際、「全てをテキストにすれば良い」というわけでも、「マルチモーダルモデルが全ての問題を解決する」というわけでもありません。**AIの進化に合わせて、AIがデータをどのように読み取るのかを考慮し、データのフォーマットを最適化していくことが大切です。**

ファイルアップロードで問題が解決するわけではない

PDFやPowerPoint、ExcelファイルをそのままAIに渡せば、情報を理解してくれると考える人もいるでしょう。たしかに、それらのファイル形式をサポートするツールは存在します。しかし、この方法にはいくつかの問題点があり、期待どおりの結果を得られない可能性もあることを理解しておく必要があります。

ファイルをAIに渡す際、実際には複雑な処理が行われています。たとえば、RAGを使った場合の処理の流れを考えてみましょう。RAGを使ってPowerPointファイルをAIに渡す場合、準備と生成のフェーズで以下のような処理が行われます。

- 準備
    1. ファイル解析：PowerPointファイルの構造を解析し、内部のXML形式のデータにアクセス
    2. テキスト抽出：XMLデータから文字情報やメタデータを抽出
    3. データベースに格納：抽出した情報をインデックス化してデータベースに格納
- 生成
    1. 検索：ユーザーのクエリにもとづいてデータベースを検索
    2. プロンプト作成：検索結果（＝分割された情報の断片）をもとにプロンプトを作成
    3. AIによる生成：AIモデルが与えられた情報をもとに回答を生成

実際にPowerPointファイルの内部構造を見てみると、その複雑さがよくわかります。ファイルを解凍すると、大量のXMLファイルや画像ファイルの集合体があらわれます。たとえば、以下のようなファイル構造に

なっています。

```
├── _rels
├── docProps
│   ... 中略
│   └── custom.xml
└── ppt
    ├── presProps.xml
    ... 中略
    └── viewProps.xml
```

　この構造から分かるように、RAGを使ってAIに渡されるのは意味のあるPowerPointの情報そのものではなく、分割された断片的な情報にすぎません。全てのXMLファイルをそのまま渡そうとしても、情報量が膨大になる上、XMLタグの文字列が処理に必要な文字数（トークン数）を増やしてしまうため、効率的ではありません。

　結局のところ、大量の分断されたXML情報を意味のある形で再構築し、AIに理解させるのは非常に困難です。そのため、本当に重要な情報をAIに伝えたい場合は、AIが理解しやすい形式で情報を提供することが大切です。必要に応じてMarkdownのような軽量なマークアップ言語を使用して、必要な情報を整理して提供するのが効果的でしょう。

4.3 エージェント型AIツール

　開発支援AIツールの進化で特に期待されている領域が**エージェント型AIツール**です。GitHub Copilot Workspaceをはじめ、さまざまなエージェント型AIツールが登場しています。これらのツールは、主に新規コードの生成と既存コードベースの操作という2つの領域に焦点を当てています。

　新規コード生成では、AIの既存知識を活用し、ユーザーの入力にもとづ

いてコードを生成します*7。たとえば、Cognition社のDevin*8やオープンソースのMetaGPT*9などは、ソリューション全体を生成することに焦点を置いています。これらのツールは、複雑なシステムの設計から実装までを一貫して行うことができるとされています。

一方、既存コードの操作はより複雑です。AIモデル単体では不十分で、RAG技術を用いてソースコードを検索し、外部情報をプロンプトに取り込む必要があります。この処理は複雑ですが、成功すればコードの修正や機能追加の効率が大幅に向上します。

GitHub Copilot Workspaceは、タスクに対してAIが自動的にコードを生成し、Pull Requestの作成まで一貫して行えます。ただし、タスクの計画立案やレビューなど、重要な局面ではエンジニアの介入が必要です。既存コードベースの操作に関するツールは、AIとエンジニアの協調作業を特に重視しているといえるでしょう。

第3章ではエージェントツールの内部のプロンプトを見て「プロンプト」自体を学びましたが、ここからは、GitHub Copilot Workspaceなどのエージェント型AIツール自体を効果的に使うための実践的なヒントをいくつか紹介します。これらのヒントは、ツールの性能を最大限に引き出し、開発効率を向上させるのに役立ちます。

4.3.1　AIタスク適性の事前評価と粒度調整 `Practice`

エージェント型AIツールを効果的に活用するには、タスクの事前調査が大切です。まず、該当タスクをエージェントに依頼することが適切かどうかを慎重に判断しましょう。漠然とした期待だけで長文のプロンプトを作成するのは、貴重な時間を無駄にする可能性があります。

自動補完型AIツールと比較すると、エージェント型AIツールの時間コストは大きくなります。自動補完型は、間違えても数秒の無駄で済みます

---

*7　プロンプトとして具体的なコードなどの実装を与えなくても、実装の条件や要件などを伝えるだけで実装できます。これはZero-shotプロンプティングと呼ばれる手法の一種です。

*8　https://www.cognition-labs.com/introducing-devin

*9　https://github.com/geekan/MetaGPT

が、エージェント型AIツールは1回の問い合わせで数分以上かかることもあります。そのため、エージェント型AIツールを使用する際は、事前の準備がより重要になります。エージェントに指示を出す前にざっくりとしたプロンプトを手元で試し、AIがどの程度タスクを理解できるのか、どの程度のコードを生成できるのかを把握しておくことも有用です。具体的には、2つのアプローチが考えられます。

- 対話型AIツールでタスクを書き出したプロンプトを与える
- エージェント型AIツールに想定したタスクより小さい規模のプロンプトを与える

対話型AIを用いた予備調査

まずは、対話型AIを使ってタスクの予備調査を行いましょう。シンプルなプロンプトを作成し、AIのタスク理解度やコード生成能力を確認します。これにより、エージェントに本格的な指示を出す前に、タスクの難易度や適切な粒度を把握できます。対話型AIによる事前検証は応答までの時間が比較的短く済むのでトライ＆エラーがしやすいメリットがありますが、エージェント型とは使用感が違う部分も多いというデメリットもあります。

エージェント型AIツールで小規模に試す

また、「まずはとりあえずエージェントにやらせてみる」というアプローチも有効です。本番のタスクをいきなり任せるのではなく、より小規模なタスクで試してみるアプローチです。対話型より実行時間がかかる可能性が高いですが、エージェント型でできることを確認するのに適しています。エージェント型AIツールは、複数のファイルにまたがる操作や複合的なタスクの処理に強みがあります。自動補完型や対話型のAIでは困難な作業も、エージェントなら効率的に処理できる可能性があります。エージェント型AIツールをそうした複合的なタスクをやらせたい場合は、まずは最小限のタスクを依頼してみましょう。

最初から複雑なタスクを依頼するのではなく、段階的にアプローチする

のが重要です。タスクを小さな単位に分割し、それぞれの結果を確認しながら次のステップに進むことで、効率的かつ正確な成果を得られます。たとえば、「Webスクレイピングでページの重要情報を抜粋してまとめるコードを書いて」ではなく、「特定のWebページからタイトルだけを取得するコードを書いて」といった具合です。

AIによる出力の正確性は、タスクの複雑さに大きく左右されます。単純なタスクほど正確に処理できますが、複雑になるほど開発者の介入が必要になります。エージェント型AIツールでは、開発者の介入機会が減るため、事前にタスクを適切な粒度に分割することが重要です。タスクの適切な粒度や複雑さを事前に見極め、エージェント型AIツールの効果を最大限に引き出しましょう。

4.3.2　エージェントへの部分的な依頼 Practice

AIを効果的に活用するには、タスクを分割し、適切な部分をエージェントに依頼することが大切です。確実に依頼できる部分、つまり「実装方法を理解し、正しく依頼・レビューできる部分」に絞ることで、AIとの協働を効果的に進められます。

まずは自ら調査や実装を行い、その後AIに特定の作業を依頼する方法を考えましょう。いきなり全部任せるのではなく、部分的、段階的に依頼することで、AIの生成結果を確認しやすくなります。以下に、エージェントを効果的に活用するための具体的なアプローチをいくつか紹介します。

- ラフな実装や大枠のデザインを形にする
- 部分的なパーツをもとに全体を生成する
- 自明な領域におけるタスク依頼をする

■──── ラフな実装や大枠のデザインを形にする

まず、基本的な実装やデザインを自分で行い、その後の修正や追加をAIに依頼します。たとえば、コード内にTODOコメント（`TODO:`）を記述し、AIへの指示をあらかじめ埋め込み、ガイドラインを設定することが有

効です。

- **部分的なパーツをもとに全体を生成する**

大規模な実装が必要な場合、一部分だけを自ら実装し、それをもとにAIに残りの部分を依頼する方法があります。たとえば、20個のエンドポイントを作成する必要がある場合、最初の1つを実装してからAIに依頼すれば、AIはパターンを理解しやすくなります。また、一箇所でも実装していれば、「どのようにAIに依頼すればいいのか」を開発者自身が理解しやすくなります。

- **自明な領域におけるタスク依頼をする**

実装をもとにしたテストケースの生成やドキュメントの作成など、比較的自明な作業をAIに任せることで、開発効率を向上させられます。APIドキュメントの装飾やコードコメントの追加など、AIに依頼しやすい部分を見つけてみましょう。

エージェントに全てを任せるのではなく、適切に分担する意識を持つことが重要です。時にはリファクタリングを行う同僚として、また自分のデザインにもとづいてコードを生成する助手として、AIを活用できるでしょう。

4.3.3 ニーズに合ったツールを見つけよう

開発支援の分野では多種多様なAIツールがあり、日々進化しています。本書で紹介した自動補完型、対話型、エージェント型の3つのカテゴリーをまたぐもの、当てはまらないものも登場してきています。

たとえば、コマンドライン操作を支援するCLIツールや、Pull Requestのレビューを効率化するツール、セキュリティ強化のための提案を行うツールなど、多岐にわたる機能を持つツールが存在します。さらに、UIデザインからコードを生成するような革新的なツールも登場しており、開発プロセス全体をカバーする多様性が見られます。

AIツールを効果的に活用するには、プロジェクトの要件とツールの特徴を慎重に見極める必要があります。対話型AIツールは自由度が高く汎用

性がありますが、それだけでは不十分な場合もあります。たとえば、コード補完に特化したツールとセキュリティチェックに特化したツールを組み合わせるなど、複数のツールを適切に組み合わせることで、より効果的な開発支援が可能です。ソーシャルメディアで話題のツールに飛びつくのではなく、自分のプロジェクトやタスクにおけるニーズを冷静に分析し、最適なツールの組み合わせを見出すことが重要です。

　AIによる開発支援ツールは、開発者の創造性を引き出し、効率を向上させるための強力な味方です。生産性向上だけでなく、品質向上、学習効果の向上、開発者のモチベーション向上など、多くのメリットが期待されます。また、チームの専門知識や開発資産とAIツールを適切に組み合わせられるか、創造性が発揮できているかなど、多様な視点からAIツールの活用を検討することが重要です。各ツールの特性を深く理解し、開発の目標達成に向けて最適な使い方を見出すことで、真の開発力の向上につながるでしょう。

COLUMN

生成AIの出力は、加点評価で

　昨今、AIに対して多数の期待が寄せられています。その中でも特に注目されているのがAIによるコード変換です。たとえば、古いCOBOL資産をJavaの特定のバージョンに変換したいという要望があります。しかし、これはAIにとっても人間にとっても非常に困難なタスクなのです。

　現在広く使用されている大規模言語モデルは、テキストの生成を行う確率論的なAIです。したがって、特定のプログラミング言語のコードを別の言語のコードに「変換」することを主目的としたものではありません。また、**プログラミング言語は1:1で対応しているわけではないため、変換自体が技術的に不可能な場合も多い**のです。

　たとえば、JavaScriptでの非同期処理はPromiseやasync / awaitを用いるのが一般的ですが、RubyではThreadやFiberを使った並行処理の管理が必要になる場合があります。同じ機能を実現するために、それぞれの言語が異なる方法を取るのです。

　以下のようにJavaScriptのコードをRubyに変換する場合、を考えてみましょう。

以下のJavaScriptのコードをRubyに変換してください。

```javascript
function getFullName(firstName, lastName) {
  let fullName = firstName + lastName;
  console.log(fullName);
}
```

```
# 変換先の Ruby コード
def get_full_name(first_name, last_name)
  full_name = first_name + last_name
  puts full_name
end
```

　一見、うまく変換できたように見えますが、異なる入力値が与えられた場合、予期せぬ動作が発生する可能性があります。たとえば、JavaScriptで "foo" とnullを引数として渡した場合、戻り値は "foonull" の文字列となりますが、Rubyではエラーが発生します。Rubyでは文字列とnilを足すことが許されていないためです。

　生成AIを活用してコード変換する際、重要なのは異なる言語間での1対1変換を目指すのではなく、それぞれの言語や環境の強みを活かし、同じ問題を解決するための「等価な解」を見つけることです。

　変換を決定論的にとらえて「8割しか合っていない」と減点評価するよりも、AIは試行錯誤を通じて解決策を提供してくれるパートナーと考えるべきです。この視点から、AIの出力を加点評価でとらえることが大事です。そうすると、AIの出力を見るたびに「ここまでやってくれるのか」と感動することもあるでしょう。

　AIによる変換のクオリティ保証は、人間による確認作業やルールベースの変換との組み合わせで確保すべきです。AIに全ての責任を負わせるべきではありません。

　生成AIをコード変換に利用する際は、その特性を理解し、適切な期待をするようにしましょう。AIからの出力は完璧ではありませんが、作業を大きく助けてくれる存在であることを心にとどめておきましょう。

第5章

AIと協働するための
コーディングテクニック

5 AIと協働するためのコーディングテクニック

　ここまで、プロンプト構築と、開発支援AIツールへのアプローチに関する内容を見てきました。読者のみなさんは、もうすでにプロンプトを作成するための基本的なスキルを身につけていることでしょう。

　AIと効果的に協働するには、AIの特性を理解し、AIに合わせたコーディングスタイルを採用する必要があります。本章では、情報量の最適化やコードのAI可読性向上、AIの知見を最大限に引き出す方法など、さまざまな観点からAIとの協働に役立つテクニックを解説します。これらのテクニックは、人間にとっても理解しやすいコードを書く上で役立つものです。

　これらのテクニックを習得することで、コードの可読性や保守性が向上し、AIによる理解や生成の精度が高まります。結果として、開発効率の向上やコード品質の改善が期待できます。さらに、AIの知見を最大限に活用することで、より洗練されたコードを生み出すことができるでしょう。

5.1 AIによる作業単位の最適化

　AIと人間の双方にとって、適切な情報量を扱うことは何よりも大切です。

　AIが扱えるトークン数には限界があり、一度に処理できる情報量に制約があります。同時に、**人間も一度に大量の情報を受け取ることは難しい**ものです。時に私たちは特定のAIモデルが扱うトークン数が増えたことに一喜一憂するものですが、そのときに人間が扱える情報量がボトルネックになることを忘れがちです。

　将来的にAIの扱えるトークン数は増加していくでしょうが、人間の認知能力が劇的に向上するとは考えにくいでしょう。AI時代には、AIが生成した情報を人間がレビューする機会が増えることでしょう。そのような状況下では、**自分がレビュー可能な情報量を把握することが重要**になります。

　つまり、AIに与える情報は要点を絞り込み、AIから受け取る情報も過剰

にならないよう配慮することが求められます。**AIのトークン数と人間の認知能力の限界を考慮しながら、情報の入力と出力を最適化することが**、AIを有効活用する上での重要なポイントの1つと言えるでしょう。

5.1.1　関心の分離によるコード最適化 Practice

別名：コードの単一責任化

コードを適切に分割することで、AIに与える情報を最適化し、生成されるコードの品質向上を図ることができます。

開発現場では、`Util`や`Helper`というサフィックスを持つクラスに、さまざまな処理を詰め込むことがあります。たとえば、以下の`DataManagementUtil`クラスは、データの保存や解析など、複数の責務が集中しています。

```python
class DataManagementUtil:
    def __init__(self):
        # 中略

    def save_data(self, path, data):
        # 中略

    def analyze_foo_data(self, data):
        # 中略

    def analyze_bar_data(self, data):
        # 中略

    # 省略（数十個のデータ関連関数）
```

このような構造は、クラスの実装を肥大化させ、コードの理解を困難にします。さらに、AIを活用する上でも以下のような問題を引き起こす可能性があります。

- AIに渡す情報量が多くなり、生成精度が低下する。
- テスト生成やリファクタリングの際、AIの出力が途中で打ち切られる可能性が高まる。

- クラスに対するAIによる操作を複数回に分ける際、それぞれの操作に一貫性を保つようにAIに指示を与える必要がある。

これらの問題を回避するには、クラスを関心ごとに分割し、シンプルな構造にすることが効果的です。以下は、先ほどのクラスを適切に分割した例です。

```
class DataManagementUtil:
    def save_data(self, path, data):
        # 中略

class DataAnalyzer:
    def analyze_foo_data(self, data):
        # 中略

    def analyze_bar_data(self, data):
        # 中略

# 関連する処理を適切に分割
```

このように分割することで、AIに与える情報量の制御がしやすくなり、生成されるコードの品質向上につながります。また、プロンプトでの指示もより明確にしやすくなり、AIとのやりとりの効率化にもつながります。

KEYWORD

単一責任の原則（Single Responsibility Principle）

単一責任の原則は、クラスやモジュールは一つの責務（役割）を持つべきであるというソフトウェア原則です。この原則に従うことで、コードの保守性や再利用性が向上し、バグの発生を抑制できます。

5.1.2　AI効率を考慮したファイル編成 Practice

コードの最適化だけでなく、ファイル構造の最適化も大切です。適切なファイル分割は、AIと人間双方にとって理解しやすい開発環境を生み出します。

開発支援AIツールの多くは、関連するコードファイルを自動的にAIに

提供します。しかし、トークン数の制限やノイズ削減のため、ファイルの一部のみを抽出して送信することがあります。この自動抽出プロセスは、必ずしも開発者（ここではAIツールのユーザー）の意図どおりに機能するとは限りません。

1つのファイルに複数の機能が詰め込まれていると、AIが情報を正確に解釈できない可能性が高まります。不要な情報の混入は、AIの回答精度に悪影響を与えるからです。たとえば、1000行のファイルがあり、AIに渡す必要がある情報がそのうちの50行だけだったとします。この場合、開発支援AIツールが1000行の中から、開発者が意図した50行を正確に抽出できるとは限りません。

開発者が手動でファイルの特定部分をAIに提供する場合でも、問題は残ります。残りの950行の余分なノイズデータを渡さないようにする努力が毎回必要になってしまうのです。さらに、必要な50行がファイル内に散らばっている場合、情報の抽出はより困難になります。これは、開発支援AIツールにとっても、人間の開発者にとっても、非効率的な作業となります。

この問題を具体的に理解するために、Ruby on Railsのコントローラを例に挙げましょう。たとえば以下ファイル構成を見ると、単一ファイルにさまざまな機能が詰め込まれています。このようなファイル構成では、特定の機能に関する情報をAIに伝えるのが難しくなります。

```
# 適切に分割されていないファイル構成の例
controllers/
|     # 管理画面全般の処理を一つのコントローラで扱っている
├── admin_controller.rb
|     # ユーザー向けサイトの全般の処理を一つのコントローラで扱っている
├── site_controller.rb
|     # コンテンツの作成、編集、削除を全て一つのコントローラで扱っている
├── content_management_controller.rb
|     # 通知とメッセージ機能を一つのコントローラで扱っている
├── notifications_and_messages_controller.rb
|     # API関連の処理をバージョンに関わらず一つのコントローラで扱っている
└── api_controller.rb
```

AIに渡す情報を最適化するためにも、ファイルをあらかじめ適切な構成

に分割しておくことが効果的です。以下ではそれぞれのコントローラは単一の責任を持つようにファイル単位で分割されています。

```
# 適切に分割されたファイル構成の例
controllers/
├── admin
│   ├── base_controller.rb
│   ├── dashboard_controller.rb
│   ├── posts_controller.rb
│   └── users_controller.rb
├── api
│   └── v1
│       ├── base_controller.rb
│       ├── posts_controller.rb
│       └── users_controller.rb
├── application_controller.rb
├── concerns
│   ├── authentication.rb
│   └── error_handling.rb
├── home_controller.rb
├── posts_controller.rb
└── users_controller.rb
```

プロダクト開発の初期段階では構成がシンプルであることが多いですが、成長に伴い複雑化することがあります。そのような場合、ファイルが肥大化し、コードの理解が難しくなります。定期的にファイル構造を見直し、適切な分割を心がけることで、AIツールの効果的な活用と開発効率の向上が望めるでしょう。

5.1.3　小さなコードチャンクによる段階的作業 Practice

別名：小さいコード断片、レビューしやすいサイズのコード

AIを活用したプログラミングでは、大きな機能を一度に実装するのではなく、小さな部分に分けて作業することが大切です。この方法を使うと、自分の意図をより正確に理解し、適切なコードを提案しやすくなります。

コードを関心ごとに分離することはプログラム設計上の利点があります。ただし、常にこの原則を適用する必要があるとは限りません。たとえば、データ分析関連の作業や、特定目的の使い捨てコード、実験的なアプ

ローチでの開発などがこれに該当します。

AIとの協働を意識し、小さいコードの断片（チャンク）に分割することを意識して処理を書くことをおすすめします。具体的には、以下のようなアプローチが効果的です。

- ループ内の複雑な処理を避け、ループ外で後処理を行う。
- 中間処理結果を適宜コンソールに出力し、AIに渡せるようにする。
- 段階的に処理を関数にまとめ、モジュール化を進める。
- コードのコメントを活用し、小さな単位での作業を意識する。

たとえば、以下のコードは、AIとの協働において望ましくない例です。このコードでは、AIが数百行のコードを一度に理解する必要があります。また、プロンプトに詳細な注釈を追加するなど、文脈情報を提供することも大変な作業です。

```
def process_data(data):
    for items in data:
        for item in items:
            if item:
                # 数十行〜数百行のコード
    return analyzed_data
```

以下のようにAIとの協働を意識して、コードを小さな断片に分割することが効果的です。ポイントは、**処理をどこの行で切り出しても、AIに渡しやすい状態にする**ことです。

```
# 大きな関数になっても、それぞれの処理の区切りを明確にする
def process_data(data):
    # データのフィルタリング処理を実装
    cleaned_data = clean_data(data)

    # 中略

    animal_data = pd.DataFrame()
    for items in cleaned_data:
        # 小さいコードの断片で作業を進める
```

```
        animal_data.append(analyze_animal(items))

    # 適宜コンソールに出力し、AI にデータを渡せるようにしておくと便利です。
    #   animal ...
    # 0   cat ...
    # 1   dog ...
    # 2 parrot ...

    # 中略（データの分析処理を実装）

# 処理の中で、自明なものやAIにわたす必要のない処理を関数に取り出す
def clean_data(data):
    # 中略（データのクリーニング処理を実装）
    return cleaned_data
```

　このコードでは、処理が小さな単位に分割され、各部分が独立して理解可能です。また、中間結果の出力により、AIがデータの状態を把握しやすくなっています。

　AIの能力を最大限に引き出すには、全体の複雑な解決策をAIに求めるのではなく、いくつかの断片に分けて、それぞれの単純な解決策をAIに求めることがおすすめです。関数の行数が増えて複雑になってきた場合、関数を分けることを検討する価値はありますが、それが難しい場合は5〜10行程度のひとまとまりのコードを意識して作業することが鍵となります。各単位が独立して機能し、限定された文脈で理解可能であれば、AIはより意図にあった、正確で質の高い提案を生成できます。

　将来的にAIの能力は拡張される可能性がありますが、人間の能力はそれほど簡単には広がりません。そのため、自分の集中力の限界を見極め、それを超えない範囲でAIにタスクを割り当てることが賢明です[1]。

---

[1] ただし、このプラクティスは作業単位に関するものであり、アーキテクチャ設計の考え方とは異なる点に注意してください。このプラクティスの本質は、開発者が文脈を理解し、AIが生成するコードをレビューできる範囲に収めることです。

5.2 コードのAI可読性向上

　AIが提案するコードの品質は、期待どおりでしょうか。AIはある種の予測エンジンであり、書き手の癖を理解して模倣することが得意です。つまり、質の高いコードを書けばAIもそれに倣います。一方で、質の低いコードを書けばAIもそれを真似てしまう可能性があるのです。

　AIは「文字のつながり」から意味を読み取ります。そのため、変数名やコメントの書き方、英語の使い方にも注意を払いましょう。この原則は、自動補完型や対話型のAIだけでなく、エージェント型AIにも適用されます。

　AIが提案するコードの品質を向上させたいなら、まずは自分のコードの質を高めることが不可欠です。これは、AIと人間の協働におけるコーディングの基本原則と言えるでしょう。

5.2.1　AIとの協働を意識した命名 Practice

　変数や関数、クラス名にはAIが提案するコードの品質を向上させるために、**具体的で説明的な名前**を採用しましょう。適切な命名により、人間の開発者とAIの両方が容易に理解できるコードを作ることができます。

　命名が適切でない例を見てみましょう。以下のコードでは、命名に一貫性がなく、意味も具体性に欠けています。

```python
bukken_id = "BK0012"   # 物件ID：英名ではない
fee = 12000    # 具体的な名前でない
fee2 = 80000   # 連番での命名は避ける
sq_price = 180   # 平米単価：単位が省略されている
administrative_fee_value = 10000   # 管理費：value という自明なサフィックスは不要
```

　一方、以下のように具体的で説明的な名前を使うと、AIが理解しやすいコードになります。

```
property_id = "BK0012"   # 英語で名前をつける
administrative_fee = 12000   # 判別可能な名前
rent = 80000   # 連番ではなく、具体的な名前をつける
price_per_squrare_meter = 180   # 単位を含めて具体的な名前をつける
```

この変数名を使った場合、AIは「月額費用は、管理費と賃料の組み合わせだろう」という推定の元、コードを提案することになります。もし正しい命名ができていないと、`price_per_square_meter`（平米単価）のような関係のない数値を`monthly_fee`に足してしまう可能性があります。

 `monthly_fee =`

 `monthly_fee = rent + administrative_fee`

良い命名のポイントは以下のとおりです。

- 正しい英語で、具体的で説明的な名前を使う。
- 過度な省略は避け、変数の意味が一目でわかるようにする。
- 同じ概念は同じ単語で表現し、一貫性を保つ。

AIは変数名の意味を解釈し、それにもとづいてコードを生成します。適切な命名は、AIに必要な文脈情報を与える最良の手段です。さらに、人間の開発者にとってもコードの理解が容易になります。良い命名習慣を身につけることで、AIとの協働がより効果的になるでしょう。

5.2.2　検索最適化された命名戦略 Practice

AIとのコミュニケーションでは、検索と生成が同時に行われることがあります。AIツールが適切なコードを提案するためには、統一された命名規則を採用し、検索にヒットしやすいコードを書くことが大切です。これにより、AIツールがコードを正確に理解し、より適切な提案が可能となります。AIツールは多くの場合で裏の挙動を隠蔽していますが、このことを意

識しておくと、AIとのコミュニケーションがスムーズになります。

　AIツールの多くは、検索と生成という2つの処理を組み合わせて機能しています。たとえば、自動補完型のツールは、ユーザーの入力にもとづいてエディター内で検索を行い、関連情報をプロンプトに含めます。また、RAGを使用した開発支援AIツールは、インデックスされた情報を検索し、それを組み合わせてコードを生成します。このプロセスにより、AIはより文脈に沿った、適切な提案を行うことができます。

　つまり、開発支援AIツールはある種の決定論的な検索と確率論的な生成を組み合わせてコードを生み出しています。このため、AIに提供するコードやコメントは、言語モデルが処理する前に検索でヒットする必要があります。言い換えれば、検索にヒットしないコードは、AIにとって存在しないも同然となる可能性があります。この点を意識してコードを書くことが、AIツールを効果的に活用する鍵となります。

　具体例を挙げて説明しましょう。不動産アプリ開発において、物件IDを表す変数名が複数のファイルで異なる場合を考えてみましょう。たとえば日本人開発者であれば、以下が同じ概念を指していることは理解できるでしょう。

- `bukken_controller.py` では `bukken_id`
- `property_model.py` では `property_id`
- `migration.py` では `self.id  # 物件ID`

　しかし、このような一貫性のなさは、AIツールの内部的な検索処理における不安定さにつながる可能性があります。

　したがって、統一された命名規則を採用し、検索にヒットしやすいコードを書くことが大切です。先ほどの例では、可能であれば `property_` など一定のプレフィックスに統一することで、AIツールだけでなく人間のプログラマーにとってもコードが理解しやすくなります。別の名前を使った方が自然な場合は、コメントに関連する単語を追加することで、検索時に該当行をヒットさせやすくなります。

　一貫性のある命名規則とコメントの効果的な活用により、AIツールとの

コミュニケーションを改善できます。これにより、AIツールからより適切なコード提案を受けられるようになり、開発効率の向上につながるでしょう。小さな工夫の積み重ねが、大きな生産性の向上につながる可能性を秘めています。

COLUMN

ベクトル検索の限界

　AIツールの実装に詳しい方は、ベクトル検索という言葉を耳にしたことがあるかもしれません。この技術は、大量のデータから関連性の高い情報をすばやく抽出するために使用されます。特に、検索結果を言語モデルに与えて回答を作成するRAGでは、ベクトル検索が広く使われています。これにより、AIサービスの品質が大きく向上しているのです。

　ベクトル検索の仕組みは、単語や文章を多次元の数値ベクトルに変換し、それらの類似度を計算することです。この類似度の計算には、コサイン類似度などの数学的手法が用いられます。この方法の大きな利点は、厳密な単語の一致ではなく、意味的な類似性にもとづいて検索できることです。たとえば「物件」と「不動産」はベクトル空間上で近い位置に配置される可能性が高く、これにより関連性の高い情報をすばやく見つけることができます。

　しかし、ベクトル検索にも限界があります。たとえば、異なる言語間での完全な意味のマッチングは難しい場合があります。例として、ローマ字の「Bukken」と英語の「Property」は、不動産という文脈では同じ意味を持ちますが、これらの単語の関連性をベクトル検索で常に正確にとらえられるとは必ずしも限りません。また、専門用語や業界特有の表現については、ベクトル検索の精度が低下する可能性があります。

　ベクトル検索を使わないAIツールもあることを知っておきましょう。たとえば、自動補完型AIツールでは、ジャッカード係数やレーベンシュタイン距離といった別の手法が使われることがあります。これらは、インデックス化されていない情報を扱う際に特に有効です。

　AIツールがコードをどう理解し、提案するかは、その内部実装に大きく左右されます。そのため、AIツールの仕組みを理解し、適切な情報を提供することが大切です。たとえば、一貫した命名規則やわかりやすいコメントは、AIツールとのコミュニケーションを円滑にするための大切な要素となります。

5.2.3　AIによる適切な命名の提案 Practice

プログラミングにおいて、適切な命名は可読性と保守性を高める重要な要素です。しかし、関数やクラス、変数に最適な名前を付けることは、しばしば開発者を悩ませる課題となります。ここで、AIによる命名提案が強力な味方となります。AIは、コードの文脈を理解し、適切で具体的な名前を提案することで、開発者の負担を大きく軽減します。

リスト 5.1　命名提案のプロンプト

以下の関数に適した名前を10個提案してください。
また、それぞれの名前の意味と選んだ理由を説明してください。

```python
def process_data(input_data):
    # 中略
    return processed_data
```

関数や変数に適切な名前をつけることは、プログラミングにおいて重要ですが、時として難しい作業です。特に、関数やクラスの役割が予想外に大きくなった場合、名前を変更する必要があるかもしれません。そんなときに、AIに命名を提案してもらうことで、適切な名前選びに役立てることができます。

AIによる命名を効果的なものにするには、いくつかのポイントがあります。

- チームで共有された命名規則がある場合、それをAIに伝えましょう。AIはその情報を活用して、より適切な名前を提案してくれます。
- 単に局所的なコードだけでなく、プロジェクト全体の文脈や仕様書の情報もAIに提供すると、より適切な名前が提案されます。他にAIに渡せる情報がないか考えてみましょう。
- AIに複数の命名候補とその理由を説明させることで、より深い理解と適切な選択が可能になります。

特に、英語が母語でない開発者にとって、AIによる命名提案は非常に有用です。AIは英語の微妙なニュアンスや専門用語の適切な使用を提案できます。たとえば、「データを整理する」という意味の関数名を考える場合、AIは `organize_data`、`arrange_data`、`sort_data` などの候補を提案し、それぞれの微妙な違いを説明してくれるでしょう。また、時制の使い分けや前置詞の適切な使用など、英語の文法に関する洞察も提供してくれます。

一方で、既存のコードの命名を変更する際には注意が必要です。特に大規模なプロジェクトでは、予期せぬ依存関係によって問題が発生する可能性があります。このリスクを軽減するために、エディターやIDEに一括変換リファクタリング機能がある場合は、その機能を活用することをおすすめします。AIの提案と開発ツールの機能を組み合わせることで、安全かつ効率的に命名を改善できます。

AIによる命名提案は、クラス名、メソッド名、プロパティ名、プロジェクト名など、さまざまな場面で役立ちます。適切な命名によってコードレビューの効率が向上し、チームメンバーとのコミュニケーションも円滑になります。ただし、AIの提案をそのまま受け入れるのではなく、常に人間の判断が必要です。AIは文脈を完全に理解しているわけではなく、時にはプロジェクトの特殊な要件や、チーム固有の慣習に合わない提案をすることもあります。そのため、AIの提案を参考にしつつ、最終的な決定は開発者自身が行うことが大切です。

5.2.4　一意な変数名付与の徹底 Practice

変数名は、その変数の役割や使用目的を示す大切な情報です。適切な変数名を選ぶことで、コードの可読性が向上し、開発者やAIツールの理解を助けることができます。変数名はコードの文脈を伝える重要な要素であり、慎重に選択する必要があります。

変数に値を再代入したり、異なるファイルで別の目的に変数の使い回しをしたりすると、コードの可読性が低下します。これは人間の開発者だけでなく、AIツールの理解も妨げる可能性があります。AIツールがプロン

プトに含める参考情報をエディターから探す際、同じ名前の変数が別の文脈で使用されていると、誤った情報を拾ってしまう可能性があります。これにより、AIが不適切な情報をもとに判断や提案を行う恐れがあります。

このような問題を避けるため、変数の使い回しはなるべく避けましょう。代わりに、その都度適切な名前の新しい変数を定義する、すなわち一意な変数名を付与することをおすすめします。たとえファイルが異なる場合でも、異なる変数名を使用することで、AIが正確な情報を見つけやすくなります。

具体的には、以下のような点に気をつけるとよいでしょう。

- 変数名は、その変数の役割や内容を的確に表現するものにする。たとえば、`data`ではなく`userProfileData`のようにする。`data`以外にも、`item`や`value`、`temp`などの汎用的な名前は避ける。
- 同じファイル内で変数を再利用する場合でも、文脈が変わるなら新しい変数名を使う。たとえば、`result`を`searchResult`と`validationResult`に分ける。
- 異なるファイル間では、たとえ役割が似ていても変数名を使い回さない。各ファイルで独自の変数名を使う。
- 定数や再代入の必要がない変数には、`const`、`final`、`readonly`などを使って再代入を防ぐ。
- 関数名も変数名と同様に、その関数の振る舞いを的確に表現し、使い回しを避ける。たとえば、`getItem`ではなく`getUserProfile`のように。

こうした工夫により、コードの可読性が向上し、AIによる情報収集精度も高まります。

5.3 AIと協働する際のコーディングスタイル

ソフトウェア開発において、一貫性のあるコーディングスタイルは非常

に重要です。コードの可読性を向上させるだけでなく、これはAIからのより良い提案にもつながります。AIは確率論的な予測モデルであり、一貫性のあるコードを書いていれば、それを真似て一貫性のある提案を行うことができます。一方で、チームメンバーのコーディングスタイルがバラバラだと、AIはそれを踏襲して一貫性のない提案を行うことになりかねません。

インデント、タブ、命名、コメントの書き方、言語固有の省略方法など、コーディングスタイルの領域は多岐にわたります。一様なコーディングスタイルとパターンに従うことで、開発者はコードをより迅速に理解し、AIもより適切な提案ができます。

以下のようなポイントを考慮して、チームで一貫したコーディングスタイルを採用しましょう。

- フォーマットスタイルの統一
  - リンター[*2]やコードフォーマッター[*3]の使用を検討しましょう。これにより、インデント、スペース、行の折り返しなど、コードの外観がプロジェクト全体で一貫します。
- コメントとドキュメント
  - コードの目的、複雑なロジックを明確にするためのコメントを効果的に使用します。また、関数やクラスのプログラム内ドキュメントにはパラメータ、戻り値、例外などを記載しましょう。
- エラー処理の一貫性
  - エラー処理の方法を統一し、エラーメッセージを明確にします。これにより、デバッグ時の理解が深まります。

チーム全体で一貫したコーディングスタイルを実践することで、より効率的で質の高い開発が可能になるでしょう。

[*2] リンターは、コードを解析して潜在的なエラーや問題を検出するツールです。
[*3] コードフォーマッターは、コードのスタイルを統一し、可読性や保守性を向上させるツールです。

5.3.1 スタイルガイドの明示的提供 Practice

AIによるコード生成を行う際、標準的なスタイルガイドに従ったコードを生成するよう誘導することで、より一貫性のあるコードを効率的に作成**しやすくなります**。「**PEP 8に従う**」といった簡潔なフレーズをプロンプトに入れるだけでAIの出力スタイルを誘導できます。

```
# PEP 8 に従ったコードにすること
```

スタイルガイドとしてはPEP 8[*4]（Python）やRuby Style Guide[*5]、Google Java Style Guide[*6]などが有名でしょう。

```
# Ruby Style Guide に従ったコードにすること
```

```
// Google Java Style Guide に従ったコードにすること
```

開発現場では、統一されたコードベースを作るために標準コーディング規約が重要です。従来のリンターやコードフォーマッターは、目に見えるフォーマットの問題を解決するのに適していますが、コードの意味的な部分やリファクタリングまでは担当しません。たとえば、Docstringなどのコメントの自動生成や、クラス名、関数名、変数名の命名の自動リファクタリングの一部は、フォーマッターでは難しいのです。

AIを使用することで、生成の段階からスタイル標準に従うよう指示を与え、より効率的にコードを生成できます。ただし、こうしたフレーズを入れても、生成されたコードが必ずしもコーディング標準に完全に準拠するとは限りません。また、AIが実際には存在しないルールにのっとってコードや情報を生成する可能性もあるため、注意が必要です。

これらのスタイル標準誘導フレーズは、補助的なTipsとして覚えてお

[*4] https://peps.python.org/pep-0008/
[*5] https://github.com/rubocop/ruby-style-guide
[*6] https://google.github.io/styleguide/javaguide.html

くと役立つ場面があります。開発作業中に適宜活用することで、より効率的なコード生成が可能になるでしょう。

5.3.2　スタイルガイドのカスタマイズ Practice

AIとの効果的な連携には、適切なコーディング規約の設定が重要です。しかし、チームの既存の規約をそのままAIに伝えるのは効率的ではありません。たとえば、Pythonの標準的なスタイルガイドであるPEP 8の全文は約9,000トークンを消費する上に、余計な文脈を含めることになりかねません。

そこで、完全にオリジナルなコーディング規約をAIに知ってもらうのではなく、標準的なスタイルガイドをベースに必要に応じて最低限のカスタム規約セットを作ることで、AIへのコーディング時の規約伝達を最小限に抑えられます。

以下は、Pythonのコーディングにおいて、PEP 8を踏襲したコーディング規約の例です。

```
出力はPEP 8に従った上で、以下のカスタムルールを適用する。
- TODOコメントスタイル：推奨
- ワンライナーのif文：推奨
- ラムダ式：推奨
```

AI時代に合わせて、**コーディング規約を見直すことで、AIとの連携を円滑にしましょう**。適度な柔軟性を持たせることで、AIの能力を最大限に引き出すことができるはずです。同時に、人間の開発者にとっても理解しやすく、維持しやすい規約となります。

5.4 付加情報の提供によりAIの理解を助ける

コードの補足説明は、人間とAI双方の理解を助ける大切な要素です。

適切な説明を加えることで、コードの可読性が向上してメンテナンス性も高まります。コードの補足説明方法にはさまざまなものがあります。

- コメントの追加：コードの動作や意図を説明する短い注釈を入れます。
- コード内ドキュメントの作成：関数やクラスの詳細な説明をコード内に記述します。
- アノテーションや型ヒントの使用：コードの構造や期待される入出力を明示します。

こうした装飾は、コードの実行には直接関係しないものの、コードの理解やメンテナンスを助けるために大切です。また、AIがコードを理解するためにも重要な情報となります。AIと協働するためには、コメント部分やアノテーションなども適切に使いこなせるようになりましょう。

5.4.1 標準化されたコード内ドキュメント Practice

標準的なコメントプラクティスに従って書くこともAIとのコラボレーションを円滑にするための重要なポイントです。たとえばPythonの場合は 該当コードのDocstringを生成してください とプロンプトで指示することで、AIは適切なドキュメントを生成できます。

言語ごとに以下のようなドキュメント生成の仕組みが用意されています。

言語	方式	概要
Python	Docstring	PEP 257に準拠して詳細なコメントを記述し、ドキュメント化
TypeScript	JSDoc	TypeScriptの型情報とともに、JSDocを使用してドキュメント化
Java	Javadoc	Javaのクラスやメソッドに対してコメントを記述し、ドキュメント化
C#	XMLドキュメント	XML形式でドキュメントを記述し、ドキュメント化

これらの仕組みは、コードのドキュメントを生成するための手助けをしてくれます。AIにより、これらのドキュメントをフォーマットのみならず

5 AIと協働するためのコーディングテクニック

ドキュメント本文も含めて自動生成することが容易になりました。普段から標準的なコメントの書き方をしておけば、追加のプロンプトがなくてもAIツールが一発で適切なドキュメントを生成してくれる可能性が高まります。

たとえばGitHub Copilotでは /doc というコマンドが用意されており、これを実行することで、プロンプトを開発者が書くまでもなくAIが適切なドキュメントを生成してくれます。

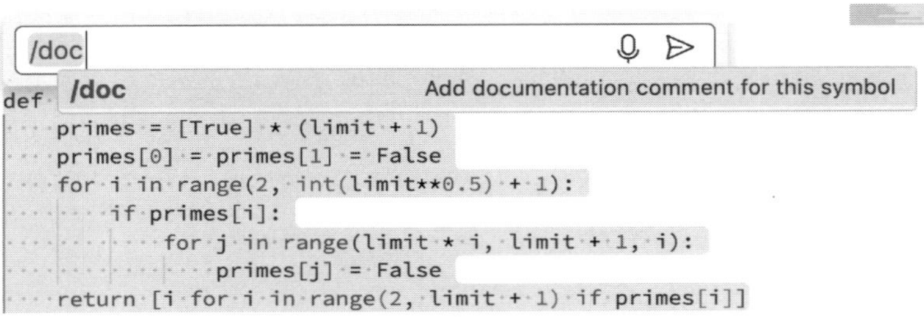

```
/doc
def
    primes = [True] * (limit + 1)
    primes[0] = primes[1] = False
    for i in range(2, int(limit**0.5) + 1):
        if primes[i]:
            for j in range(limit * i, limit + 1, i):
                primes[j] = False
    return [i for i in range(2, limit + 1) if primes[i]]
```

/doc　Add documentation comment for this symbol

図5.1　GitHub Copilotの/docコマンド使用例

最終的に、コードの消費者は人間だけではありません。AIもコードの消費者となります。AIがコードの文脈を理解し、効果的に作業するためには、適切なドキュメントがコードに付与されていることが大切です。

5.4.2　必要最小限のコメント追加 Practice

AI時代のコメントの書き方について、**最低限のコメントを心がける**ことで、コードの理解を助けつつ、メンテナンスの手間を減らすことができます。

生成AIの登場により、コメントの重要性は変化しています。今まではチームメンバーや将来の自分自身のために、多少冗長なコメントを残すこともありましたが、AIがすばらしくコードを解説してくれる現在では、冗長なコメントを残す必要はなくなりました。

たとえば、以下のコードには自明なコメントが多く含まれています。こ

の関数名には sieve_of_eratosthenes というアルゴリズムの名前がついており、素数を求める関数であることが明らかです。エラトステネスの篩というアルゴリズムを知らなくとも、AIはこの関数を正しく理解して解説できるため、冗長なコメントは不要です。

```python
def sieve_of_eratosthenes(n):
    """エラトステネスの篩のアルゴリズムを使って素数を求める"""
    primes = [True] * (n + 1)
    primes[0] = primes[1] = False
    # 素数を求める
    for i in range(2, int(n**0.5) + 1):
        # 素数の倍数を除外する
        if primes[i]:
            # 素数の倍数を除外する
            for j in range(i * i, n + 1, i):
                # 素数でないものを除外する
                primes[j] = False
    # 素数のリストを返す
    return [i for i in range(2, n + 1) if primes[i]]
```

　強いてコメントを残すならば、関数名を get_primes_upto のように修正して、コメントを Docstring に記述するような例も考えられるでしょう。本質的には、n のような変数名に対してコメントで意味を補うのではなく、**関数名や変数名を適切に命名することで、コメントを減らす**ことも重要です。また、適切な改行やインデントを使うことで、コードの可読性を向上させることもできます。

```python
def get_primes_upto(limit):
    """エラトステネスの篩を使用して上限までの素数を取得"""
    primes = [True] * (limit + 1)
    primes[0] = primes[1] = False

    # 素数の倍数を除外
    for i in range(2, int(limit**0.5) + 1):
        if primes[i]:
            for j in range(i * i, limit + 1, i):
                primes[j] = False

    # 素数のリストを生成
    return [i for i in range(2, limit + 1) if primes[i]]
```

開発初期段階では、コードの変更が頻繁に行われます。そのため、コードとコメントの整合性を保つことが困難になりがちです。整合性のないコメントは、AIツールによる誤った提案の原因にもなりえます。このような問題を避けるため、開発初期にはコード内のコメントやドキュメントを最小限に抑えることが賢明です。

──── コメントはAIが解説できない部分に焦点を当てる

コメントは、AIが解説できない部分に焦点を当てることが効果的です。業務ドメイン固有の情報やビジネスロジック、クラスの状態遷移、関数の振る舞いなどには、AIが持ち得ない情報が含まれている可能性があります。これらに適切なコメントを付けることで、AIの理解を助けることができるでしょう。

複雑な正規表現、アルゴリズム、数式などにもコメントを付けることをおすすめします。AIの精度が向上しても、最終的にコードを理解し、責任を持つのは人間の仕事です。的確なコメントは、AIがコードを解説する際のハルシネーションの可能性を減らし、その発生に気づく手がかりにもなります。

以下は、複雑な正規表現にコメントを付けた例です。

```
# 複雑な正規表現の説明は、コメントで補足する
# RFC2822に準拠し、+で連結されたメールアドレスも許可する
email_regex = re.compile(
    r"([A-Za-z0-9]+[.-_+])*[A-Za-z0-9]+@[A-Za-z0-9-]+(\.[A-Z|a-z]{2,})+"
)
```

コメントを書く際は、以下の点に留意しましょう。

- コメントは簡潔に
    - 長すぎるコメントは、かえってコードの理解を妨げる可能性があります。
- コメントは最新に保つ
    - コードを変更した際には、コメントも合わせて更新する必要があります。
- コメントはコードの意図を説明する

- コードの内容をそのまま説明するようなコメントは避けるべきです。

　不必要なコメントを増やせば増やすほど、コメントと実装の一貫性を保つことが難しくなります。AIによってコメントが一瞬で生成されるからといって、不必要なコメントを増やすことは、作業効率を損なうだけでなく、AIの精度を低下させる可能性があるため、注意が必要です。たとえば、最新の実装を反映していないコメントがあると、AIがそのコメントを参照して誤った提案を行う可能性があります。適切なコメントを心がけ、AIと協力しながら、より良いコードを書いていきましょう。

5.4.3　アノテーションを活用した意図伝達 Practice

別名：型ヒント、関数アノテーション

　アノテーションや型ヒントは、AIにコードの意図を明確に伝える強力なツールです。これらを活用することで、コードの保守性や可読性が向上し、それと同時に生成されるコードの品質と一貫性の向上も期待できます。動的型付け言語であるPythonでは、アノテーションを使用することで関数の引数や戻り値に関する情報を明示的に提供できます。

　以下は、Pythonでアノテーションを使用する具体例です。関数の引数や戻り値に関する情報を提供しています。これにより、AIはコードの意図をより正確に理解し、適切な提案を行います。

```
def calculate_tsubo_price(price: "円", area: "平米") -> "円":
    """坪単価を計算する"""
    return price / (area / 0.3025)
```

　型ヒント（型アノテーション）[7]を使用すると、関数や変数の型に関する情報をより詳細に提供できます。

```
def multiply(x: int | float, y: int | float) -> int | float:
    return x * y
```

---

*7　https://docs.python.org/3/library/typing.html

Pythonでは、アノテーションは基本的にコードの動作に直接影響を与えませんが、エディターでの開発時に活用されます。エディターのプラグイン機能を使えば、AIの誤った提案に対して警告を出すこともできます。これにより、開発者はより効率的にコードを書くことができ、エラーを早期に発見できます。言語やバージョンによって表記や挙動が異なる場合があるため、詳細は各種ドキュメントを参照してください。

ただし、アノテーションは補完的な情報提供のためのものであり、コード自体は自己説明的であるべきです。適切に使用しないと、かえって混乱を招く可能性があります。たとえば、変数名が十分に意図を表現している場合、同じ内容をアノテーションで重複して表現するのは避けるべきです。

以下は、引数名で表現すべき情報をアノテーションで重複して表現している良くない例です。

```python
def concatenate(x: "prefix", y: "content", z: "suffix") -> "concatenated content":
    return x + y + z
```

一方、次の例では簡潔かつ明確にアノテーションを使用しており、効果的です。

```python
def concatenate(prefix: str, content: str, suffix: str) -> str:
    return prefix + content + suffix
```

最後に、コードの変更に伴ってアノテーションの更新を忘れないよう注意が必要です。更新を怠ると、コードの意図と実際の挙動が食い違う可能性があります。アノテーションを適切に活用することで、AIとの協働をより効果的に行うことができるでしょう。

5.5 AIが持つ知見を最大限に引き出す

　AIの知見を最大限に活用することは、AIを使いこなす上で非常に重要なポイントです。AIは膨大な知識を持っているため、それを上手に引き出すことができれば、エンジニアリングにおいて大きな助けになります。適切な質問と指示を含むプロンプトにより、AIの持つ幅広い知識や経験を効果的に活用し、問題解決や創造的な発想につなげることができます。

　たとえば、特定の配列を並び替える関数を実装する際、AIに実装を依頼することで、さまざまなアルゴリズムを提案してもらえます。クイックソート、マージソート、ヒープソートなど、異なる特性を持つ複数のアルゴリズムを比較検討できるでしょう。これにより、自分では思いつかなかったようなアプローチを発見し、最適な解決策を選択する機会が得られます。さらに、各アルゴリズムの長所短所や適用場面についての説明を求めることで、より深い理解につながります。

　ただし、AIの知識に頼りすぎることには注意が必要です。AIは時として誤った情報や古い情報を提供することがあるため、得られた情報は常に批判的に評価し、必要に応じて他の信頼できる情報源と照合することが重要です。特に、最新の技術動向や特定の製品に関する情報は、AIの知識が更新されていない可能性があることを念頭に置く必要があります。

　AIの持つ知識を効果的に活用するためには、自分の**情報ニーズ**をしっかりと認識することが何よりも大切です。AIに質問をする際は、目的を明確にし、具体的で焦点の絞られた質問を心がけましょう。また、得られた回答を適切に評価し、自分の課題や目的に合わせて活用することが重要です。たとえば新しい技術の概要を理解したい場合、「この技術の主な特徴と利点を3つ挙げてください」というように、具体的な内容を聞くための指示を与えることで、より有用な情報を引き出せます。AIに知識を問うアプローチは**Zero-shotプロンプティング**とも呼ばれますが、その具体的な方法を理解し、うまく活用していくことが求められます。

5.5.1　情報ニーズに応じたツール選択 Practice

　情報アーキテクチャの分野では、情報ニーズを4つのタイプに分類しています。これらのタイプを理解することは、AIツールを効果的に活用する上で非常に重要です。各ニーズを意識することで、開発の各場面で適したツールを選択できます。

　情報ニーズの4つのタイプは以下のとおりです。

タイプ	概要
既知情報探索	知っている情報にアクセスしたい
探究探索	自分が探しているものを把握していない中で探したい
全数探索	全ての情報をくまなく探したい
再検索	以前に見つけた情報を再度見つけたい

　すでに知っている情報を探す**既知情報探索**や、一度見たことのあるものを探す**再検索**のタスクであれば、AIは開発者の作業時間を大幅に削減します。

　たとえば、特定の関数の使い方を思い出したいとき、AIに質問するとすばやく情報を得られます。ただし、これはAIの回答の正確性を判断できる場合や、もしくはエディターの機能で関数の存在確認やシンタックスチェックを行うことができる場合に限ります。このような状況では、AIを高度な検索エンジンに見立てて活用し、作業効率を向上させることができます。一方、探究探索や全数探索のタスクでは、生成AIを検索エンジンに見立てることには慎重になったほうが良いでしょう。

　以下に、各検索ニーズに対する適切なツールの例を示します。正しいツールを選択することで、効率的に情報を取得できます。

タイプ	ニーズ例	ツール例
既知情報探索	特定のクラスの持つ関数を探したい	Intellisense
探究検索	特定の言語での標準ライブラリにおける挙動を確認したい	開発支援AIツール、公式ドキュメント

タイプ	ニーズ例	ツール例
全数検索	プロジェクト全体の依存関係を確認したい	IDE の解析ツール、Visual Studio Map dependencies
再検索	前のプロジェクトで使ったコードを再利用したい	開発支援 AI ツール、IDE 内での検索

タスクに対して使用すべきツールは、開発者の知識や経験によっても異なります。AI がいくら高性能でも、使い方を誤ると逆に効率が低下することがあります。そのため、自分のニーズと経験レベルに合ったツールを選択することが大切です。

5.5.2　創造性を引き出すオープンクエスチョン Practice

オープンクエスチョンとは、AI に自由な発想で回答させる質問方法です。答えの選択肢を限定せず、AI の創造性を最大限に引き出すことができます。**開発支援 AI ツールを使いこなすには、オープンクエスチョンを適切に使って、AI に発散を促す**ことが効果的です。

オープンクエスチョンの例としては、以下のようなものがあります。

- JSON のオブジェクトをパースする方法を教えてください。
- N+1 問題を解決する方法を教えてください。
- この関数のユニットテストについて、どのようなパターンがありますか？
- この関数のよくない点を教えてください。

オープンクエスチョンを使用する際は、質問に意図しない文脈が含まれていないか注意が必要です。たとえば、対話型 AI ツールを使用中に、過去の会話で Python に関する質問をしていた場合、AI は Python に限定して回答を生成する可能性があります。自動補完型 AI ツールの利用中に、特定のライブラリが自動で参照される可能性もあります。AI にバイアスをかけたり、特定のフレームに絞って質問をしたりすることは、AI の発散を妨げる可能性があります。

オープンクエスチョンで得た回答を採用する自信がない場合は、AI との

対話を一通り行った後に、自分で追加調査をすることをおすすめします。AIとの対話を通じて問題解決のヒントを得ることで、より効果的な解決策を見つけることができるでしょう。

5.5.3 数量指定によるAI発想促進 Practice

AIからアイデアを引き出す際、選択肢が少なかったり説明が不十分だったりすることがあります。このような状況を改善するには、欲しいアイデアの数を具体的に指定することが効果的です。数を明示することで、AIはより多くの提案を生成しようと努力し、結果として多様なアイデアを得られます。

- この関数の問題点を10個以上挙げてください。
- この関数のユニットテストのパターンを10種類以上示してください。
- N+1問題の解決方法を3つ以上提案してください。

このように数を指定することで、AIは指定された数以上のアイデアを生成しようと試みます。その結果、通常では思いつかないような斬新なアイデアや、より深い洞察を得られる可能性が高まります。また、多くのアイデアの中から最適なものを選択したり、複数のアイデアを組み合わせたりすることで、より求める解に近づけるでしょう。

5.5.4 AIからの未探索アイデア抽出 Practice

問題点やテストケースを探索的なアプローチで求める際には、なるべく多くの観点を網羅したいものです。しかし、AIから十分なアイデアが得られないこともあります。その原因としては以下のような理由が考えられます。

- 提供した情報が不十分である
- そのプロンプトを元に引き出せる情報の上限に達した
- AIが出力を繰り返すうちに、自分の出力を元に新しい出力を出すループに

入り、新しいアイデアを出すことが難しくなっている

このような状況では、意図、文脈、コンテンツのどこに問題があるかを特定し、新しい切り口を模索しましょう。たとえば以下のようなプロンプトを考えてみましょう。

> この関数のテストコードを書く際のパターンを3つ以上示してください

このプロンプトでは、多様なテストパターンが期待されていますが、AIが似たような回答を繰り返すことがあります。たとえば、確認事項が重複した以下のようなテストコードが生成される可能性があります。

```python
class TestMultiply(unittest.TestCase):
    def test_multiply_positive(self):
        """正の整数の乗算テスト"""
        self.assertEqual(multiply(1, 1), 1)
        self.assertEqual(multiply(1, 2), 2)
        self.assertEqual(multiply(2, 1), 2)
        self.assertEqual(multiply(2, 2), 4)
        self.assertEqual(multiply(2, 3), 6)
        # 省略（以下、ほぼ同じテストコードが続く）
```

AIから新しいアイデアを引き出すには、以下のプロセスが効果的です。

1. できるだけ多くAIに提案させる
    - この時に出力項目のカテゴリを同時に考えてもらうといい
2. 出力の重複や不要な情報を削除し、並び替える
    - 量が多い場合はチェック項目をリスト形式からテーブルに変換し、カテゴリごとタグごとに並び替えることで、質問項目の分布の偏りが判別可能
3. 内容が不足するカテゴリについて、AIに再度提案させる

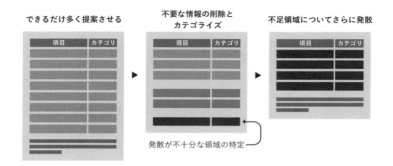

図5.2 発散と分類を繰り返し、不足する領域を見つけるプロセス

　何度試行してもアイデア数が不十分な場合は、環境のリフレッシュや、禁止事項の設定が効果的です。
　これらの方法を適切に組み合わせることで、AIからより多様で有用なアイデアを引き出すことができます。常に新しい視点を取り入れ、AIとの対話を工夫していきましょう。

■——— 網羅性を保証する魔法のキーワードはない
　「プロンプトに特定のキーワードを入れると、より良い回答が得られる」というテクニックが紹介されることがあります。プロンプトの設計において、特定のキーワードを入れるテクニックは回答の精度向上に有効な場合がありますが、生成AIの**網羅的な出力を保証する魔法のキーワードはありません**。
　たとえば、以下のキーワードは一見すると意味があるように見えます。しかし、AIに**MECE**などの言葉を使っても、AIは本質的には次の文字を予測するだけで、平気で嘘をつきます。

- このコードの全体を見て、チェックすべき観点は何ですか。
- このテストケースに網羅性を持たせるために、チェックすべき観点は何ですか。

- アイデアをMECEで考えてください。

そのため、机上でワードチョイスを考えるよりも、まずはAIにアイデアを発散させることを優先しましょう。

5.5.5　アイデア評価のためのチェックリスト生成 Practice

AIはアイデアを発散させることができる一方で、収斂させることは苦手です。収斂には意思決定が伴い、責任が伴います。どんなときでも**最終的に責任を持つのは人間**ということは、AIを使う際、常に心にとどめておくべきです。

しかし、最終的に収斂させるのは人間だとしても、AIが収斂の作業を助けてくれる存在であることは間違いありません。たとえば、以下のようなチェックリストを出力することで、人間が意思決定をする際のサポートができます。

- この関数のユニットテストについて、カバレッジを確認するためのチェックリストを作成してください。
- コーディングスタイルが適切かどうかを確認するためのチェックリストを作成してください。
- 詳細設計書と比べ、実装が適切かどうかを確認するためのチェックリストを作成してください。
- モデルのバリデーションが適切かどうかを確認するためのチェックリストを作成してください（MVCのフレームワークに対して）。

このチェックリスト自体も「AIからの未探索アイデア抽出」プラクティスを使い、さらにバリエーションを増やすことができます。

COLUMN

AIに提案された実装方法を疑う

大前提として、AIからの提案を無批判に受け入れることは避け、**常に慎重に**

吟味する姿勢が重要です。AIを疑う視点を持ちましょう。AIの提案がハルシネーションしていないことを確認するとともに、それがベストな方法かどうかも併せて検討しましょう。AIは数多くの実装方法の中から一つを選択して提案しているだけです。

また、ユーザーの意図が明確でない場合、AIは適切な提案ができないことがあります。したがって、ユーザーは意図を明確に伝える必要があります。

たとえば、次のPython関数で引数が数値のみを許容するよう修正する指示をAIに与えたとしましょう。

 引数が数値のみを許容するように修正してください
```python
def multiply(a, b):
    return a * b
```

この指示は適切でしょうか。
実際には、数値のみを許容する方法は複数あります。

- `isinstance()`による型チェック
- `try-except`ブロックを使用した変換可能性のチェック

どの方法が最適かを判断するためには、**目的を明確に伝えること**が重要です。いくつかの方法を示します。

以下は、引数がPythonの**数値型**であるかをチェックする方法です[a]。

```
value = "10"
if isinstance(value, (int, float, complex)):
    print("値は数値型")
else:
    print("値は非数値型")

# value = 10     → 値は数値型
# value = "10"   → 値は非数値型
# value = "1e1"  → 値は非数値型
```

Pythonにはオブジェクトの型を確認するために2つの関数、`isinstance()`と`type()`関数がありますが、動作が異なります。

- isinstance()関数：オブジェクトが指定したクラスまたはその継承クラスのインスタンスであれば、Trueを返します。
- type()関数：オブジェクトのクラスが指定したクラスと完全に一致するときのみ、Trueを返します。

Pythonでは、ダックタイピング[*b]という考え方が一般的です。オブジェクトの振る舞い（メソッドやプロパティ）にもとづいて判断することを重視するため、isinstance()関数を使った型チェックが推奨されています。

以下は、引数が**数値に変換可能**かどうかをチェックする方法です。

```
value = "10"
try:
    value = float(value)
    print("値は数値に変換可能")
except ValueError:
    print("値は数値に変換不可能")

# value = 10    → 値は数値に変換可能
# value = "10"  → 値は数値に変換可能
# value = "1e1" → 値は数値に変換可能
```

他にも正規表現でのチェックや、16進数への対応など、多様な方法が考えられます。これらの実装方法はそれぞれに適した場面があるため**目的に応じて方法を使い分ける**、正しい方法の選択をしていく必要があります。

たとえば、型チェックを期待するのであれば、「数値のみを許容する」ではなく「型のチェックを行う」とAIに伝えましょう。具体的な指示によって、AIはより適切な提案を行いやすくなります。

---

*a　1e1は指数表記で、10と等価です。

*b　オブジェクトの型を明示的に宣言せず、必要なメソッドや属性を持っているかどうかで判断する柔軟な型システムのアプローチです。「アヒルのように歩き、鳴くなら、それはアヒルだ」という考え方にもとづいています。

第6章
AIの力を引き出す開発アプローチ

6 AIの力を引き出す開発アプローチ

　第5章では、AIとの協働におけるコードの書き方やスタイル、基本的な情報を引き出すアプローチについて学びました。本章では、より広範な開発のアプローチや、AIを使ってコードの品質を向上させる方法について学びます。AIの特性を考慮したコード設計から、品質向上のための具体的な手法まで、幅広く解説します。

　本章で取り上げる主なトピックは、AIに適したアーキテクチャの設計方法です。また、AIを用いたユニットテストの生成技術や、AIによるコードレビューの効率化手法も紹介します。これらの手法を駆使することで、開発の生産性と品質を大幅に向上させることが可能となります。

　従来のソフトウェア工学の知見とAIの最新技術を組み合わせることで、これまでにない新しい開発スタイルを確立できる可能性があります。AIとの協働は、単なるコーディング支援にとどまらず、開発プロセス全体を見直す契機となります。

6.1 AIに適したコードアーキテクチャ

　AIと協働しやすいコードの形を考えるとき、それは同時に**自分がレビューしやすいコード**であることが求められます。AIはどんどんアイデアを出してくれますが、人間が時間あたりレビューできるコード行数には限りがあります。なるべくレビューしやすいコードの断片をAIに提案してもらいやすいように、コードの構造を工夫することが効果的です。

　リファクタリングの際も同様です。リファクタリングとは、**コードの振る舞いを変えずに内部構造を改善すること**を指します。可読性や保守性、拡張性の低い複雑なコードは、バグの原因となりやすいため、継続的なリファクタリングが必要不可欠です。また、AIとリファクタリングを実施する際には、AIがコードを壊さないように注意しながら進める必要があります。

　このセクションでは、AIと効果的に協働するためのコードの書き方について、具体的なポイントを解説します。

6.1.1　ネストの削減によるAI協働の効率化 Practice
別名：ガード節の活用、早期リターン

　AIは深いネスト構造を持つ複雑なコードを扱えますが、どれだけ深くてもいいというわけではありません。**ネストが深くなるほどAIとの協働が難しくなります**。AIにとっても人間にとってもネストが深いコードは扱いづらいからです。

　この問題を解決するために、**ガード節を使ってネストを減らす**ことが効果的です。ガード節とは、関数やループの冒頭で処理しない条件をチェックし、該当する場合には即座に処理を終了または次のステップに進める技法です。これにより、メインロジックをフラットに保ち、AIとの協働をしやすくします。

　深いネスト構造の悪い例を見てみましょう。

```python
# 悪い処理
if <条件>:
    # 処理 A
    if <条件>:
        # 処理 B
        if <条件>:
            # ...
            # 該当処理
```

　たとえば、何百行にもなるような複雑なネスト構造のコードがあったとします。そのときに、「**この該当処理のところ"だけ"を変更したい**」とAIに伝えることは面倒な作業です。また、AIが出力したネストの深いコードを何度もレビューして、テストすることは人間にとっても負荷が高い作業です。AIが他の箇所を書き換えないか監視をし、他の部分への影響を考慮しながら、AIにコードを変更させる必要があります。

　そこで、ネスト構造の中の処理をガード節を使って書き換えてみましょう。そうすると、AIに必ずしもネスト構造全体を渡す必要がなくなり、特定の箇所だけを変更するように指示することが容易になります。

　ガード節を使用して改善した例を見てみましょう。

```
# 良い処理
if not <条件>:
    return  # または continue/break、状況に応じて
# 処理 A

if not <条件>:
    return  # または continue/break
# 処理 B

if not <条件>:
    return  # または continue/break
# ...
# 該当処理
```

ガード節を活用することで、多くの場合でコードの可読性を向上させることができます。ただし、ifとelseの両方が正常系である場合は、ガード節が適切でないこともあるので、状況に応じて使い分けましょう。

6.1.2　AIに触れさせないコードの分離 Practice

別名：計算ロジックの分離

AIを活用したプログラミングでは、AIが苦手とする複雑なロジックやアルゴリズムの生成に課題があります。**AIによるコード変更から重要なロジックを守るために、計算ロジックを意図的に独立させる**ことをおすすめします。これにより、コードの保守性と可読性が向上し、リファクタリングなどの作業においてAIがコードを書き換えた際に、変える必要のない計算ロジックが変更されるリスクを軽減できます。

具体例として、自然言語処理システムのスコア計算処理を見てみましょう。まず、スコアの計算ロジックが他の機能と混在している例を示します。

```python
def calculate_score(data):
    """データに基づいてスコアを計算し、処理されたデータを返す"""
    if data['type'] == 'A':
        score = data['value'] * 2
    elif data['type'] == 'B':
        score = data['value'] * 3
    elif data['type'] == 'C':
        score = data['value'] * 5
```

```
    else:
        score = data['value']
    
    # 中略：他の処理
    
    processed_data = process_data(data)
    return score, processed_data
```

このコードは複数のif文を含み、AIが提案する変更が仕様と整合するか確認するのが困難です。そこで、計算ロジックを分離することで、AIとの協働がしやすいコードベースを作成できます。

以下は、スコアの計算ロジックを分離した例です。

```
def calculate_score(data):
    """スコアを計算し、データを処理する関数"""
    score = _calculate_score_logic(data)
    
    # 中略：他の処理
    
    processed_data = process_data(data)
    return score, processed_data

def _calculate_score_logic(data):
    """データタイプに基づいてスコアを計算する内部関数"""
    if data['type'] == 'A':
        return data['value'] * 2
    elif data['type'] == 'B':
        return data['value'] * 3
    elif data['type'] == 'C':
        return data['value'] * 5
    else:
        return data['value']
```

上記では、calculate_score関数からスコアの計算ロジックを分離し、_calculate_score_logic関数として独立させました。この改善により、AIがcalculate_score関数を変更しても、スコアの計算ロジックは影響を受けません。

AIの支援を受けながらコードを分離する際は、以下の点に注意しましょう。

- 関数の構成：関数内の処理を意味のあるグループに分ける。
- 役割の変更：関数の責務を明確にするために役割を変更する。
- 順番の再編成：処理の順番を変更してコードの流れを改善する。
- 単純化：複雑な処理をより単純な処理に置き換える。

これらの観点で改善点を挙げるよう、AIに以下のように指示をすることで具体的な提案を得られます。

> 以下の関数に対して、構成、役割変更、順番の再構成、単純化の観点で改善点を挙げてください

このプラクティスは、開発初期段階で特に有効です。実験段階やプロトタイプ作成時は、コード構造やロジックの分離がおろそかになりがちです。また、包括的なテストも不足しがちです。早い段階でロジックを分離しておくことで、AIに躊躇なくコード変更の提案を行わせることができます。

複雑なアルゴリズム以外にも、依存関係の多いコードも分離の対象となります。同時に、DRY原則（Don't Repeat Yourself、同じコードを繰り返さない）を意識することで、コードの品質向上にもつながります。

一方、以下の場合は無理に分離する必要はありません。

- テストが十分に用意されているコード
- レビューが容易なコード
- 頻繁に変更されることのないコード

これらのケースでは、既存のコード構造を維持する方が効率的な場合があります。

AIの進化により、将来的にはより複雑な論理的問題への対処が期待されます。しかし、最終的な確認は依然として人間の役割です。そのため、AIに触れさせたくない重要な部分は、事前に分離しておくことが大切です。

> **KEYWORD**
>
> **DRY原則（Don't Repeat Yourself）**
>
> DRY原則とは、ソフトウェアの設計原則の一つで、同じコードを繰り返し書くことを避けることを指します。同じコードを繰り返し書くことで、コードの保守性が低下し、バグの原因となる可能性が高まります。DRY原則を守るためには、共通の処理を関数やクラスにまとめるなどして、同じコードを繰り返し書かないようにします。

6.1.3　将来の拡張を考慮したコード設計 Practice

　将来の拡張に備えてコードを設計することも大切です。生成AIは発散が得意ですが、収斂は苦手です。つまり、既存のコードを真似して新しいコードを生成することは得意ですが、既存のコードを改変する意思決定を行うことは苦手です。既存のコードを改変せずに、新しいコードを追加できるようにすることには以下のようなメリットがあります。

- 既存のコードに影響を与えるリスクが低くなる。
- コードの保守性や拡張性が向上する。
- コードの品質が向上する。

　AIによるコード生成が開発のスピードをあげる中で、既存の資産が開発スピードを妨げる要因にならないようにすることが重要です。

　たとえば、異なるタイプの支払い方法を処理するJavaの請求システムを考えてみましょう。最初はクレジットカードのみをサポートしていますが、将来的にはQR決済など、他の支払い方法もサポートしたくなるかもしれません。

　まず、`PaymentGateway`というインターフェイスを定義します。このインターフェイスは、全ての支払い方法が実装すべき`handleTransaction`メソッドを持っています。

```
interface PaymentGateway {
    void handleTransaction(double amount);
}
```

次に、クレジットカード用の`CreditCardPaymentHandler`クラスを実装します。

```
class CreditCardPaymentHandler implements PaymentGateway {
    @Override
    public void handleTransaction(double amount) {
        // クレジットカードの支払い処理
    }
}
```

将来的にQR支払いをサポートしたい場合、新たに`QRPaymentHandler`クラスを`PaymentGateway`インターフェイスを実装して追加するだけです。

```
class QRPaymentHandler implements PaymentGateway {
    @Override
    public void handleTransaction(double amount) {
        // QRの支払い処理
    }
}
```

このように、新しい支払い方法を追加するために既存のコードを変更する必要はありません。新しいクラスを作成し、`PaymentGateway`インターフェイスを実装するだけで済みます。

この原則はOCP（Open-Closed Principle）とも呼ばれ、ソフトウェアの保守性や拡張性を向上させるために重要な設計原則の一つです。AIがコードを生成する際に、既存の実装を使って新しいコードを簡単に追加できるように設計することが効果的です。

KEYWORD

OCP原則（Open-Closed Principle）

OCP原則とは、ソフトウェアの設計原則の一つで、ソフトウェアの機能を拡張する際に、既存のコードを変更せずに新しいコードを追加できるようにすることを指します。拡張に対してオープンである一方で、変更に対しては閉じているという意味から、Open-Closed Principle（OCP原則）と呼ばれています。こうすることで、既存のコードに影響を与えずに新しい機能を追加できるため、ソフトウェアの保守性や拡張性が向上します。

6.1.4　体系的なリファクタリング手法の適用 Practice

別名：クローズドクエスチョン変換

AIに質問を投げかける際、オープンクエスチョンでは「当たり前の解答」しか返ってこないことがあります。たとえば「リファクタリングをどのようにしたらいいですか？」と聞いても、AIは「コードの重複をなくす」「コードの複雑さを減らす」など、一般的な解答を返すだけかもしれません。その場合は、よく知られている「カタログ」や「リスト」を活用して解答の選択肢を限定することで、AIからより具体的な提案を引き出すことができます。

たとえば、Thoughtworks社が提供している「リファクタリングカタログ」という包括的なリストを活用してみましょう。「リファクタリングのアイデアをください」と聞くのではなく、以下のように「包括的なリファクタリングのリストに従い確認をする」という具体的な内容にリフレーム[*1]することで、AIはより具体的な提案ができます。

[*1] リフレームとは、問題のとらえ方を変えることで新たな解決策を見つける手法です。ここではAIに対して、「リファクタリングカタログ」という枠組み（フレーム）を与えており、AIにより具体的な提案を引き出すことを目指しています。

6 AIの力を引き出す開発アプローチ

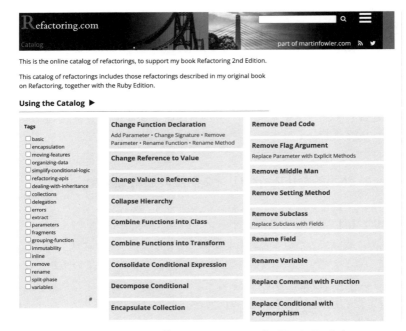

図6.1 Thoughtworks社のRefactoring.com（by Martin Fowler）

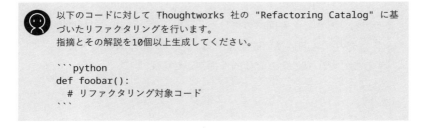

以下のコードに対して Thoughtworks 社の "Refactoring Catalog" に基づいたリファクタリングを行います。
指摘とその解説を10個以上生成してください。

```python
def foobar():
    # リファクタリング対象コード
```

　このタイミングで、**オープンクエスチョンがクローズドクエスチョンに変換されている**ことに注目してください。ここでは「Thoughtworks社のリファクタリングカタログの中から選択する」という具体的な指示を出しており、AIにとってもより具体的な提案をしやすくなります。もちろんハルシネーションを起こす可能性がありますので、その点は気をつける必要

があります。

ソフトウェア開発業界には、さまざまなカタログやリストが存在します。これらは各分野のベストプラクティスを集約したものであり、積極的に活用すべきです。

- Thoughtworks社のリファクタリングカタログ（Martin Fowler）[2]
- Smells to Refactorings Quick Reference Guide[3]
- Refactoring to Patterns[4]
- GoFのデザインパターン[5]
- Dustin Boswell と Trevor Foucher による The art of Readable Code（オライリー社のリーダブルコード）[6]

開発支援AIツールを使ってリファクタリングを行う際は、これらの資料を参照しながら、**何を改善したいのかを明確にする**ことが大切です。そうすることで、AIに適切な命令を与え、望むような結果を得ることができるでしょう。

リファクタリングを効果的に行うためには、**適切な指標とリファレンスを参照すること**が重要です。適切な指標とリファレンスは、コードの改善ポイントを批判的に探し出すためのアンカーになってくれます。

また、カタログ名を渡しただけで具体的な提案が返ってこない場合、カタログの目次をプロンプトに含めたり、特定のリファクタリングテクニック名を指定することで、より具体的な提案を引き出すことができます。

以下のコードに対して 以下のRefactoring Catalogの観点で指摘してください。
- Change Function Declaration

---

[2] https://www.refactoring.com/catalog/index.html
[3] https://www.industriallogic.com/img/blog/2005/09/smellstorefactorings.pdf
[4] https://silab.fon.bg.ac.rs/wp-content/uploads/2016/10/Refactoring-Improving-the-Design-of-Existing-Code-Addison-Wesley-Professional-1999.pdf
[5] https://en.wikipedia.org/wiki/Design_Patterns
[6] https://www.oreilly.co.jp/books/9784873115658/

```
- Change Reference to Value
<!-- 中略 -->

```python
def foobar():
    # リファクタリング対象コード
```
```

大切なことは、必要な知識を適切なタイミングで引き出せることです。効果的なリファクタリングと品質の高いコード開発につながります。そのためには、これらの資料をフレームワークとして活用し、学びを深めていくことが効果的です。

6.1.5　小規模OSSの再実装 Practice

オープンソースライブラリは便利な反面、**過度に依存すると思わぬ問題に直面する可能性**があります。一見便利そうでも、実は自分自身で書いた方が良いコードもあるのです。**AIが簡単に生成できるようなコードは、オープンソースソフトウェアに頼るよりもAIに任せた方が賢明です。**

私たちは長年、車輪の再発明を避けるべきだと教えられてきました。しかし、これはオープンソースのコードを無条件で使うことを意味するわけではありません。オープンソースソフトウェア利用の是非は、ケースバイケースで慎重に判断する必要があります。

たとえば、以下のGitHub ActionsにおけるCI/CDのコードを見てみましょう。この例では、オープンソースで公開されているアクションを使用してIssueを作成しています。手軽に使えるのは魅力的ですが、本当にそれを使うのが最適なのかは慎重に検討する必要があります。以下はIssueを作成するためにマーケットプレイスのアクションを使用している悪い例です[7]。

---

[7]　このMarketplace Actionの例は架空のものです。

```
- name: Create an issue
  uses: foo_bar/create-issue@main
  with:
    token: ${{ YOUR_TOKEN_HERE }}
    title: Simple test issue
    body: 新しい Issue が作成されました
```

　この例は、サードパーティのオープンソースコードに依存しているため、そのコードがメンテナンスされなくなった場合には、CI/CDプロセスが停止する可能性があります。また、処理内容も特別なものではなく、公式CLIを使っても同様の処理が可能です。そのため、以下のように公式CLIである gh[*8] コマンドを使ってIssueを作成するように変更することが望ましいでしょう。

```
- name: Create an issue
  run: gh issue create --title "Simple test issue" --body "新しい Issue が作成されました"
```

　もしくは、GitHub Actions には単純にコードを記載できる GitHub Script[*9] があるので、それを使用するのも良いでしょう。これにより、サポート、メンテナンス、セキュリティの面でもメリットがあるでしょう。

　オープンソースのプロジェクトには、自分で開発すると数ヶ月かかるような機能を数行のコードで実現できるものがあります。一方で、中身を見ると、実際には1日もかからずに書けるようなものや、サービスの公式APIを単純にラップしただけのものもあります。

　自分でAPIの仕様やCLIコマンドの使い方を調べるのは面倒に感じることもあるでしょう。しかし、古いブログ記事などを参考にしたり、中身のわからないオープンソースのプロジェクトに依存したりするよりは、最新の公式ドキュメントを参考に実装する方が賢明です。

　オープンソースのライブラリがメンテナンスされなくなると、プロダク

---

*8　https://github.com/cli/cli
*9　https://github.com/actions/github-script

ションのコードに支障をきたす可能性があるほか、最悪な場合はセキュリティリスクを引き起こす可能性もあります。オープンソースライブラリの使用については、影響範囲や実装・メンテナンスの工数に応じて慎重に判断すべきです。一つの確固たる答えは存在しませんが、AIを活用してオープンソースコードの一部を自分たちで再実装することも一つの選択肢です。

COLUMN

left-pad問題の教訓

2016年に起きたleft-pad問題をご存じでしょうか？npmからleft-padライブラリが削除されたことで、これに依存する多くのライブラリが正常に動作しなくなりました。left-padは、指定された文字数または指定がない場合にスペースで文字列の左側を埋めるだけの単純なJavaScriptライブラリです。実際には以下のように数行程度のコードで構成可能なものでした。

```javascript
// パディング文字（デフォルトは空白）を必要な回数繰り返し、元の文字列の前に追加
function leftpad(string, length, char = ' ') {
  return String(char).repeat(Math.max(0, length - string.length)) + string;
}
```

私たちは時に面倒くさがって、自分が単純なコードですら書きたくないという気持ちから、そうしたライブラリに手を出してしまいます。オープンソースライブラリを使うことは、一見すると開発を楽に進められそうに思えます。しかし、安易にオープンソースに頼りすぎると、長期的にはかえって維持管理のコストがかかることもあります。

たとえばleft-pad問題では、わずか数行のコードを提供するだけのライブラリに多くのプロジェクトが依存していたために、そのライブラリが突如削除された時に多くの関係者に大きな混乱が生じました。

6.2 AIを活用したコード品質向上

　生成AIはプログラミングの世界に革新をもたらしていますが、生産性向上とコード品質確保のバランスが新たな課題となっています。品質の高いコードを書くには、開発者自身によるテスト作成が重要です。**AIに実装を先にしてもらい、その後でテストを書くように指示しても、生成されるテストは実装に依存してしまいます**。実装をもとに通るテストを生成したとしても、それが本当に必要なテストケースであるかどうかは別問題です。

　開発支援AIツールはユニットテストの生成を容易にします。しかし、「テストコードを書いて」と直接依頼するのではなく、まずは必要なテストケースの検討から始めましょう。テストケースを先に実装することで、テスト駆動開発（TDD）のアプローチも可能になります。

　AIによって生成されたテストケースは網羅性に欠けたり、期待と異なる場合があります。そこで、デシジョンテーブルや状態遷移図などのテスト設計技法を活用し、AIが生成するテストコードの品質を高めていくことが効果的です。

　AIと協働してテストを作成する効果的な手順は以下のとおりです。

1. 発散：テストケースのパターンを生成してもらう
2. 整理：パターンの整理をAIに依頼し、人間がレビューする
3. 収斂：網羅されたテストケースを絞り込む
4. 選択：テストケースを選別する
5. 実装：AIにテストコードを実装させる

各ステップでは、以下のような手法を活用できます。

1. 発散：パターンをカテゴライズしやすいように、csvやMarkdown形式で出力してもらう

2. 整理：出力を整理する。必要に応じてExcelなどで整理し並べ替える
3. 収斂：テストケースを絞り込むために、ペアワイズ法などでビジュアル化する
4. 選択：人間がレビューして必要なテストケースを選別
5. 実装：AIに整理後のリストを渡し、テストコードを生成してもらう

AIは、テスト設計の発散作業を助けてくれますが、**最終的なテストケースの選別は人間が行います。**

AIは収斂と選択における意思決定のサポートも可能です。たとえば、箇条書きでテストケースを羅列するよりも、テストケースをテーブルやMermaidで可視化してもらうことで、網羅性の確認が容易になります。AIとより良いテストを書くには、AIの出力を人間が理解しやすい形に変換し、適切にレビューする作業を繰り返すことが効果的です。

6.2.1 AIを活用したユニットテストの生成 Practice

ユニットテストはコードの最小機能単位（ユニット）が意図したとおりに動作することを確認するために不可欠です。しかし、包括的なテストの作成には多くの時間と労力が必要とされ、開発者にとって負担となることがあります。AIを活用することで、開発者はアプリケーションのユニットテストの作成を効率化できます。

たとえば、簡単なPython関数に対するユニットテストの自動生成を考えてみましょう。以下のような乗算を行う関数があるとします。

以下のPython関数に対する単体テストを生成してください。
```python
def multiply(x, y):
    return x * y
```

この関数に対してAIにユニットテストの生成を依頼すると、多くの場合、次のようなテストコードが生成されます。

```python
# AIが生成したテストコード
import unittest

class TestMultiply(unittest.TestCase):
    def test_positive_numbers(self):
        """正の整数の乗算をテスト"""
        self.assertEqual(multiply(3, 4), 12)
        self.assertEqual(multiply(5, 7), 35)

    def test_negative_numbers(self):
        """負の整数を含む乗算をテスト"""
        self.assertEqual(multiply(-3, 4), -12)
        self.assertEqual(multiply(5, -7), -35)

    def test_zero(self):
        """ゼロを含む乗算をテスト"""
        self.assertEqual(multiply(0, 5), 0)
        self.assertEqual(multiply(3, 0), 0)

    def test_float_numbers(self):
        """小数を含む乗算をテスト"""
        self.assertAlmostEqual(multiply(2.5, 4), 10.0)
        self.assertAlmostEqual(multiply(3, 1.5), 4.5)

if __name__ == "__main__":
    unittest.main()
```

　AIがテストの骨組みを生成することで、エンジニアはテストコード作成にかかる時間を大幅に短縮できます。ただし、AIの提案するテストケースには不足がある場合もあります。開発者はAIの提案をベースに、追加のテストケースを記述したり、エッジケースを考慮したりして、テストを洗練させていく必要があります。

　またテストケース洗練の際にも以下のようにAIに聞き直すことで、AIはその出力を振り返り、追加のアイデアを提供できます。AIは出力を振り返り、境界値のテスト、エラー処理のテスト、パフォーマンステストなど、考慮すべき点を提案してくれるでしょう。

 このテストに足りないテストケースは何ですか？

このテストには、いくつかの追加されるべき要素があります。具体的には、以下のような点が考慮されていないかもしれません:

境界値のテスト:境界値(たとえば、最小値、最大値、ゼロなど)の周りでの振る舞いをテストする必要があります。これにより、関数が境界値に対して正しく動作することを確認できます。
エラー処理のテスト:関数がエラーを適切に処理するかどうかをテストすることも重要です。たとえば、入力が無効な場合や想定されていない型の場合に関数がどのように振る舞うかを確認します。
パフォーマンスのテスト:関数が大きなデータセットに対して適切に処理されるかどうかを確認するテストも重要です。大きな入力に対する処理時間やメモリ使用量をテストすることが含まれます。

これらのテストケースを追加することで、より信頼性の高いテストスイートを作成できます。

AIが生成したテストコードはあくまで骨組みであり、開発者がテストケースを考えるハンドルを握らなければいけないことに注意が必要です。エンジニアはプロンプトにおいて、このようなケースを考慮するように指示する必要があります。

6.2.2 テスト条件の明確化 `Practice`

AIを活用してテストコードを生成する際、「該当コードのユニットテストを作ってください」というあいまいな指示では、生成されるコードが不十分であったり、プロジェクトの要件を満たさなかったりする可能性があります。そのため、テストフレームワークや生成するテストケースの数など、テスト条件を明確化する具体的な指示を与えることでより正確で包括的な結果を得ることができます。

具体的な指示を与えるためには、以下のような情報を提供することが効果的です。

- テストのフレームワークやライブラリなど、技術的な情報を提供する。
- 期待するテストケースの数を指定する。
- エラーケースやエッジケースを含む具体的な条件を示す。

以下は、具体的な指示を示すプロンプトの例です。

multiply() に対して、以下の条件を満たす単体テストを作成してください。
- unittestを使用してユニットテストを追加してください。
- エッジケースを含む少なくとも20種類の入力で関数の挙動をテストしてください。
- テストケースには、有効な入力、無効な入力、エラーケースなど、さまざまな条件を考慮してください。

```python
def multiply(x, y):
    return x * y
```

このようなプロンプトを与えることで、AIは指定されたフレームワークを使用し、有効/無効な入力の組み合わせを考慮したうえで、ユニットテストのコードを生成します。これによりテスト作成の効率が向上し、AIが生成するテストコードの品質が向上します。さらに、どのような具体的な指示を与えるべきかについて、AIに質問してみるのも効果的です。AIの提案を参考にすることで、より適切な指示を作成できる可能性があります。

6.2.3 網羅的テスト設計のためのデシジョンテーブル活用
Practice

　AIが生成するテストコードの品質を高めるために、テストケース設計にデシジョンテーブルを活用できます。まず、対象の関数に対してテストコードを直接生成させるのではなく、条件にもとづいてデシジョンテーブルを作成するようAIに指示します。その後、そのデシジョンテーブルをもとにテストコードの生成を促すことで、より網羅的で有効なテストコードの作成が可能になります。

　デシジョンテーブルを出力させることで、AIが生成したテストコードを直感的に理解・レビューしやすくなるというメリットもあります。

```
以下のデシジョンテーブルをMarkdownで作ること

条件
- 通常会員と VIP 会員がいる。
- VIP会員には常に10%オフが適用される。
- セール時にはそれぞれ、10%オフと20%オフが適用される。

出力フォーマット
- 行：条件及び、各割引率
- 列：パターンの番号
- コンテンツ：TRUE/FALSE, X
```

以下は、指定された条件にもとづいてAIが作成して、Markdownで出力されたデシジョンテーブルです。生成されたデシジョンテーブルを確認し、必要に応じて修正を加えます。

```
| 条件／割引率   | パターン1 | パターン2 | パターン3 | パターン4 |
|--------------|---------|---------|---------|---------|
| VIP会員       | FALSE   | FALSE   | TRUE    | TRUE    |
| セール時      | FALSE   | TRUE    | FALSE   | TRUE    |
| 通常価格      | X       |         |         |         |
| 10%オフ       |         | X       | X       |         |
| 20%オフ       |         |         |         | X       |
```

デシジョンテーブルを出力する際、出力スタイルに揺れがある場合は禁止事項：セルには Y, N, X 以外は絶対に入れないことのように、禁止事項を明確にして指示します。こうすることで、AIが生成するデシジョンテーブルの品質を向上させることができます。出力の安定性に関しては、本書のシステムプロンプトに関する説明も参考になりますので、読者のみなさんの好みに合うようにコントロールをしてみてください。

デシジョンテーブルを作ることで、あり得ない組み合わせに気づきやすくなるほか、結果に影響しない不要な列が含まれる場合は、それらを削除することで無駄なテストケースを省略できます。複雑なケースでは、段階的に複数のデシジョンテーブルを作成することも有効です。

内容を確認したら、デシジョンテーブルの出力をもとに、Pythonで書かれたcalculate_discount_price()関数のテストコードを実装してくださいと AI に指示

を出します。これにより、いきなり実装を求めるのではなく、テストファーストでコーディングを進められます。

```
import unittest

class TestDiscountCalculation(unittest.TestCase):
    def test_vip_non_sale(self):
        self.assertEqual(calculate_discount_price("VIP", False, 1000), 900)

    def test_vip_sale(self):
        self.assertEqual(calculate_discount_price("VIP", True, 1000), 800)

    def test_normal_member_sale(self):
        self.assertEqual(calculate_discount_price("通常会員", True, 1000), 900)

    def test_normal_member_non_sale(self):
        self.assertEqual(calculate_discount_price("通常会員", False, 1000), 1000)
```

　また、AIにテストコードを生成させた後、さらにデジションテーブルを作成させ、そのテストコードの網羅性の確認も可能です。たとえば上記のテストケースのうち1つを意図的に省略したうえで、以下のようなプロンプトをAIに与えることで、不足しているテストパターンを特定できます。

```
以下のテストコードを元にデジションテーブルを作成してください
不足しているパターンを補い、太字で表示してください

行：条件及び、各割引率
列：パターンの番号
セルに含めることができる文字：TRUE, FALSE, X

<!-- テストコード -->
```

　AIはテストを生成する際に網羅性が不足していることがあるため、デジションテーブルのようなフレームワークを活用し、テストケースの網羅性を確認することが大切です。心配な場合は勘に頼らず、デジションテーブ

ルのようなフレームワークを使うことで、テストケースの網羅性を確認しましょう。

6.2.4 状態遷移図を経由したテストコード生成 Practice

状態遷移を確認するために、AIに状態遷移図を出力させ、その図をもとにテストケースを確認し、テストコードを生成させることもできます。

Mermaidには stateDiagram-v2 という記法があります。たとえばドライヤーの状態遷移を考える場合、以下のようなプロンプトだけで、AIに状態遷移図を生成させることができます。

```
ドライヤーの状態遷移をMermaidのstateDiagram-v2で表現してください
ドライヤー機能：
- スイッチャー：OFF ←電源オン/オフ→ COLD ←モード切替→ HOT
```

このようにAIに指示を出すことで、以下のような状態遷移図を生成させることができ、視覚的に状態遷移を確認できます。

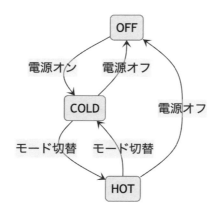

図6.2 Mermaidで作成したダイアグラムを目視で確認する

実は以下の例は間違いを含んでいます。 HOT --> OFF: オフという遷移はありえないため、この状態遷移図を視覚的に確認することで、すぐにそ

れがAIによるミスだと気づくことができます。

```
stateDiagram-v2
    OFF  --> COLD: 電源オン
    COLD --> HOT:  モード切替
    HOT  --> COLD: モード切替
    COLD --> OFF:  電源オフ
    HOT  --> OFF:  電源オフ
```

視覚的なレビュー後に HOT --> OFF: 電源オフの部分を取り除き、修正した状態遷移図は以下のようになります。

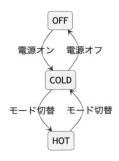

図6.3　視覚的なレビュー後の画像

次にこのダイアグラムを元に、状態遷移表を作成します。以下のようなプロンプトをAIに与えることで、状態遷移表を生成させることができます。

> これを意識した状態遷移表を書いてください
> 行にはそれぞれの状態、列には操作を記載します。

こちらが意識した状態遷移表です。この表では各状態で可能なモード切替と電源の操作および、処理後の状態を示しています。

状態	モード切替	電源
OFF	-	COLD
COLD	HOT	OFF
HOT	COLD	-

これにより、以下の2つが異常系であることがあらためて確認できました。

- OFFの状態からモード切替ボタンでいきなりHOTになること。
- HOTの状態から電源ボタンでいきなりOFFになること。

状態遷移図で直感的に動作を確認し、状態遷移表を用いてテストケースの漏れを確認することで、テストコードの質を向上させることができます。この表や図をもとに、テストコードを生成してくださいとAIに指示を出すことで、より確かなテストコードを生成できます。

6.2.5 不要なテストの排除 Practice

開発支援AIツールを使ってテストコードを生成する際、必要な部分だけをテストすることが肝心です。AIが無限にテストを書いてくれるからといって調子に乗ってテストを書きすぎないようにしましょう。

不要なテストを大量に作ると、**テストの実行時間の増大**、**テストコードの可読性の低下**、**テストの保守コストの増大**のような問題が発生する可能性があり、技術的な負債にもなりかねません。

ソフトウェア開発において、テストは品質と信頼性を確保するために欠かせません。しかし、テストを書き、メンテナンスするのには時間とコストがかかるので、効率的でバランスの取れたテスト戦略が必要不可欠です。

以下は、不必要になりうるテストコードの例です。AIが出力した大量のテストコードにこのようなテストが含まれていないかをチェックしましょう。

- セッターやゲッターのテスト
- 言語やフレームワークが提供する機能自体のテスト
- サードパーティのライブラリのテスト
- 同じロジックを持つ冗長なテスト
- 些細なロジックのテスト

　開発支援AIツールを使ってテストコードを生成する際、開発者は大量のテストコードを生成しがちです。たとえば、1つの関数に以下のようなプロンプトを当てはめることで、果てしない数のテストケースを生み出すことができます。

> - 特定のエラーが適切に発生するかを確認するためのユニットテストを、少なくとも8種類の異なる入力で生成してください。
> - 外部APIからの様々なレスポンスを模倣し、それらに基づいて10種類のテストケースを作成してください。
> - 関数に渡される入力値のバリデーションロジックをテストするための、少なくとも10種類の異なる入力パターンを含むテストを作成してください。
> - 関数内の全ての条件分岐をカバーするためのテストケースを少なくとも10種類作成してください。
> - 関数における例外処理の適切さをテストするための、異なる例外条件を含むテストを作成してください。
> - 入力データのフォーマット（JSON、XMLなど）を検証するテストケースを含むテストを生成してください。
> - 外部依存性をモックオブジェクトで置き換え、その挙動をテストするためのケースを含むテストを作成してください。

　これらの探索的なアプローチで生み出されたテストは「多様なテスト」かもしれませんが、「網羅的なテスト」では必ずしもありません。
　テストの必要性を判断するためには、以下のような点を考慮する必要があります。

- 対象機能やコンポーネントはビジネスに対してどの程度重要か。
- バグや不具合が発生した場合の影響範囲はどの程度か。
- 対象システムの複雑性や変更の頻度はどの程度か。

プロジェクトの要件や品質基準を考慮し、最も価値のあるテストを優先的に作成することが大切です。

> COLUMN
>
> ## AI時代にはシフトライトが必要になるのか
>
> AI時代におけるシフトライト[a]の重要性について、興味深い議論がなされています。**AIが生成したコードは、完成してからでないと品質を確認できない**という主張から、AI時代にはシフトライトが必要だと言われているのです。
>
> しかし、この議論には注意が必要です。執筆時点でのAIの能力を考えると、シフトライトの考え方をそのまま適用するのは早計かもしれません。
>
> このシフトライトに関する言説には「今後エージェント型の生成ツールがあらわれて、ソリューションを一気に作ったら」という枕詞が隠されていることが多いのです。将来、AIの生成するコードの質が飛躍的に向上し、一気にアプリケーションを生成できるようになれば、シフトライトの考え方が有効になるでしょうが、執筆時点ではまだそのレベルには達していないのが実情です。AIを「副操縦士（Copilot）」として活用し、2、3行のコードを補完してもらったり、関数単位で10行から20行のコードを生成してもらったりする場合は、まだテストを書くことが十分できます。
>
> また、AIが生成するコードは事前にテストができないからといって、**事後的な探索的テストやカオスエンジニアリングだけで十分というわけではありません**。
>
> AIの発展に伴い、開発プロセスも変化していくでしょう。しかし、品質を確保するためのテストの重要性は変わりません。AIの特性を理解し、適切な方法でテストを行っていくことが、これからのエンジニアには求められるでしょう。
>
> ---
> [a] 開発の後段でテストを行うこと。

6.3
コードリーディングにおけるAIの活用

コードを読む能力（コードリーディング）は、エンジニアリングにおいて不可欠なスキルです。しかし、複雑なコードを理解するには時間と労力がかかります。AIは大量のコードを瞬時に分析し、その構造や機能を説明

できるため、エンジニアの作業時間を大幅に短縮できます。

コードを理解しやすくする方法として、文字による説明と図による表現があります。また、これらの表現を組み合わせて、コードの構造や流れを視覚的に表現できます。AIに可視化を依頼することにより、複雑なアルゴリズムや設計パターンも直感的に理解しやすくなります。

6.3.1　自然言語でのコードロジック説明 Practice

AIを活用してコードを解説する際、まず自分のニーズを明確にすることが重要です。解説のレベルや詳細さを事前に決めておくことで、より効果的な結果が得られます。たとえば、概要レベルの解説が必要な場合や、短いコードの場合は、「このコードを解説してください」という簡潔な指示で十分かもしれません。

しかし、より具体的な解説を求める場合は、以下のような指示を追加すると良いでしょう。

- 「解説はステップバイステップで、詳細に行ってください」
- 「各関数の役割と、関数間の関係性を説明してください」
- 「コードの構造（インデントなど）を保持しつつ、簡潔に解説してください」

ツールには、コード解説のための特別な機能を提供しているものもあります。たとえば、GitHub Copilotでは `/explain` コマンドを使用することで、選択したコードの解説を得ることができます。これらの機能を活用することで、より効率的にコードの理解を深めることができます。

図6.4　/explain コマンドでわかりやすいコード解説を瞬時に取得

　AIに解析を依頼するコードは、多くの場合断片的であり、重要な依存関係が欠けている可能性があります。エンドツーエンドのコード解説を求める場合、依存関係の不足によりAIが正確な解説を提供できないことがあります。この問題に対処するため、「このコードの解説に必要な依存関係が不足している場合、それを指摘してください」といった指示を追加することで、AIによるでっちあげに気づきやすくなります。

　また、「標準ライブラリや広く知られているライブラリの依存関係は説明不要です」と指定することで、不要な情報を省き、本質的な部分に焦点を当てた解説を得ることができます。これらの工夫により、AIによる誤った推測や「でっちあげ」を防ぎ、より正確で有用な解説を得ることができるでしょう。

6.3.2　複雑なロジックの視覚的表現生成 Practice

　生成AIを活用したコードの可視化には、MermaidやPlantUMLが特に有効です。これらのツールは、さまざまな種類のダイアグラムを簡単に作成できる記法を提供し、コードの構造を視覚的に表現できます。特にMermaidは、GitHubやNotionなどのプラットフォームでも広くサポートされており、エンジニア間でのコミュニケーションを円滑にする強力な

ツールとなっています。

　コードの可視化においてもう一つの選択肢として、PlantUMLも活用できます。PlantUMLは、Mermaidよりも高度な図を作成できるテキストベースのUML作成ツールです。Mermaidでの表現が不十分な場合、PlantUMLをフォールバックとして使用することで、より凝ったダイアグラムを作成できます。学習曲線がやや急なため、使いこなすには多少の練習が必要です。それでも、コードを読む際には、凝った図を作成するのはAIなので、PlantUMLも活用してみましょう。

　「以下のコードをPlantUMLのアクティビティダイアグラムにしてください」とシンプルに指示を与えるだけで、AIがコードを理解してダイアグラムを生成してくれます。

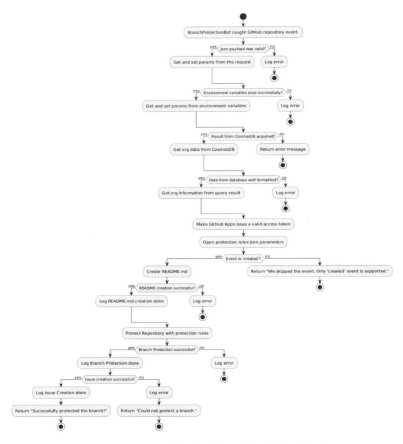

図6.5　PlantUMLで生成したアクティビティダイアグラム

　AIを用いてコードを可視化する際は、目的に合った適切な図を作成してもらうために、より具体的な指示を出すことが重要です。たとえば、クラスではない単純な関数群がある場合、それを図で表現しようとすると、AIは関数群に含まれる一つ一つの関数をそれぞれクラスと見立てて無理やりクラス図を出力する可能性があります。つまり、元のコード構造とは異なるものに変換したうえで、ビジュアルを生成してしまう可能性があるのです。これはMermaidなど図の表現方法が限られている場合に、特に起こ

りやすい問題です。

主なダイアグラムの種類と用途は以下のとおりです。

種類	用途
フロー図	アルゴリズムや処理の流れを表現するのに適しています。
アクティビティ図	ビジネスロジックを明瞭にする目的で使用します。
シーケンス図	オブジェクト間の相互作用を時系列で表示します。
クラス図	クラスの構造と関係を示します。
状態遷移図	システムの状態変化を表現します。

こうした図をコードのテキストの解説と一緒に出力してもらうことで、より早くて効果的なコードリーディングが可能となります。

6.4 コードレビューにおけるAIの活用

AIの書いたコードは使う前にレビューを行い、品質を確認することが大切です。しかし、全てのレビューを人間が行う必要はなく、AIにもレビューを行わせることができます。では、どんなプロンプトを使ってAIにレビューさせればよいのでしょうか。

まず、前のセクションで紹介したリファクタリングカタログなどは、アーキテクチャや設計に関するレビューに適しています。一方で、こうしたリソースは設計に関する内容が中心で、コンピュータサイエンスの基礎的な部分が抜け落ちていることがあります。それらは「エンジニアなら当然知っているはず」という前提があるため、応用的な書籍では触れられないことが多いのです。

そんな時こそ、**コーディングインタビューの本**を参考にしてみましょう。特に『Cracking coding interview（邦題：世界で闘うプログラミング力を鍛える本 〜コーディング面接189問とその解法〜）』は非常におすすめです。そこには、パフォーマンスやデザインに関する基本的な質問が数

多く収録されています。

たとえば、以下のような質問があります。

- アルゴリズムのBig-O記法による計算量の評価
- スタックやキューなどのデータ構造の適切な使用法
- メモリ効率や実行効率の改善方法

AIにそれらの質問を投げかけることで、より洗練されたコードを書かせることができるでしょう。リファクタリングカタログだけでなく、コーディングインタビューの本も活用することで、AIの能力を効果的に向上させることができます。

基礎と応用、両方の視点からアプローチすることが、高品質なコードを生み出す鍵となるのです。

6.4.1　Big-O記法にもとづくパフォーマンス改善 Practice

Big-O記法は、アルゴリズムの効率性を評価する上で非常に有用なツールです。この記法を使うことで、アルゴリズムの計算量を適切に表現し、その性能を客観的に評価できます。特に大規模なデータを扱う場合、アルゴリズムの計算量は重要な選択基準となります。Big-O記法は、アルゴリズムの実行時間やメモリ使用量の上限、つまり最悪の場合のパフォーマンスを示します。

以下は、代表的な計算量のグラフです。各関数について、入力サイズ n に対する操作回数 N を示しています[*10]。

[*10] 図6.6（Comparison computational complexity.svg）は、クリエイティブ・コモンズ 表示-継承 4.0 国際ライセンス（CC-BY-SA 4.0）の下でライセンスされています。ライセンスの詳細は https://creativecommons.org/licenses/by-sa/4.0/ で確認できます。元ファイル https://en.m.wikipedia.org/wiki/File:Comparison_computational_complexity.svg、作者 **Cmglee**（https://commons.wikimedia.org/wiki/User:Cmglee）。

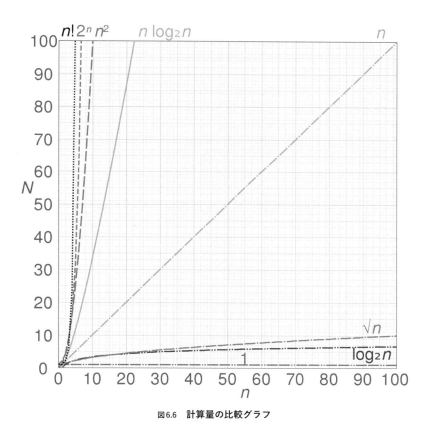

図6.6 **計算量の比較グラフ**

これらの計算量の代表例を見てみましょう。

- $O(1)$ は定数時間で、入力サイズに関係なく一定の時間で処理が完了します。配列の先頭要素へのアクセスなどが該当します。
- $O(n)$ は線形時間で、入力サイズに比例して処理時間が増加します。配列の要素を1つずつ処理する場合などが該当します。
- $O(n^2)$ は二次時間で、入力サイズの二乗に比例して処理時間が増加します。二重ループなどが該当します。

AIを活用してBig-O記法によるアルゴリズム評価を行う際は、具体的な

質問を投げかけることが効果的です。以下のように、**具体的なBig-O表記を用いた質問**が効果的です。

> このプログラムの時間計算量をBig-O記法で表現してください。

> このコードの時間計算量をO(n)以下にするためにはどうすればよいですか？

これにより、AIはアルゴリズムの計算量を適切に評価し、より具体的な改善案を提示できます。一方で、以下のようなあいまいな質問をAIに投げかけることは避けるべきです。

> このプログラムのパフォーマンスを向上させるためにはどのような方法がありますか？

これでは、AIが提案した改善策の効果を直感的に評価することに時間を要する可能性があります。

計算量を改善する一般的な方法としては、ループのネストを減らす、適切なデータ構造（ハッシュマップやセットなど）を選択するなどがあります。

具体的な例として、リスト内の特定の要素を検索するアルゴリズムを考えてみましょう。このアルゴリズムの時間計算量は$O(n)$です。ここでnはリストの長さを表します。最悪の場合、目的の要素がリストの最後にあるか、リスト内に存在しない場合、全ての要素を走査することになります。

以下のように、AIに具体的な質問を投げかけ、改善案を提示してもらいましょう。

 次のコードの時間計算量をBig-O記法で表現し、O(1)に改善する方法を提案してください。

```python
def find_element(lst, target):
    """リスト内の特定の要素を検索し、そのインデックスを返す関数"""
    for i in range(len(lst)):
        if lst[i] == target:
```

```
            return i
    return -1
```

 現在のコードの時間計算量は$O(n)$です。ここでnはリストの長さです。改善されたコードを以下に示します:

```python
def find_element_improved(lst, target):
    """リスト内の特定の要素を検索し、そのインデックスを返す関数"""
    element_dict = {elem: idx for idx, elem in enumerate(lst)}
    return element_dict.get(target, -1)
```

この改善版では、ディクショナリを使用して要素とそのインデックスをマッピングします。これにより、平均的なケースで$O(1)$の時間複雑度で要素を検索できます。ただし、この方法はメモリ使用量が増加するトレードオフがあります。元のリストのサイズに比例した追加のメモリが必要になります。

このように、適切なデータ構造と効率的なアルゴリズムを選択することで、計算量を改善できます。Big-O記法を理解し、適切に活用することで、より効率的な改善策を見つけることができるでしょう。

6.4.2　BUDフレームワークを用いたコード最適化 Practice

効率的なコード改善には、問題点を系統的に特定する方法が不可欠です。そこで役立つのが、BUDフレームワークです。このフレームワークは、以下の3つの観点からコードの問題点を洗い出すための強力なツールとなります。

1. Bottlenecks（ボトルネック）：パフォーマンスの低下を引き起こす箇所
2. Unnecessary（不必要な処理）：冗長で省略可能な部分
3. Duplicated（重複する処理）：同じ処理が複数回行われている箇所

たとえば以下のコードは、リスト内の重複する要素を見つける関数ですが、潜在的な問題点がいくつかあります。

```python
def find_duplicates(numbers):
    """リスト内の重複する要素を見つけて返す"""
    duplicates = []
    for i in range(len(numbers)):
        for j in range(i+1, len(numbers)):
            # 重複を見つけ、まだリストにない場合は追加
            if numbers[i] == numbers[j] and numbers[i] not in duplicates:
                duplicates.append(numbers[i])
    return duplicates
```

BUDフレームワークを用いて問題点を特定する際、AIの助けを借りることで、より深い洞察を得られます。以下のようにAIに質問することで、コードの問題点を効率的に洗い出すことができます。

このプログラムに関して、BUD の観点から問題点を特定してください。
また、それぞれの問題点に対する具体的な改善案を提案してください。

すると、AIは以下のような回答を返します。

Bottlenecks（ボトルネック）：
問題点：現在のアルゴリズムは O(n^2) の時間複雑度を持っており、大きな入力に対してはパフォーマンスが悪化します。
改善案：ハッシュテーブル（Pythonの辞書）を使用して、時間複雑度を O(n) に改善できます。

Unnecessary work（不要な作業）：
問題点：重複が見つかった後も、そのパスの残りの要素に対して比較を続けています。
改善案：重複が見つかったら、内部ループを終了し、次の外部ループの反復に進むことができます。ただし、この改善は1の改善案を適用した場合には不要になります。

Duplicated work（重複した作業）：
問題点：同じ要素のペアを複数回比較している可能性があります。
改善案：これも1の改善案（ハッシュテーブルの使用）で解決されます。各要素を一度だけチェックすることで、重複した作業を避けられます。

BUDフレームワークを用いて問題点を特定した後は、適切な問題解決手法やアルゴリズム設計技法を適用することが大切です。アルゴリズムの計算量を改善するには以下のような方法があります。

- **より効率的なデータ構造の使用**：適切なデータ構造を選択することで、操作の計算量を削減できます。
- **不必要な計算の削除**：冗長な計算を取り除き、アルゴリズムを最適化します。
- **分割統治法の適用**：問題を小さなサブ問題に分割し、再帰的に解決することで、計算量を改善できる場合があります。
- **動的計画法の利用**：重複する部分問題の結果を保存し、再利用することで、計算量を削減できます。

以下のようにAIに指示を出し、改善案を提案してもらうことが効果的です。

 どのような問題解決手法やアルゴリズム設計技法を適用することができますか？

 この問題に対して、以下の問題解決手法とアルゴリズム設計技法を適用することができます：

- **ハッシュテーブルの使用（空間と時間のトレードオフ）**： ハッシュテーブル（Pythonの辞書）を使用することで、時間複雑度をO(n^2)からO(n)に改善できます。これは「空間と時間のトレードオフ」の典型的な例です。
- **一度の走査（シングルパス）**：ハッシュテーブルを使用することで、配列を一度だけ走査して重複を見つけることができます。これは「シングルパス」アルゴリズムの適用例です。
- **早期終了（アーリーエグジット）**：現在のアルゴリズムでは適用できませんが、ハッシュテーブルを使用する場合、重複が見つかった時点でその要素の処理を終了できます。
- **データ構造の選択**：問題の要件に最適なデータ構造（この場合はハッシュテーブル）を選択することで、アルゴリズムの効率を大幅に向上させることができます。

これらの技法を適用した改善版のコードを示します：

```python
def find_duplicates(numbers):
    """重複する数値を見つけて返す"""
    seen = set()
    duplicates = set()
    for num in numbers:
        # 既出の数値なら重複とみなす
        if num in seen:
            duplicates.add(num)
        else:
            seen.add(num)
    return list(duplicates)
```

この改善されたバージョンでは、以下の点が改善されています：

- 時間複雑度：O(n)に改善されました。各要素を一度だけ処理します。
- 空間効率：追加の空間を使用しますが、時間効率との適切なトレードオフが行われています。
- シンプルさ：コードがより簡潔で理解しやすくなっています。
- 柔軟性：重複の検出がより効率的になり、大規模なデータセットにも対応できます。

このように、BUDフレームワークを活用して問題点を特定し、適切な問題解決手法を適用することで、コードの品質を向上させるだけでなく、なぜその改善が有効なのかを理解し、レビューの質を高めることができます。

6.4.3　データ構造の妥当性評価 Practice

プログラミングにおいて、**データ構造の選択**は非常に重要な要素です。適切なデータ構造を選択することで、以下のようなメリットがあります。

- アルゴリズムの計算量を削減できる。
- プログラムのパフォーマンスを向上させられる。

データ構造には以下のようなものがあります。

データ構造	概要
Linked List（連結リスト）	データ要素をノードと呼ばれる単位で表現し、各ノードがデータと次のノードへのポインタを持つ構造です。挿入や削除が高速ですが、ランダムアクセスが遅いです。
Tree, Tries & Graphs	階層構造やネットワーク構造を表現するのに適しています。検索やソート性能に優れています。
Stack & Queue	スタックは後入れ先出し（LIFO）の性質を持つデータ構造で、キューは先入れ先出し（FIFO）の性質を持つデータ構造です。一時的なデータの保存や順番の管理に用いられます。
Heap	優先度付きキューを実現するためのデータ構造です。最大値や最小値の取得が高速です
Vector / ArrayList（動的配列）	自動的にサイズが調整される配列です。ランダムアクセスが高速だが、挿入や削除が遅い
Hash Table（ハッシュテーブル）	キーと値のペアを格納するデータ構造で、高速な探索が可能です。

　コーディングインタビューでもこのデータ構造の問題はよく出されますが、この観点はAIを活用したレビューの際にも応用できます。適切なデータ構造を選択することで、プログラムの効率だけでなく、可読性や保守性も向上させることができます。AIにプログラムをレビューさせる際、以下のような質問をすることで、より具体的なフィードバックを得ることができます。

このプログラムに関して、どのようなデータ構造を使用することができますか？

該当のコードに関して、現在のデータ構造を改善したいです。どのように変更すればよいですか？

　AIからのフィードバックを参考に、適切なデータ構造へ変更することで、プログラムの質を向上させることができるでしょう。
　AIを活用し、データ構造選択に関するフィードバックを得ることで、より良いリファクタリングが可能となるでしょう。

6.4.4　SOLIDにもとづくコード品質向上 Practice

プログラミングの世界で、SOLID原則は設計の指針として広く認知されています。これらの原則を理解し実践することで、拡張性が高く保守しやすいプログラムを作成できます。コーディングインタビューでもオブジェクト指向デザインの問題はよく出題されますが、この観点はAIを活用したリファクタリングにも応用できます。

AIにプログラムをレビューさせる際、SOLID原則を適用させることで、より具体的なフィードバックを得ることができます。SOLID原則のうちのいくつかはすでに紹介してきましたが、以下に全体をまとめます。

1. 単一責任の原則 (SRP)
    - クラスは単一の責任を持つべきである。
    - クラスの変更理由は1つだけであるべきである。
2. オープン・クローズドの原則 (OCP)
    - 拡張に対してオープンであり、修正に対してクローズドであるべきである。
    - 既存のコードを変更せずに、新しい機能を追加できるようにする。
3. リスコフの置換原則 (LSP)
    - 派生クラスは、基底クラスと置換可能であるべきである。
    - 派生クラスは、基底クラスの契約を守る必要がある。
4. インターフェイス分離の原則 (ISP)
    - クライアントは、使用しないメソッドに依存すべきではない。
    - 大きなインターフェイスを小さく分割し、必要なメソッドだけを提供する。
5. 依存関係逆転の原則 (DIP)
    - 上位レベルのモジュールは、下位レベルのモジュールに依存すべきではない。
    - 抽象化に依存し、具体的な実装には依存しない。

たとえば、以下のような質問をすることで、AIはSOLID原則にもとづ

いたアドバイスを提供し、プログラムの品質向上に貢献できます。

> SOLID原則の観点から、このプログラムにはどのような問題がありますか？
> どのように設計を変更すれば、このプログラムの拡張性を向上させることができますか？

　SOLID原則に違反している部分があれば、AIはそれを指摘し、適切な修正案を提案できます。また、AIの解答が詳細さに欠ける場合は、それぞれの項目を個別に問い直すことで、より具体的なフィードバックを得ることができます。

　SOLID原則を理解し適用することで、保守性と拡張性に優れたプログラムを作成できます。AIを活用することで、これらの原則にもとづいたフィードバックを得られ、プログラムの品質をさらに向上させることができます。

6.4.5　Chain-of-Thoughtプロンプティング Practice

　Chain-of-Thought（CoT）プロンプティング[*11]は、複雑な推論タスクを解決するために、途中の推論ステップを明示的にAIに表現させる手法です。この技術は、AIに問題解決の過程を段階的に表現させることで、より高度な推論能力を引き出します。ソフトウェアエンジニアリングにおいて、CoTは複雑なアルゴリズムの設計やバグの診断など、高度な思考を要するタスクで特に威力を発揮します。

　CoTプロンプティングの基本的な使い方は非常にシンプルです。「ステップバイステップで考えよう（Let's think step by step）」というフレーズをプロンプトに含めることで、AIに段階的な思考プロセスを促します。これはZero-shot CoTと呼ばれ、特別な例示なしでCoTを実現する手法です。たとえば、複雑なアルゴリズムの設計を依頼する際、このフレーズを使用することでAIはより詳細で論理的な説明を提供します。

[*11] Wei, J., Wang, X., Schuurmans, D., Bosma, M., Chi, E., Xia, F., Le, Q., & Zhou, D. (2022). Chain-of-thought prompting elicits reasoning in large language models. Advances in neural information processing systems, 35, 24824-24837. https://proceedings.neurips.cc/paper_files/paper/2022/file/9d5609613524ecf4f15af0f7b31abca4-Paper-Conference.pdf

プログラミングの文脈でCoTを活用する際は、その特殊性を理解することが大切です。プログラムは本質的に順序立てて記述されるため、その存在自体が「ステップバイステップ」な性質を持っています。したがって、プログラミングにおけるCoTの真の価値は、回答精度の向上よりも、AIの推論プロセスを可視化し、複雑な問題解決の過程を明確化することにあります。これにより、生成されたコードの品質向上だけでなく、人間によるレビューや学習も容易になります。

Pythonでクイックソートアルゴリズムを実装してください。
ステップバイステップで考えて、各ステップの説明をコメントとして加えてください。

```python
def quicksort(arr):
    # 基本ケース：配列の長さが1以下の場合はそのまま返す
    if len(arr) <= 1:
        return arr

    # ピボットを選択（ここでは配列の最後の要素を使用）
    pivot = arr[-1]

    # ピボットより小さい要素を left に、大きい要素を right に振り分ける
    left = [x for x in arr[:-1] if x <= pivot]
    right = [x for x in arr[:-1] if x > pivot]

    # 再帰的に left と right をソートし、結果を結合して返す
    return quicksort(left) + [pivot] + quicksort(right)

# テスト用の配列
test_array = [3, 6, 8, 10, 1, 2, 1]

# クイックソートを実行
sorted_array = quicksort(test_array)

# 結果を表示
print("元の配列:", test_array)
print("ソート後の配列:", sorted_array)
```

CoTプロンプティングの主な利点は、AIの思考プロセスを透明化し、複

雑な問題に対する理解を深められることです。

　しかし、生成されたコメントの扱いには注意が必要です。詳細な説明は開発初期段階や学習目的では有用ですが、プロダクションコードでは冗長になる可能性があります。そのため、Gitでコミットする前に、必要に応じてこれらのコメントを編集または削除することを検討しましょう。チームのコーディング規約に合わせて、適切なレベルのコメントを維持することが大切です。

　その他にも、実行効率の向上やバグの特定、学習ツールとしてCoTプロンプティングのエッセンスを活用できます。

実行効率の向上

　複雑なアルゴリズムやビジネスロジックの設計において、問題を分解し、各ステップで必要な処理を明確化するために使用されます。

```
以下のプログラムの非効率な部分はどこですか？
ステップバイステップで解説してください。
```

複雑なバグの特定

　プログラムの実行フローをステップバイステップで追うことで、非直感的なバグやエラーの原因を特定し、反復的にAIに修正を促すことができます。

```
以下のプログラムのバグを特定して修正してください。
その方法をステップバイステップで解説してください。
```

学習ツールとして

　コードのレビューのために、CoTプロンプティングを使用することで、レビュアーがプログラムの理解を深め、レビュー効率を向上させることができます。

```
以下のプログラムをステップバイステップで説明してください。
```

第**7**章

生成AIの力を組織で最大限に引き出す

7 生成AIの力を組織で最大限に引き出す

 ここまで、プロンプト設計やAIとの協働、コーディング手法について学んできました。この章では、AIの力を組織レベルで最大限に活用するための戦略と実践方法を解説します。個人のスキルアップだけでなく、組織全体でAIの力を引き出す方法を探ります。

 AI時代の競争優位性を高めるには、開発組織の戦略が鍵となります。チーム全体で新しいソフトウェア開発手法を習得し、AIフレンドリーなドキュメント作成を行うことが重要です。さらに、AIとの協働に適した技術スタックの最適化や、生成AI導入効果の評価方法も欠かせません。これらのトピックは、組織としてAIと向き合う上で大切な要素となります。

 これからのソフトウェア開発では、組織全体でAIの力を活用し、変化に適応していく必要があります。そのためには、エンジニア一人一人が自分の役割と組織への貢献を意識することが大切です。AIと協調しながら個人が成長し、それが組織の成長につながるという好循環を生み出すことが求められます。

 AI時代に組織としてどう進化していく必要があるのか、またその中でエンジニアがどのように組織に貢献できるのかを考えていきましょう。

7.1 AI時代の競争優位性を高めるための開発組織戦略

 AI技術の急速な進歩により、多くの組織がAIツールの導入を進めています。しかし、真の競争優位性を獲得するには、単にAIツールを使うだけでは不十分です。組織の知識とAIを融合させ、AIを組織の一員として機能させることが大切です。この戦略は、多くの開発者が望む「AIに自社のコードベースを理解してもらう」というニーズにも合致します。

 開発支援AIツールは近年パーソナライゼーションの機能を強化しており、第1章でもGitHub Copilot Enterpriseの例を紹介しました。しかし、そのような機能を明日からすぐに使いこなせるわけではありません。AI

の恩恵を最大限に受けるには、組織側の準備が不可欠です。「AIに自社のコードベースを理解してもらう」ということを分解すると、以下のそれぞれのステップがうまく実施されている必要があります。

1. AIが参照・学習できる形式のリソースに変換
2. それらのリソースへのAIのアクセス権の付与
3. コードの継続的なメンテナンス

多くの組織では、これらの準備が十分でない状況が見られます。第1章でも言及したとおり、ソースコードが個人やチーム、プロジェクトの所有物になっており、他者が使いづらいフォーマットになっているほか、それらのリソースが組織のサイロに阻まれて共有されていないことがあります。また、開発されたコードが放置され、メンテナンスされていないケースも少なくありません。

AIを使いこなせる個人を増やすことは重要ですが、それだけでは不十分です。組織の競争優位性を高めるには、「人依存のAI活用」のレベルを超える必要があります。これらの問題を解決するには、組織のあり方自体を見直す必要があります。優秀な個人やチームの知識をAIで活用できる状態にすることが、競争力向上の鍵となります。

具体的には、以下の3つの変革が求められます。

1. 暗黙知から形式知へ：個人やチームの知識をAIが活用可能な形式に変換する
2. 個人資産から組織資産へ：組織の知識を透明化し、多くの人がアクセス可能にする
3. 一時利用から継続利用へ：共有資産を常に最新の状態にメンテナンスする

以下のような自社独自の資産をAIが活用できれば、競争力は大きく向上するでしょう。

- 高性能なソフトウェアライブラリ

- AI生成時における中間成果物やドキュメント
- 過去のプロジェクトの設計書やテストコード
- 他チームの未共有プログラム
- 再利用可能なコードの断片（ロジックやアルゴリズムなど）

　これらの資産の多くは、かねてより潜在的な価値をもっていましたが、十分に共有されていませんでした。個人の努力で補われてきた部分を、組織の知識として体系化する時が来ています。この変革には、経営層のコミットメントと、開発者一人一人の意識改革が必要です。

　AI時代における真の競争優位性は、組織の知識資産とAIの融合から生まれます。今こそ組織のAI対応度を見直し、必要な変革に着手する時です。この変革は時に容易ではありませんが、長期的な成功への投資としてとらえることが大切です。

7.1.1　オープンソースの文化を組織に取り入れる

　AI時代において、組織がAIを効果的に活用するためには、適切な資産整備が不可欠です。この整備は、オープンソースの考え方を組織内に取り入れることで実現できます。オープンソースの特徴を組織内のコードに適用することで、AIにとっても活用しやすい環境が整います。

　これまで、AIとの対話を円滑にするためのプロンプト設計やコーディング手法について学びました。ここであらためてAIが読みやすいコードの特徴をまとめると、以下のようなことが挙げられます。

- コードが記述的かつ文脈が明確で、初見でも理解しやすいこと。
- 比較的メジャーなバージョンや技術スタックで書かれていること。
- 継続的にメンテナンスされ、常に使用可能な状態であること。

　つまり、不特定多数の開発者が利用するために、コードの可読性やメンテナンス性が重視されていることが挙げられます。これらの特徴を持ったコードは人間にとっても理想的ですが、AIにとっても活用しやすいと言え

ます。そしてこの特徴は、オープンソースのコードにも共通して見られるものです。AIがオープンソースのコードから学習したように、組織内のコードも同様の特性を持つことが理想的です。

しかし、組織内でこのような共有の仕組みを実現しようとすると、さまざまな課題が浮上します。セキュリティ上の懸念や契約の制約、組織の違い、税務上の問題などが障壁となり、有用な情報が組織の一部に閉じ込められてしまうことが少なくありません。

このような課題を解決し、オープンソースの利点を組織内で実現するアプローチがあります。それは「インナーソース」です。

インナーソースとは、**企業内でオープンソースのような文化を醸成し、透明度の高い協働の文化を作ること**を意味します。オープンソースが世界規模でソースコードをはじめとする成果物を共有するのに対し、インナーソースは企業内に焦点を当てています。

インナーソースは、経営に関するヒト・モノ・カネの観点から開発組織の課題を解決します。

観点	解決策
ヒト	透明度の高い文化と開発者体験の向上により、優秀なエンジニアを惹きつけ、定着させることにつながります。
モノ	協働によってイノベーティブなプロダクトを生み出し、競争優位性を育てることができます。
カネ	コスト削減と車輪の再発明を避け、高品質のソフトウェア資産を低コストで生み出すことができます。

生成AIの普及により、プログラミングの障壁が下がり、「簡単にできること」の範囲が広がりました。そうした中で、企業が競争優位性を維持するためには、より複雑で専門性の高い、"簡単には真似できない"技術やプロダクトの開発が求められます。ここであらためて強調したいのが、**既存の知的財産を組織内で共有し、AIが活用できる形にしておくことの重要性**です。透明な共有文化を醸成することで、社内に公開されているコードやドキュメントから他のチームが学び、活用できます。

7.1.2　インナーソースの原則

　インナーソースは、オープンソースの原則を組織内で適用するアプローチです。この手法は、企業内の協働を促進し、イノベーションを加速させる強力なツールとして注目を集めています。従来の閉鎖的な開発手法とは異なり、インナーソースは組織全体の知識と資源を活用し、効率的な開発環境を構築します。

　オープンソースが個人の貢献に焦点を当てるのに対し、インナーソースは組織内のチーム間協力に重点を置きます。この違いは、社内の高依存度プロジェクトや独自技術の共有において特に顕著です。インナーソースプロジェクトの主な消費者は「社内の他の開発チーム」であり、チーム対チームの関係性を強調します。

　インナーソースについては、よくある勘違いがあります。単なる個人的なツール共有や、業務と無関係のプロジェクトへの参加と誤解されることがあります。また、GitHubのようなツールの導入だけでインナーソースが実現すると考える人もいます。たしかにそうした活動や環境の整備はインナーソースの一部ではありますが、本質的な部分を見逃しています。インナーソースはそれらを超えた組織文化の変革です。

　インナーソースの実践には、チーム全体でのプロジェクトやライブラリの公開、他チームからの貢献の受け入れ、継続的なメンテナンスが含まれます。これは単なるツールの導入ではなく、組織全体の開発文化を変革する取り組みです。チーム間の協力を促進し、組織全体の効率性とイノベーション力を高めることがインナーソースの真の目的なのです。

　インナーソースの原則は以下のとおりです。

- オープン性
- 透明性
- 優先的なメンターシップ
- 自由意志による貢献

■──── オープン性
　ソースコードは組織内で公開され、誰もが自由にアクセスできること。これにより、開発者は他のチームのコードを参照し、学ぶことができ、知識の共有が活発に行われ、全体のスキルアップにつながります。

■──── 透明性
　コードだけでなく、**議論の過程も公開されること**。意思決定がどのように行われたかが透明になると、他チームの開発者も容易に参入でき、プロジェクトは組織全体の共有物と認識されます。

■──── 優先的なメンターシップ
　新しい開発者が参加しやすいよう、優先的にサポートが行われること。ゲストチームの貢献をフォローして、開発参入への障壁を下げます。これにより、プロジェクトへの新しい貢献が継続的に生まれていきます。

■──── 自由意志による貢献
　プロジェクトへの貢献は強制されるものではなく、プロジェクトからのサポートも自由意志で行われること。各チームは互いを尊重し合い、協調して開発を進めていきます。

7.1.3　インナーソースの運用

　インナーソースを通じて、企業はAI時代に求められる競争力を培うことができます。ただし、ここまでの項目を読んで、「組織内で全部公開するなんて無理」「意思決定を全部公開するのは難しい」と思う方もいるでしょう。
　しかし、インナーソースは原理主義的に取り組む必要はありません。全ての人や全てのチームが同じように実践する必要はなく、公開範囲も自分たちで決めることができます。たとえば、「コンソーシアム型のインナーソース」を採用し、特定のチーム間における共有も可能です。
　重要なのは、インナーソースが単なる「公開すること」ではないという点です。その本質は、オープンソースのような貢献と共有の文化を組織内

7 生成AIの力を組織で最大限に引き出す

に作り出すことにあります。インナーソースの導入とは、この文化を醸成していく旅なのです。組織の状況に合わせて柔軟に適用し、徐々に拡大していくことで、より効果的にインナーソースの利点を享受できるでしょう。

ただ、オープンソースのような透明性と協働を組織内で実現するのは簡単なことではありません。そこで、インナーソースの普及活動と標準化活動を行う組織であるインナーソースコモンズ財団が提供するインナーソースパターンブック[*1]が役立ちます。これは、共同開発における一般的な課題に対して、構造化された実証済みのアプローチを提供するガイドラインです。

図7.1 **インナーソースパターンブック**

インナーソースパターンブックは、執筆時点で24の成熟したパターンを紹介しています。これらのパターンは、組織固有の課題に適応できる柔

---

*1　https://patterns.innersourcecommons.org/v/ja

軟な枠組みを提供します。本章ではこれらのエッセンスを一部引用しつつ、AI時代の組織での活用に焦点を当てたプラクティスを紹介します。

7.1.4　組織内コード共有のルール化 Practice
別名：インナーソースライセンス

　同じ組織内の異なる法人間でソースコードを共有する際、法的および税務上の問題が発生する可能性があります。このような問題を解決するために、組織におけるコード共有のルールを定義することが重要です。一つの方法として、コードに対するライセンスを導入することで、共有のための法的枠組みを提供し、権利と義務を明確にできます。これにより、組織内の新しい形態のコラボレーションを促進できるほか、AIが活用するためのコードの使用範囲を明確にできます。

　ソースコードのライセンスを定義することは、コードの使用範囲を明確にすることを意味します。これは、AIを使って社内資産を活用するための重要なステップといえます。特に将来、RAGやファインチューニングによってAIがそれらのコードを活用する可能性がある場合、その「自由な利用の範囲」を明確にすることが大切です。必ずしもライセンスの形で共有範囲を定義する必要はありませんが、ライセンスはそのための有効な手段の一つです。

　コードの利用に関する合意は、契約書や特定のドキュメントの中で行われることが多いです。そもそもコードの再利用に関する明確な合意がない場合もあります。ライセンスを導入することで、コード自体がその情報を持ち、組織内でのコードの利用方法を明確に示せます。

　AIによるコードの活用には、ソースコードの自由な利用が前提となります。その「自由な利用の範囲」は、組織全体ではなく、特定の部門やプロジェクトかもしれませんが、少なくともその範囲を明確にすることが大切です。また、フリーソフトウェアの4つの自由である「使用する自由」「変更する自由」「共有する自由」「変更したソフトウェアを再配布する自由」を社内に限定して適用できるようにライセンスに統合することも考えられます。

　実際にはライセンスまで導入せずに、リポジトリに対するタグづけでも

このことには対応できますが、特に関係者の中にソースコードの共有に関する概念やその必要性を知らない人がいる場合、ライセンスという概念を使うことで会話がシンプルになります。

これらのライセンスはインナーソースライセンス[*2]と呼ばれます。

以下はDB Systel社（DB社、ドイツ鉄道のIT子会社）のインナーソースライセンス[*3]です。

ライセンスはリポジトリのルートディレクトリに含まれ、プロジェクトのREADMEにリンクされることが一般的です。

図7.2　インナーソースライセンスの例

7.1.5　メンテナーの明確化 Practice

別名：トラステッドコミッター

AIの進化により、より多くのコードを提供できる機会が増えています。トークン数の増加、ファインチューニング、小規模言語モデルなど、技術の発展が著しいのです。このような状況下で、リポジトリのメンテナンスを担当する人を明確にすることが大切です。人間とAIの両方にとって使いやすい状態を維持しましょう。

[*2]　インナーソースパターンブックより。https://patterns.innersourcecommons.org/v/ja/p/innersource-license

[*3]　https://github.com/dbsystel/open-source-policies/blob/master/DB-Inner-Source-License.md

メンテナンスされていないソースコードは、開発者やAIにとって大きな問題となります。たとえば、数年前に更新が止まり、最新の仕様に合っていないコードを参照すると、AIが生成するコードにも同様の問題が引き継がれる可能性があります。これは、開発効率の低下や品質の悪化につながりかねません。

社内のリポジトリ管理者を明確にするには「トラステッドコミッター（Trusted Committer）[*4]」という概念が有効です。一般的に、メンテナンスをする役割には「メンテナー」や「コミッター」など、オープンソースの団体によってさまざまな呼び方があります。その中でもトラステッドコミッターは、インナーソースの文脈で生まれた役割です。一般的なメンテナーやコミッターの概念に加え、以下のような社内事情を考慮している点が特徴です。

- 組織内のチーム間の貢献を認識するための仕組みや言語を提供する。
- ビジネスの優先順位の変化に対応するため、メンテナーのフォーカスのずれを考慮する。
- 従業員の評価に組み込めるよう、公式な役割として定義する。
- 従業員でなくなる等による退任プロセスを考慮する。
- 組織内での公式な認定プロセスを設定する。

トラステッドコミッターは通常、 README.md や TRUSTED-COMMITTERS.md ファイルで管理されます。これらのファイルには、リポジトリの各部分を誰がメンテナンスしているかが明示されています。また、コードの変更に対する承認者として、 CODEOWNERS ファイルを利用することも一般的です。

ここで注意したいのは、ただ上記のようなファイルを用意するだけでは不十分であるということです。コードを組織として保守していくという意識を持ち、仕組み化することが大切です。トラステッドコミッターを導入し、リポジトリを適切にメンテナンスすることで、人間とAIの両方にとっ

[*4] インナーソースパターンブックより。https://patterns.innersourcecommons.org/v/ja/p//trusted-committer

て使いやすいコードを維持できるでしょう。これは、長期的な開発効率と品質の向上につながります。

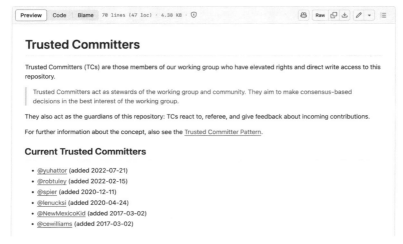

図7.3　トラステッドコミッターについて書かれた TRUSTED-COMMITTERS.md の例

7.1.6　社内のソフトウェアカタログ Practice

別名：インナーソースポータル

　社内の技術的資産を有効活用するには、社内のソフトウェアカタログの整備をおすすめします。AIでコードを生成する際も、ゼロから作るのではなく、既存のコードを活用しAIで再構築する方が効率的です。

　しかし、社内の有用なリポジトリは、ソースコード管理ツールの検索だけでは見つけづらいことがあります。アクティブで人気のプロジェクトだけでなく、更新頻度は少ないが多くの組織に使われ、安定稼働している共有ライブラリも大切な資産です。社内に膨大なリポジトリがあると、どれがきちんとメンテナンスされているのかを把握しづらくなります。

　そこで、ソフトウェアカタログを整え、意図的に社内のリポジトリを選定して公開することで、他チームが既存の資産を使いやすくなります。カタログには、利用可能なプロジェクトが掲載され、潜在的な消費者や貢献者がプロジェクトを発見しやすくなります。リポジトリ自体にアクセス制

限があっても、概要をカタログに掲載することで、カタログ経由で適切なプロジェクトを見つけることができます。

このカタログは、「インナーソースポータル[*5]」と呼ばれます。

代表的な例としては、Spotify社のBackstage[*6]があります。Backstageのようなツールは、インフラ関連のプロジェクトだけでなく、社内のさまざまな開発プロジェクトのポータルとして機能します。開発者が社内のリソースを見つけやすくすることで、生産性の向上につながります[*7]。

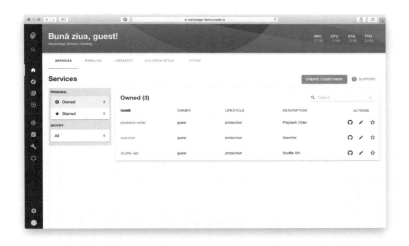

図7.4 **Backstageのソフトウェアカタログ画面**

7.1.7 　経営層を巻き込んだ技術共有戦略 Practice

AIの活用は企業の競争力向上に不可欠です。ソースコードやドキュメントなどの既存の技術資産を活用できれば、さらに効果的です。しかし、多くの企業では社内で技術資産を共有する仕組みが整っていません。優れ

---

*5 　**インナーソースパターンブックより。** https://patterns.innersourcecommons.org/v/ja/p/innersource-portal
*6 　https://backstage.io/
*7 　**図7.4は** "Backstage Software Catalog" https://backstage.io/docs/features/software-catalog/ **より引用。**

たコードを開発しても、共有する仕組みがなければ、AIにその資産を活用させることは困難です。

　企業内でのコード共有を妨げる要因は、大きく組織的要因とリスク要因に分けられます。組織的要因には、部門間の文化の違いやインセンティブ設計の不備、リソース不足などがあります。一方、リスク要因には、セキュリティやコンプライアンス、税務上の問題などが挙げられます。これらの要因が複雑に絡み合い、コード共有を困難にしているのです。

　共有したコードを継続的にメンテナンスするには、個人やチームを支える仕組みと、良好な共有文化の醸成が大切です。また、経理、法務、情報セキュリティ、人事など関連部門との連携も不可欠です。そのため、経営層のサポートを得ることが望ましいでしょう。

　経営層の理解と支援を得るには、AIによるコード活用の重要性を明確に説明し、組織横断的なプロジェクトチーム[*8]の結成を提案するのが効果的です。トップのリーダーシップのもと、部門間の垣根を越えた取り組みを進めることで、社内でのコード共有が加速します。

　コードを資産として社内で共有していくには、ボトムアップの活動だけでは不十分です。上層部の賛同を得て、トップダウンでの取り組みを並行して進めることが効果的です。これにより、部門間のコミュニケーションの摩擦を減らし、組織全体での共有文化を醸成できます。両面からのアプローチが効果的な技術資産共有の鍵となるのです。

　AIの力を最大限に引き出すには、技術面だけでなく、組織のあり方も変革していく必要があります。経営層の賛同を得て、トップダウンとボトムアップの両輪で、共有文化の醸成を図りましょう。これにより、AIを活用した競争力の向上と、持続可能な技術資産の共有が実現できます。

7.1.8　安全なコード共有体制の構築 Practice

　GitHubのようなソースコード管理ツールでの共有設計は、組織の競争力に直結する重要な要素です。しかし、GitHubを使用しているだけでは、

[*8] InnerSource Program Officeとも呼ばれる、インナーソースの普及を支援する組織。

自動的にコードが全社で共有されるわけではありません。適切に設計されていない環境では、組織内でのコミュニケーションや競争力の源泉となるべきコードの共有が困難になります。

多くの企業では、セキュリティを過剰に重視するあまり、全ての共有を制限してしまう傾向があります。しかし、セキュリティと共有の両方の視点を考慮することで、機密コードの流出リスクに対処しつつ、社内でのコード共有とAIを活用した生産性向上やイノベーションを促進できます。

セキュリティ優先と共有優先の視点には、それぞれ異なる懸念やリスク、重視するリポジトリがあります。以下の表は、これらの違いを示しています。

	セキュリティ優先の視点	共有優先の視点
懸念されるリスク	機密性の高いコードが企業外に流出する	自組織の外で開発された成果物を検索、発見、評価できない
絶対的な立場	各リポジトリへのアクセスは個別に許可されるべき	全てのリポジトリは、全ての正社員に公開されるべき
焦点となるリポジトリ例	機密性の高いリポジトリ 経営への影響力が大きいサービス 社内公開が安全性に影響を与えるコアインフラ	再利用性の高いパッケージ 社内向けのツール テンプレート・SDK・依存関係の多いライブラリ

興味深いことに、各視点が重視するリポジトリにはあまり重複がありません。つまり、多くの場合、セキュリティと共有の両立は可能です。AI時代には、社内で共有すべきソースコードを適切に選択し、AIを活用した生産性向上のための共有文化を醸成することが大切です。

セキュリティと両立させながらソースコードの共有を進めるには、段階的なアプローチが有効です。組織のニーズに合わせて、異なるリポジトリやアクセス制御を設定することが効果的です。以下に、段階的な共有のためのアプローチを紹介します。

1. 共有のための専用領域を定義する
2. コンソーシアム型の共有
3. 社内公開が難しいコードベースから、共有可能な部分を抽出する

共有のための専用領域を定義する

全社的に共有できる場所を「専用領域」として定義し、その範囲内でのみ共有を許可することで、セキュリティを確保しつつ全社的な共有を実現できます。たとえば、GitHubに共有用の組織を作成し、その組織内でのみ共有を許可する方法があります。ただし、共有のための組織的な仕組みやメンテナンスへのインセンティブがないと、共有コードが陳腐化する可能性があるので注意が必要です。

コンソーシアム型の共有

全社的な共有が難しい場合でも、特定のチームやグループ間で共有できるコードがある可能性があります。このような場合、コンソーシアム[*9]向けのアクセス権限を設定し、他のチームが後からでも参加できるようにすることが効果的です。共有範囲を適切に管理し、ソースコードマネジメントシステムを設定することで、共有できる範囲を確実に定義できます。また、他のチームが情報を見つけやすいように、実装ではなく、ドキュメントやSDKを優先して全社共有することも検討に値します。

社内公開が難しいコードベースから、共有可能な部分を抽出する

社内公開が難しいコードベースからも、共有可能な部分を抽出できる可能性があります。最初から再利用可能なコンポーネントを意識して設計することで、将来的に他のプロジェクトやプロダクトにも適用できます。特定のプロジェクトで再利用可能なコンポーネントが見つかった場合、そのコンポーネントを分離し、組織として育てていくことを検討しましょう。

内製開発やインナーソースを成功させ、AI時代により高い競争優位性を確保するためには、原理主義的なアプローチを避け、柔軟なアプローチを取ることが大切です。組織のニーズに合わせて段階的にソースコードの共有を進めることで、セキュリティと共有の両立を図りながら、AIが企業の資産を効果的に活用できる環境を整えましょう。

[*9] ここでは、複数の部署やチームが参加できるある種の集団や共同体の意味。

COLUMN

「生成AIでアプリを作れるから開発費を下げろ」という考えは現実的ではない

　筆者がMicrosoftでAzureのアーキテクトとして勤務し始めた2016年当時、クラウドは急速な進化を遂げていました。サーバレスソリューションの登場など、インフラの抽象化が極限まで推し進められたのです。多くの企業にとって、これはすばらしい変化でした。

　しかし、コスト削減の面では必ずしも期待どおりの結果が得られないケースもありました。クラウドはオペレーションの一部をMicrosoftのようなクラウドベンダーに委ねることでコストを下げる仕組みを持っています。クラウドはたしかにコスト削減の可能性を秘めていますが、それを実現するには適切な対応が必要です。アプリケーションアーキテクチャや運用方法の見直しなど、クラウドに最適化された選択が求められ、エンジニアには新しい知識やスキルの習得が必要となりました。

　初期段階では、インフラの構築や運用を外部委託する企業において、クラウド導入へのリスクや学習の必要性に対するコストが加算され、運用費用の大幅な削減に至らないケースが見られました。一方で、クラウド関連の技術習得を進め、自社でインフラを管理する方針を取った企業では、コスト削減だけでなく、技術の早期適用やビジネスへの柔軟な対応が可能となりました。クラウドに移行することで、真っ先に利益を得るのはクラウドの構築や運用をしている人たちであり、そこを外部委託してしまうと、そのメリットが半減してしまいます。

　そして今、生成AIという新たな技術が登場しました。生成AIは、あらゆる工程の工数を削減しうる可能性を秘めていますが、特にプログラム開発において、その能力は目を見張るものがあります。同様にこの領域を外注に任せてしまうと、生成AIのメリットを十分に活かせない可能性があります。

　クラウド時代に「クラウドにすれば運用費用が削減できるはずだから、費用を下げてほしい」という要求が通らなかったように、「生成AIでアプリを自動で作れるだろうから開発費を下げてほしい」という要求も、あまり現実的ではありません。

　生成AIを活用してビジネスの適応力を高め、生産性を向上させるには、内製化を進めることが大切です。そうすることで、生成AIがもたらすメリットを最大限に享受できる可能性が高まるでしょう。

7.2 AI時代のソフトウェア開発手法をチームで体得する

生成AIの真の力を引き出すためには、開発メンバー一人一人がAIの特性を理解し、AIを活用するためのスキルを身につけることが不可欠です。しかし、AIへのアプローチに関する学習を個人の努力だけに委ねるのは得策ではありません。チーム全体でAIの活用に取り組み、知見を共有し、協力し合うことこそが、組織としてのAI活用を成功に導く鍵となります。

まずは、チームメンバーで以下の点を確認し、組織としてのAI活用における課題を共有しましょう。

- **AIの特性と限界への理解**：AIの特性と限界への理解は欠かせません。AIは万能ではないため、適切な指示とレビュー、修正が必要不可欠です。AIが生成したコードを鵜呑みにせず、批判的な目を持つことが求められます。
- **組織としての方針の明確化**：AIの活用範囲、出力のレビュー方法、生成されたコードの管理方法など、チームで議論し、合意形成することが大切です。
- **AIから得た知見の共有**：優れたコードの書き方、効率的なデバッグ方法など、AIから学んだことをチームで共有し、全体のレベルアップにつなげましょう。チームのエンジニアが使っている生成AIのテンプレートやプロンプトテクニックなどを共有することも有益です。組織内におけるAI活用の旗振り役を決め、生成AIの利用方法を組織全体に展開させるのも一つの方法です。

生成AIの分野は技術の進歩が著しく、新しいモデルやツールが次々と登場しています。古い手法や、AIの進化に伴って「誤差」でしかなくなった方法論に固執していては、チームの生産性が低下してしまいます。**チームがAIの進歩に追随していくためには、継続的な学習と情報共有が欠かせません。**このセクションでは、チームとしてAIの活用に取り組むための方法を紹介します。

7.2.1　AIモブプログラミング Practice

　モブプログラミングは、AIを利用した開発の力をチーム全体で最大限引き出すために効果的な手法です。この方法では、一つの画面を共有し、一人が「ドライバー」としてコードを書き、他のメンバーが「ナビゲーター」として即時フィードバックを提供します[*10]。

> モブプログラミングの基本的なコンセプトはシンプルです：チーム全体が1つのタスクに取り組むためにチーム全体で一緒に作業します。つまり、1チームが1つの（アクティブな）キーボードと1つの画面（もちろんプロジェクター）を使用します。 ── Marcus Hammarberg, Mob programming – Full Team, Full Throttle

　AIを用いた開発にモブプログラミングを適用することで、以下のようなメリットが期待できます。

- プロンプトの効果的な書き方をチーム内で共有できる。
- フィードバックによりプロンプトの改善方法を共有できる。
- AI活用に役立つ新たなリソースを発見しやすくなる。

　一般的に「ChatGPTの使い方のコツ」といった動画やブログ記事は、仮想的な課題を扱っていることが多いです。本書も、どちらかというと一般化した内容を扱っていますが、実務で必要なのは、実際の業務課題を通してAIの使い方をチームメンバーが共有することです。

　チームメンバー全員がAIへの指示に関与し、優れたプロンプトの書き方を共有することで、**チームのAI活用力の向上が期待できます**。さらに、リアルタイムのコードレビューによってプロンプトの品質が向上し、非効

[*10] The basic concept of mob programming is simple: the entire team works as a team together on one task at the time. That is: one team – one (active) keyboard – one screen (projector of course) - Hammarberg, Marcus. "Mob programming – Full Team, Full Throttle". CodeBetter.com https://web.archive.org/web/20130816181536/http://codebetter.com/marcushammarberg/2013/08/06/mob-programming/ （筆者訳）

率なプロンプトが早期に発見・修正されます。

モブプログラミングの具体的な方法は、Woody Zuill 氏の"Mob Programming – A Whole Team Approach"[*11]という投稿で詳しく説明されているほか、検索すると日本語の解説記事もたくさん見つかります。ぜひ、チームでAIモブプログラミングを試してみてください。

7.2.2　AIペアプログラミング　Practice

　開発支援AIツールを活用する際、生成されたコードの品質向上とチームの理解促進のために、ペアプログラミングが有効です。AIが生成したコードは、一見整形が美しく、ドキュメントも丁寧で、変数名も適切に見えることがあります。しかし、処理内容の不明瞭さや実装の不十分さ、非効率なコードが含まれる可能性があります。

　この特徴は、特に若手エンジニアのコードレビューで問題になることがあります。AIが整えたコードは、開発者の理解度や思考過程が見えにくくなるためです。「なぜこのコードになったのか」という理解が必要ですが、AIの高性能さゆえに、深く考えずに「動くコード」がPull Requestとして提出されることもあります。これを放置すると、エンジニアの成長機会を逃してしまいます。長期的には、チーム全体のスキル向上にも悪影響を及ぼす可能性があるのです。

　そこで、以下のようなシナリオでペアプログラミングとプロンプトコーチングを実践してみましょう。

- 二人で開発支援AIツールを使いながら、通常のプログラミングを行います。
- AIへの指示のしかたや、開発の質を上げるコツを互いに共有します。
- AIが出力したコードについて、お互いに解説したり質問したりしながら改善点を探ります。

モブプログラミングがチーム全体の成長を目指すのに対し、ペアプログ

[*11] https://www.agilealliance.org/resources/experience-reports/mob-programming-agile2014/

ラミングは個人に焦点を当てます。二人で行うことで、より深い情報共有や個別の育成、細かな品質向上が可能になるのです。AIとうまく協働するには、コードの本質的な理解とプログラミングスキルの向上が欠かせません。ペアプログラミングを取り入れることで、AIを活用した開発をより効果的に進められるでしょう。この方法で、チーム全体のスキルアップと品質向上を同時に達成していきましょう。

7.2.3 プロンプトのユースケース共有 Practice

　企業内で「繰り返し使えるプロンプトテンプレート」を共有して再利用したいと考えている方もいるかもしれません。しかし、前述のとおり、エンジニアのタスクにおけるプロンプトは使い捨ての物が多いのが実情です。個人に有効なプロンプトが、他者にも同様に機能するとは限りません。また、汎用的なプロンプトはすでにインターネット上で共有されていることが多く、企業内での再共有の意義は薄いと言えます。

　プロンプト作成の本質は、単なるコピー&ペーストではありません。AIの出力を観察しながら、自分の業務に適用していく過程にあります。そのため、プロンプトの成果物を共有されるよりも、**どういった問題に対してどのようにアプローチをするのか**という「発見」のほうが重要です。

　たとえば企業における有効なユースケースを共有することで、他のメンバーがそれぞれの業務に応用できる可能性が高まります。特にテストの書き方やコードのリファクタリング、データベースの設計など、企業や組織ならではのスタイルがある場合、そうした対象の具体的なユースケースを共有することで、他の人が学ぶ機会を提供できます。したがって、再利用可能なプロンプトテンプレートではなく、ユースケースと事例の共有を重視しましょう。

　再利用可能なプロンプトテンプレート作成にこだわると、将来的に使用されるか不明なテンプレート作成に多大な時間を費やす可能性があります。また、「完璧なプロンプトを共有しなければならない」という意識が、共有のハードルを上げてしまう恐れもあります。

　プロンプトやユースケースの共有は、教育や社内活性化と連動させると

良いでしょう。定期的なナレッジシェアリングの機会を設け、チーム内でプロンプトを共有しましょう。また、SlackやTeamsなどのコミュニケーションツールを活用し、AI活用のユースケースを日常的に共有することも効果的です。これにより、組織全体のAI活用スキルの向上と、新たなアイデアの創出につながります。

7.2.4　AI活用の推進チャンピオン育成 Practice

　チャンピオンとは、特定の分野や取り組みを社内で推進し普及させる役割を担う人材を指します。AI活用においては、自らAIを使いこなし、その知見を共有してチーム全体のAI活用を促進する個人がこれにあたります。「AI活用の旗振り役」とも言い換えられるでしょう。組織にとって、このようなチャンピオンを発掘し育成することは、チーム全体のスキルアップと効率的なAI活用につながる大切な取り組みです。

　AI活用のチャンピオンには、技術面だけでなく業務面での深い知見も求められます。単にAI技術に詳しいだけでなく、業務上の観点からAIの活用方法を見出せる人材が理想的です。

　筆者の経験では、生成AIのような新しい分野の社内推進役は、キャッチアップが早く発想が柔軟な若手が任されることが多いと感じます。一方で、そうした取り組みは「プロンプトのコツ」や「ツールの使い方」などの共有にとどまってしまいがちです。AI活用においては、プロンプトの書き方といった「How（方法）」も重要ですが、ユースケースのような「What（内容）」の共有も同時に大切です。「What」の部分は、業務や特定技術に詳しい社員がAIの活用法を探って応用の可能性を広げていく必要があります。

　AI活用の知見を組織内で共有するには、以下のような取り組みが効果的です。

- ■ 優れた活用事例の共有
    - ■ AIを活用している達人のプロンプトや適用術を収集し、チーム内で共有する。

- ワークショップの開催
  - 優秀なAI活用者を講師に招き、プロンプトの書き方やAIの活用方法を学ぶ機会を設ける。
- 活用のレビューと改善
  - チームメンバーの活用箇所やプロンプトをレビューし、改善点を提案する。

AI活用チャンピオンを見つけ出すには、以下のような方法が効果的です。

- 開発支援AIツールの利用メトリクスを活用する
  - 利用頻度や生産性の高いユーザーを特定する。
- チームの良いコミュニケーターを見つけ出す
  - AIの活用チャンスをうまく伝播していける人材は貴重です。
- 業務の有識者をAI活用チャンピオンに育成する
  - 業務の有識者を探し、トレーニングセッションを設け、AIチャンピオンに育成する。

AI活用チャンピオンの発掘と育成は、組織全体のAI活用レベルを高める重要な取り組みです。技術面と業務面の両方に精通したチャンピオンを育てることで、AIの可能性を最大限に引き出せます。若手とベテランの協力、知見の共有、そして継続的な学習の機会を提供することが成功の鍵です。若手だけでも、ベテランだけでもなく、組織に所属する全員の知恵と経験を結集し、生成AIの可能性を最大限に引き出していきましょう。

7.3 AIとドキュメント

コーディングにおいてAIがすばらしい効果を発揮することは明らかになりましたが、**ソフトウェアエンジニアリング業務全般においてもAIの**

活用は大きな可能性を秘めています。プロダクト開発には、エンジニアだけでなく、プロダクトオーナー、プロジェクトマネージャー、ビジネス関係者など多岐にわたる人材が関与しています。チーム編成によっては、DevOpsチームやアジャイルのクロスファンクショナルチーム、ウォーターフォール型の開発チームなど、エンジニア以外のITプロフェッショナルが主要メンバーとなることもあるでしょう。

このような状況下で、プロジェクトやプロダクト全体の効率を向上させるためにAIを活用するにはどのようなアプローチが考えられるでしょうか。このセクションでは、**AIを活用してドキュメントを作成・活用する方法**について考えていきます。

7.3.1　AIフレンドリーな情報整理 `Practice`

4.2.9でも一部述べましたが、AIに情報を渡す際は、**シンプルな構造**と**余分な意図が入り込まないリーンさ**が大切です。そのために、以下の2つの言語が役立ちます。

- 簡潔に意図を示すためのマークアップ言語
- 図をテキストで扱える図示言語

特におすすめの言語が**Markdown**と**Mermaid**です。Markdownは軽量マークアップ言語としてテキストに意味を持たせることができます。Mermaidはデータ記述言語の一種で、開発に必要な情報を簡潔に図示できます。Mermaidは、Markdownにおけるデファクトスタンダードの図示言語であり、多くの言語モデルもMermaidのシンタックスを学習しているため、AIに情報を渡す際に適しています。

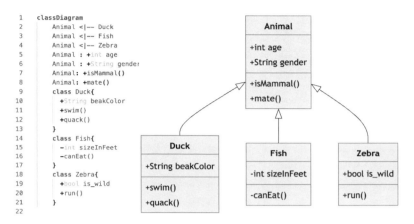

```
1    classDiagram
2        Animal <|-- Duck
3        Animal <|-- Fish
4        Animal <|-- Zebra
5        Animal : +int age
6        Animal : +String gender
7        Animal: +isMammal()
8        Animal: +mate()
9        class Duck{
10           +String beakColor
11           +swim()
12           +quack()
13       }
14       class Fish{
15           -int sizeInFeet
16           -canEat()
17       }
18       class Zebra{
19           +bool is_wild
20           +run()
21       }
22
```

図7.5 Mermaidで作成したダイアグラムの例

　ただし、Mermaidは現在も開発が進められています。特に最新の記法は言語モデルが知らないか、不正確な可能性があることには気をつけましょう。もちろん、状況に応じて他のマークアップ言語や図示言語を選ぶのもありです。大事なのは、チームにとって最適な言語を使うことです。

　AI時代では、クラウドインフラの定義書、データベーステーブル仕様、テスト要件などのファイルは、即座に実際のコードに変換できる可能性があります。もし、データベースのテーブル定義書からSQLのクエリや、マイグレーションファイル、モデルクラスの定義などを生成できれば、開発効率が大幅に向上するでしょう。

　たとえば、以下のようなテーブル定義があるとします。

```
| No. | Item Name        | Type      | Length | Decimal | Required | Primary Key | Remarks              |
| --- | ---------------- | --------- | ------ | ------- | -------- | ----------- | -------------------- |
| 1   | pass_document_id | integer   |        |         | Y        | Y           | Document ID          |
| 2   | checkout_id      | integer   |        |         | Y        | Y           | Unique Serial Number |
...
| 15  | update_datetime  | timestamp |        |         |          |             | Update Timestamp     |
```

図7.6 Markdown形式のテーブル定義例

　このテーブル定義を元に、AIはRuby on Railsにおけるデータベースのマイグレーションファイルを作成できます。

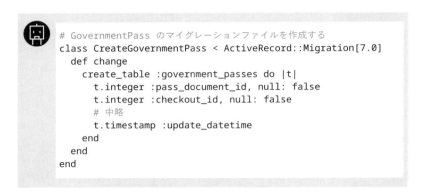

```
# GovernmentPass のマイグレーションファイルを作成する
class CreateGovernmentPass < ActiveRecord::Migration[7.0]
  def change
    create_table :government_passes do |t|
      t.integer :pass_document_id, null: false
      t.integer :checkout_id, null: false
      # 中略
      t.timestamp :update_datetime
    end
  end
end
```

テーブル定義があれば、そこからモデルクラスの定義や、データベースのクエリを生成するなど、応用範囲は広がります。汎用的に使える開発資産に関しては、優先的にAI活用可能性をあげていきましょう。

■——— マルチモーダルモデルでも、AIに情報を渡す際はシンプルに

第4章でも言及しましたが、OpenAIのGPT-4oをはじめとするマルチモーダルモデルが登場し、テキストだけでなく画像も活用してAIに情報を伝えられるようになっています。これにより、従来のマークアップ言語や図示言語では表現が難しかった複雑な情報も、Excel、PowerPoint、Figmaなどのツールでまとめた画像としてAIに渡すことが可能になったのです。特に、アーキテクチャ図、シーケンス図、フロー図などの中でも、図示言語で表現しきれない複雑な図がある場合、無理にテキスト化せずに画像で提供するのが効果的です。

以下の2点に注意して情報をAIに渡すことが大切です。

- 編集可能性の確保
  - AIの出力を確認し、必要に応じて入力を修正できるフォーマットを使うこと。
  - PDFや画像ファイルでフォーマットを固定してしまうと、AIが情報を適切に扱えなかった際の修正が大変になります。
- 画像の情報量の最適化

- AIが必要な情報を漏れなく取得できるよう、適切な情報量の画像ファイルを提供すること。
- 人間が扱いやすいサイズの情報量にコントロールすることが大切です。
- PowerPointの1ページやExcelの1シートに極端に細かい情報を詰め込んだり、複数の異なる情報を一つの画像に詰め込んだりすると、AIに渡す情報の選定が難しくなってしまいます。

　AIへの入力はシンプルにまとめ、出力は確認しやすい形式にするのがポイントです。AIが複雑な情報を扱えるようになっても、人間側の負担が増えては本末転倒です。また、AIには小さい範囲で出力してもらい、段階的に完成度を高めていくことが賢明です。

7.3.2　実装からの仕様書生成 Practice

　実装からの仕様書生成、すなわちコードのドキュメント変換も、AIの活用が期待できる分野です。対話型の開発支援AIツールを使用することで、説明を自動生成するだけでなく、ドキュメントなどの長い文章を生成できます。これにより、開発者は手動でドキュメントを作成する手間を大幅に削減でき、生産性向上が期待できます。さらに、仕様書がない、もしくは古くなってしまっているプロジェクトにおいて、コードから仕様書を自動生成することでプロジェクトの理解を助けることができます。

　たとえば、AIを活用することでコード全体の概要説明やAPIドキュメントを生成し、また、それをコードの中に埋め込んだ状態でコードごと出力させることができます。

　Ruby on Railsのバックエンドのコードに対して、AIに概要説明を求めると、ドキュメントを自動生成してくれます。

RecipesControllerについてのドキュメントを生成してください
```ruby
class RecipesController < ApplicationController
  before_action :set_recipe, only: [:show, :edit, :update, :destroy]
  # 中略：index、show、new、edit、create、update、destroyの各アク
```

```
ションを定義
end
```

この RecipesController は、Ruby on Rails のコントローラーです。

主な機能は以下のとおりです：
- before_action を使用して、show、edit、update、destroy アクションの前に set_recipe メソッドを実行します。
これにより、各アクションで対象のレシピを @recipe インスタンス変数にセットします。
- index アクションでは、全てのレシピを取得し、@recipes インスタンス変数にセットします。
- show アクションでは、@recipe インスタンス変数を使用して、対象のレシピの詳細を表示します。
- new アクションでは、新しいレシピを作成するためのフォームを表示します。
- create アクションでは、送信されたパラメータを使用して新しいレシピを作成し、保存します。
- edit アクションでは、対象のレシピを編集するためのフォームを表示します。
- update アクションでは、送信されたパラメータを使用して対象のレシピを更新し、保存します。
- destroy アクションでは、対象のレシピを削除します。

プロンプトの中でフォーマットを指定して、より詳細なドキュメントを生成することも可能です。

```
RecipesControllerについてのドキュメントを生成してください。
- Markdown Tableとして出力してください。
- テーブル内の改行は `<br/>` を使ってください
- 各仕様書の項目は以下のとおりです。それぞれ、別のカラムに出力してください。
  - メソッド名
  - 概要
  - パラメータ
  - 戻り値
  - 内部のSQLクエリ
- メソッド名は太字で表示してください。
```

仕様書を実装から書き出すテクニックは、バックエンドやフロントエンドだけに限らず、データベースやインフラの設定など、幅広い分野で活用できます。

7.4 AI時代に適合したチーム技術スタックの最適化

　チームの技術スタックをAI時代に適合させることも一考の余地があります。開発支援AIツールが高い精度を出せる領域を見極めるとともに、チームとして戦略的に育てるべき技術スタックを選定していくことが大切です。また最新のツールを使えるように、コードのポータビリティを高め、そのうえで安全に運用できるようにすることも大切です。

7.4.1　AI時代に適した技術スタックの選定 Practice

　開発支援AIツールの台頭は、エンジニアリングチームの技術選択戦略に大きな影響を与えています。限られたリソースで最大の効果を発揮するには、**プロジェクトに最適な技術スタックを見極め、重点的に育てていく**ことが大切です。AI時代の技術選択では、特に「AIが事前情報なしで活用できる既存知識」と「組織内に蓄積されたナレッジ」の活用が重要です。

　まず、AIが事前情報なしで活用できる既存知識、つまりZero-shotプロンプティングで取得できる範囲を把握することです。「AIは自社のコードに適した出力を出せない」という声を聞くこともありますが、オープンソースで人気の高いライブラリやフレームワークは、生成AIが事前学習している可能性が高いため、そういった問題が起こりにくい傾向にあります。各言語の標準ライブラリやデファクトスタンダードのライブラリも、AIが活用できる知識の範囲に含まれます。たとえば、CSSフレームワークではBootstrapやTailwind CSS、JavaScriptフレームワークではReactやVue.jsなどはAIの得意分野です。これらの技術を選択することで、AIとの協働がスムーズになり、開発効率が向上します。

　次に、組織内に蓄積されたナレッジの活用も重要なポイントです。全ての開発がオープンソースベースのプロジェクトに依存しているわけではなく、組織独自の技術やノウハウが必要な場面も多くあります。また、本章の冒頭でも述べたとおり、今後はRAGやファインチューニングの技術を

効果的に使用するには、AIが学習や検索に利用できる既存のナレッジが組織内に蓄積されている必要があります。たとえば、社内で開発したライブラリやフレームワーク、プロジェクト固有のドキュメントなどが該当します。AIが活用できるナレッジを組織内で共有し、技術スタックの標準化を進めることで、開発効率を向上させることができます。

AIの知識の有無で技術選定の幅を狭める必要はありませんが、技術選定の際には、AIの知識の有無を検討項目に加えることで、より最適な選択が可能になります。つまり、「AIと協働するための技術スタック」を標準化することが効果的です。組織の人材が持つ知識やスキルを活かしやすい技術を戦略的に選び、AIと共有しやすい形で組織にナレッジやリソースを蓄積、メンテナンスしていきましょう。

7.4.2 情報資源のポータビリティ向上 Practice

開発支援AIツールを効果的に活用するには、AIが理解しやすい形式でリソースを管理することが欠かせません。具体的には、Markdownなどの軽量マークアップ言語を使用したテキストベースの形式が有効です。そうすることで、情報のポータビリティが向上し、AIに情報を渡す際にもスムーズに対応できます。

テキストベースの情報は、高いポータビリティを持つ代表的な形式です。特に、Markdownなどの軽量マークアップ言語は、可読性と編集のしやすさを兼ね備えています。これらのファイルは、多くのエディターで編集可能であり、環境依存性が低いという利点があります。さらに、バージョン管理システムとの相性も良く、チーム内での情報共有や履歴管理にも適しています。

ポータビリティを確保しつつ、適切なツールを活用することが重要です。Gitベースのドキュメントツールは、テキストベースのフォーマットと相性が良く、情報の移植性を高めます。一方で、非エンジニアメンバーが多い場合は、より直感的な操作が可能なツールを選択する必要があります。理想的なのは、ツールの機能を最大限に活用しながら、情報のポータビリティも確保することです。

ポータビリティに欠けるツールへの過度な依存は、「ツールロックイン」と呼ばれる状態を引き起こします。これは、特定のソフトウェアやプラットフォームに強く依存し、他のツールへの移行が困難になる状況を指します。たとえば、エクスポート機能を持たないツールや、独自のフォーマットを使用するツールは要注意です。AI分野は進化が早いため、新しいツールを柔軟に導入できるよう、情報の移植性を常に意識する必要があります。

リソースのポータビリティを確保するための具体的な方法は以下のとおりです。

- プレーンテキストやMarkdownでドキュメントを作成する。
- バージョン管理システム（Git等）を積極的に活用する。
- 標準的なフォーマット（CSV、Marekdown等）にエクスポート可能なツールを選択する。
- APIを通じてデータにアクセスできるツールを優先する。
- オープンな標準フォーマットが存在する場合は、それを積極的に採用する。

これらの方法を実践することで、AIツールの効果的な活用と情報の柔軟な管理が両立できます。また、特定の環境へのアクセス権を持たない社内の他のメンバーとも情報を共有しやすくなります。ポータビリティの確保は、単に情報の移動を容易にするだけでなく、チーム全体の生産性向上にも寄与します。

今後のAI技術の発展を見据え、常に新しいツールや手法を取り入れられる柔軟な体制を整えることが大切です。

7.4.3　AI生成コードのセキュリティ対策 Practice

多くの人が懸念するのは、生成AIが出力したコードの品質です。

よくある疑問に「AIが生成したコードは安全か？」というものがあります。答えは「**生成AIが出力するコードは安全であるとは限らない**」です。

しかし、これはAI特有の事情ではなく、人間が書いたコードも同様で

す。AIのコードも人間のコードも同様にセキュリティリスクがあるのです。全てのコードがそうであるように、今日安全だと思われているコードが明日も安全であるとは限りません。2021年のlog4jの脆弱性[*12]のように、新たに発見された脆弱性で業界が大騒ぎになることもあります。そのため、セキュリティを継続的に評価し、必要に応じて改善することが不可欠です。

■──── DevSecOpsによる継続的セキュリティ担保

こうしたリスクを防ぐ手段として、DevSecOpsの方法論があります。DevSecOpsでは、各開発工程に応じたセキュリティ対策をプロセスに組み込み、セキュリティを継続的な関心事とします。

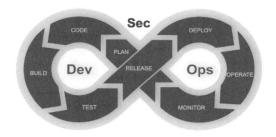

図7.7 **DevSecOpsの概念図**

DevSecOpsの重要なコンセプトにシフトレフトがあります。これは、セキュリティを開発サイクルの早い段階から統合することを意味します。従来のソフトウェア開発では、セキュリティ対策は後回しにされがちでした。セキュリティ専門部署や外部ベンダーに丸投げするのが一般的で、開発の中核からは隔離されていたのです。その結果、セキュリティ評価は特定のタイミングでしか行われず、**脆弱性の発見が開発後半になってしまう**ことが多々ありました。これは、開発スピードや、対処コストなどに悪影

[*12] 2021年12月、Apache Software Foundationがオープンソースで提供しているJavaベースのロギングライブラリに発見された脆弱性（CVE-2021-44228）。多くの企業やプロジェクトが影響を受け、その対応に追われた。https://www.jpcert.or.jp/at/2021/at210050.html

響を及ぼします。

シフトレフトによって、以下のようなメリットがあります。

- 脆弱性の早期発見と対処
- コスト効率の高いセキュリティ管理
- 開発文化の変革

脆弱性の早期発見と対処

開発の初期段階からセキュリティ対策を組み込むことで、潜在的な脆弱性を早期に発見し、速やかに対処できます。これにより、セキュリティ侵害のリスクを大幅に低減できるだけでなく、あとあとの修正にかかる手間や複雑さも軽減されます。

コスト効率の高いセキュリティ管理

セキュリティ上の問題への対処が後手に回ると、修正コストが跳ね上がる可能性があります。一方で、早い段階での統合により、欠陥が深刻化する前に対処できるため、コストを最小限に抑えられます。

開発文化の変革

シフトレフトは、セキュリティをセキュリティ専門家だけの問題ではなく、開発チーム全体で取り組むべき課題としてとらえます。この考え方を浸透させることで、開発プロセス全体を通してセキュリティに対する意識を高めていくことができます。

DevSecOpsのスタイルを開発に浸透させる

DevSecOpsでは、CI/CDパイプラインにセキュリティツールやプラクティスを統合します。具体的には、以下のような取り組みが含まれます。

- 自動化されたセキュリティテスト
- セキュリティ脆弱性に関する定期的なコードレビュー
- 運用中のソフトウェアの継続的なモニタリング

AIを活用する際も、DevSecOpsの考え方を取り入れることで、安全性の高いコードを効率的に開発できるでしょう。

7.5 生成AI導入効果の評価

近年、生成AIの発展により、ソフトウェア開発の現場にも大きな変化が訪れています。コーディングやドキュメンテーションなどさまざまな場面でAIが活用されるようになり、多くの企業がAIの導入による開発効率の向上を目指しています。

しかし、ここで問題となるのが、生成AIの効果測定です。生成AIを導入したからといって、すぐに開発効率が上がるわけではありません。**AIのコストパフォーマンスは非常に優れていますが、どうやってその効果を計測するかが問題なのです。** AIの導入効果を計測するためには、AIの導入前後の状況を比較することが重要です。そのためには以下のようなメトリクスを活用することが有効です。

- Four Keys（DORA Metrics）
- SPACE Framework

ただ、生産性にばかり着目してしまわないよう注意が必要です。「ツールの導入効果」の話になった瞬間、人はすぐ「生産性」に結び付けがちですが、**開発生産性はAIが開発者にもたらすことの1側面しかとらえられていません。** より大切なのが、Developer Experience（開発者体験）という概念です。つまり、コストパフォーマンスだけでない、より多面的な視点でAIの導入効果を評価することが大切です。

7.5.1 Developer Experience（開発者体験）

生成AIがどれだけ貢献したかを**正確に計測することは難しい**のが現状

です。これは、AIに限らず、以前から存在する課題でもあります。そもそも、たった1行のコード変更がどれほどの価値を生み出すのかを定量化するのは至難の業なのです。

エンジニアの生産性を、単にコードの行数で測ることはできません。もしもエンジニアがそのように評価されるとしたら、エンジニアはただ行数を増やすだけの無意味なコードを書いてしまうかもしれません。行間を広げ、コメントを増やせば、コードの行数が増えて高評価を得られるからです。

Developer Experienceとは、開発者がソフトウェア開発を行う際の体験全般を指す概念です。開発環境の整備、ツールの使い勝手、コミュニケーションの円滑さなど、さまざまな要素が含まれます。つまり、Developer Experienceを向上させることで、開発者がより効率的かつ効果的に働くことができるようになるのです。

Duke大学の教授であるNoah Gift氏は適切なプラットフォームを使用することで、以下のような効果が得られると指摘しています[13]。

- 生産性が75％向上する。
- 3年後も22％の生産性向上が持続する。
- オンボーディング時間が80％短縮される。

開発者体験の概念は以下の式で表されます。

$$開発者体験 = \overbrace{(開発者生産性 + 開発者インパクト + 開発者満足度)}^{コラボレーション}$$

図7.8　開発者体験を表す数式

---

[13] https://www.youtube.com/watch?v=mRqoVlhtVzA

- 開発者生産性：効率性とスピードを表し、開発者がタスクを効率的にどれだけ速く完了できるかを反映しています。
- 開発者インパクト：コード変更の実装やアイデアから本番環境への移行などが含まれ、開発者がどの程度の影響力を持ち、どれだけ迅速にアイデアを実際の製品やサービスに変えられるかを示しています。
- 開発者満足度：作業環境、ワークフロー、ツールにおいて、低い摩擦で高いインパクトを達成することを意味し、開発者が自分の仕事にどれだけ満足しているか、ワークフローがどれだけスムーズか、使用しているツールがどれだけ効果的かを測定します。

生産性について議論する際、デリバリー関連の数値にばかり目が行きがちですが、それだけでは不十分です。Kanbanの手法で必要なタスクを着実にこなしているチームや、外部へ納品するプロジェクトに従事しているチームの生産性は、デリバリーの数値だけでは測れません。

AIがもたらす価値は、プロダクトチームの開発者だけでなく、より幅広い開発者やITプロフェッショナルにもおよびます。そのため、AIの導入効果を測定する際には、より広範な開発者体験を重視し、開発者がどれだけ満足感を持ってインパクトのある仕事に取り組んでいるかを見極めることが大切です。

7.5.2　Four Keysによる開発プロセス評価 Practice

DevOpsの実践における重要な指標であるFour Keysは、開発支援AIツールの導入効果を測定するためにも活用できます。これらのメトリクスを適切に適用することで、より効率的で品質重視かつ効果的なソフトウェア開発プロセスの実現につながります。

Four Keysは、Nicole Forsgren氏、Jez Humble氏、Gene Kim氏による有名な書籍Accelerate[*14]で紹介され、ソフトウェア開発における重要なフレームワークとなっています。これは本来、開発支援AIツールの生産性

---

*14　https://itrevolution.com/product/accelerate/

を測定するために開発されたものではありませんが、開発の品質や速さに関する一般的な指標として機能します。そのため、これらのメトリクスを継続的に計測していれば、開発支援AIツールの導入効果を評価するためにも使えるのです。

これらのメトリクスは以下の4つで構成されています。

メトリクス	内容
デプロイ頻度	本番環境へのリリースが成功する頻度を測定します。
変更のリードタイム	コードのコミットから本番環境へのデプロイまでの時間を追跡します。
変更失敗率	本番環境でのデプロイの失敗率を評価します。
平均復旧時間（MTTR）	本番環境での障害からの平均復旧時間を測定します。

これらのメトリクスを適用することで、チームのパフォーマンスについて明確で定量的な洞察を得ることができます。また、強みと弱みを特定し、改善点を絞り込むことができます。さらに、業界標準とのベンチマークを行うことで、ベストプラクティスの達成と維持を目指すことができます。

ただし、これらのメトリクスは目的ではなく、測定するための手段であることに注意が必要です。組織固有の文脈と目標の中で解釈し、定量的な尺度とチームの士気や顧客満足度などの定性的な側面のバランスを取ることが重要です。

Four Keysでは、チームはエリート、ハイ、ミドル、ローの4つのパフォーマンスレベルに分類されます。最終的な目標は、高性能で機敏かつ効率的なDevOps環境を意味するエリートステータスに到達することです。開発支援AIツールの導入効果を測定し、改善を続けることで、このゴールに近づくことができるでしょう。

7.5.3　SPACE Frameworkによる開発者体験評価 Practice

　SPACE Framework[*15]も、Nicole Forsgren博士と共同研究者によって開発されました。このフレームワークは、開発者のメンタルヘルスや感情面での健康を優先し、満足度と幸福度が生産性やイノベーション、効果に直結すると認識しています。また、パフォーマンス指標を、スピードや成果物だけでなく、品質やプロジェクト・組織目標への全体的な影響まで含めて再定義します。

　SPACEの各要素は以下のとおりです。

- Satisfaction and Well-being（満足度と幸福度）
- Performance（パフォーマンス）
- Activity（活動）
- Communication and Collaboration（コミュニケーションとコラボレーション）
- Efficiency and Flow（効率性とフロー）

　SPACE Frameworkは、技術的な効率性と成功が、チームの幸福度と満足度を考慮しなければ十分に実現できないことを強調することで、DevOps戦略に不可欠な側面を加えています。**この全体的な見方は、持続可能な成長とイノベーションのために前向きな開発者体験の重要性を認識するため、先進的な組織を際立たせる鍵**となります。

　特にAIが各開発者のタスクに対して、どのくらい貢献しているかについてのメトリクスは、従来のDevOpsメトリクスだけでは不十分です。AIがもたらすのは生産性だけではなく、品質の向上、AIとの連携による学習、新たな機能の創出などさまざまな側面があります。それはプロダクトに対する影響ではなく、組織そのものに対する影響でもあるからです。

　また、エンジニアリングのタスクは多様であるため、このメトリクスだ

[*15] Forsgren, N., Storey, M. A., Maddila, C., Zimmermann, T., Houck, B., & Butler, J. (2021). The SPACE of Developer Productivity: There's more to it than you think. Queue, 19(1), 20-48. https://dl.acm.org/doi/pdf/10.1145/3454122.3454124

けでエンジニアリングのパフォーマンスを測ることは難しいでしょう。速さに関しては一部比較できたとしても、開発のスタイルや難易度が異なる対象に対して当てはめてしまうと、誤った結果を導く可能性があります。

たとえば、明らかにビジネス上の価値を生むものや、その技術やソフトウェア自体が企業の競争優位性に紐づくものであれば、その「価値」も換算しやすいでしょう。

しかし、Webサイトにとって非常に重要な「当たり前のログイン機能」を実装する場合や、「止まらないことが当たり前のシステム」を運用するための開発をしているエンジニアなど、彼らの価値はどうやって計測されるのでしょうか。そのため、定量的な尺度に加えてエンジニアリング組織の満足度なども含めて、より柔軟に測定することが必要です。

SPACE Frameworkの指標計測で、以下のようなメリットがあります。

- 人間中心の側面を含めることで、より均整のとれた包括的なソフトウェア開発へのアプローチが保証される。
- 満足度、コミュニケーション、コラボレーションに焦点を当てることで、よりやる気があり、団結力があり、効果的なチームにつながる。
- 技術的なパフォーマンスだけでなく、文化的・人間中心の実践も業界標準と比較してベンチマークできる。

これにより、AIが開発者の生産性にどのような影響を与えているかをより包括的に理解し、それにもとづいて適切な改善ができるほか、ツール自体の影響もより包括的に理解できます。

7.5.4 開発支援AIツールの導入評価 Practice

開発支援AIツールの導入効果を測定するには、適切な指標選定が欠かせません。しかし、その選定は容易ではありません。

開発支援AIツールの効果を正確に評価するには、さまざまな指標を組み合わせた総合的なアプローチが不可欠です。定量的指標と定性的指標をバランスよく活用し、短期的な変化と長期的なトレンドの両方を観察しま

しょう。また、チーム固有の目標や課題に応じて、カスタマイズした指標を設定することも効果的です。

ここでは、開発支援AIツールの効果を評価する上で検討すべき指標について解説していきます。

■── 開発者サーベイ

開発者サーベイは、ツールの実用性を直接評価する上で極めて重要です。定期的な満足度調査や使用感のヒアリングを通じて、開発者の率直な意見を収集しましょう。

たとえば、「AIツールにより作業時間が何%削減されたか」や「コード品質が向上したと感じるか」といった具体的な質問を設定することで、より精度の高い評価が可能になります。開発者サーベイは、開発者体験とAI導入の関連性を評価する上で最も直感的な手法であり、最も簡単に実施できるという利点があります。多くの場合で、そもそも開発生産性自体が正しく計測されていないことに着目すると、開発者サーベイは第一に考えるべき施策と言えるでしょう。

■── AIからの提案の採用率

GitHub Copilotのような開発支援AIツールは、AIによる提案がどの程度ユーザーに受け入れられたかを示す提案採用率のデータを提供しています。AIからの提案採用率は、ツールの有効性を示す重要な指標です。

ただし、この数値は言語やプロジェクトの特性によって大きく変動するため、絶対的な基準とはなりません。たとえば、Pythonプロジェクトでは40%の採用率が一般的でも、C++では30%が平均的かもしれません。また、開発者のコーディングスタイルの違いもあり、一概に全体を評価することは困難です。一方で、10%台のように、あまりにもこの値が低い場合は、開発支援AIツールの導入効果が低いことを示唆している可能性があります。生産性を計測するための指標ではなく、AIツールの有効利用に関する警告指標としてとらえるべきでしょう。

■——— Issueが作られてからPull Requestクローズまでの時間

Issueが作成されてからPull Requestがクローズされるまでの時間は、開発プロセス全体の効率性を評価する優れた指標です。この指標は、コーディングだけでなく、レビューやテストなどの工程も含むエンドツーエンドの包括的な評価を可能にします。たとえば、平均所要時間が2週間から1週間に短縮されれば、明らかな生産性向上と言えるでしょう。ただし、タスクの複雑さや規模によって変動するため、長期的なトレンドを観察することが重要です。

■——— コードの行数

開発支援AIツールの普及状況を把握するには、生成されたコードの行数が手っ取り早い指標です。ただし、この指標は慎重に解釈する必要があります。

コードの行数は、全体的なトレンドや開発者のツール利用率を知るには有効ですが、個人やチームレベルでの生産性を測るには適していません。たとえば、月間で生成されるコード行数が1万行から2万行に増加した場合、ツールの利用が拡大していると判断できますが、これが必ずしも生産性向上を意味するわけではありません。行数の増加が必ずしも価値の向上を意味するわけではないからです。さらにこの指標に固執すると、開発は行数を増やすためのゲームと化してしまう可能性があるため、あくまでも全体的な普及状況の把握のために利用しましょう。

7.5.5　AIツール導入の価値を見極める

生成AIツールの導入効果を測定することは、多くの企業にとって課題となっています。筆者の経験では、特に日本企業では、導入時に生産性の計測に重点を置く傾向があります。しかしながら、これにはさまざまな困難が伴います。

そもそもAIによる生産性向上の話以前に、コードやエンジニアの時間の真の価値を数値化することは非常に難しいのです。これまで言及しているように、時間あたりのコード行数を計測することは可能ですが、それが

本質的な価値を示すものではありません。

　また、Four KeysやSPACE Frameworkなどの指標が一部の企業で活用されていますが、これらも完全な解決策とは言えません。全てのチームがDevOpsを実践しているわけではなく、期間が区切られたプロジェクトベースの働き方をしている場合もあります。短期間のコーディング工程しかないプロジェクトでは、生産性の向上を測定することがさらに困難になります。

　ここで大切なのは「生産性自体をどうにかして計測する」という、非常に難解で大きなトピックにいきなり飛び込まないことです。それよりも、まずはAIツールの導入によって最低限の価値が生まれていることを確認することが優先すべき事項です。そして「まずは試してみる」というスタンスで、AIツールの導入を検討することが大切です。

　AIツールの導入コストはかなり低く抑えられています。たとえば、月額3000円程度のツールであれば、エンジニア一人当たり月に1-2時間の生産性向上で十分に元が取れるでしょう。多くの場合、数回のコードスニペット生成だけでも、その価値を示すことができます。このような費用対効果を考えると、導入しない理由はほとんどないと言えるでしょう。

　AIツールの効果測定には、まず開発者へのアンケートを実施して概要をつかむことから始めるのが良いでしょう。ツールを導入した開発者が月に1時間の生産性向上を**体感できれば**、それだけでも十分な価値があると言えます。より精緻な測定が必要な場合は、段階的にFour Keysを導入することや、ツールやチームごとにABテストを行うことも検討できます。しかし初期の導入期において、月額数千円の価値を示すために大規模な計測システムを構築する必要はありません。測定方法にはさまざまなアプローチがありますが、割り切りも必要です。

　まずは開発者に実際に使ってもらい、その体験から得られるフィードバックを重視することが大切です。生産性の向上は、数値だけでなく、開発者の実感や満足度にもあらわれます。たとえば、「コーディングが楽しくなった」「新しいアイデアが生まれやすくなった」といった定性的な評価も、重要な指標となります。重要なのは、常に開発者の体験を中心に据え、その体験が組織としてどのように価値を生み出すかを考えることです。

第8章
開発における AI活用Tips

8 開発におけるAI活用Tips

この章では、生成AIを日々の開発業務で効果的に活用するための実践的なTipsやツールを紹介します。

具体的には、エディターやターミナルの使いこなし方、データのフォーマット変換など、さまざまな場面でAIを活用する方法を学びます。また、AIとスムーズに協働するために欠かせないツールの活用法もお伝えします。

8.1 エディターとターミナルを使いこなす

AIのツールやモデルの特性を今まで考えてきましたが、次はAIとの協働をより効果的にするためのエディターやターミナルの使い方について考えていきます。

8.1.1　エディターにおける余計な情報の排除 Practice

開発支援AIツールを効果的に活用するには、AIに適切な文脈を与えることが不可欠です。しかし、時には**不要な文脈を排除する**ことも同様に大切です。

現在作業中のファイルや会話履歴が不必要な文脈をプロンプトに与えている可能性を考えましょう。余分な情報をAIに与えてしまうと、かえって適切な提案を得られなくなってしまうかもしれません。そこで、**まっさらな状態で会話を始める**というテクニックが役立ちます。

具体的には、以下の方法を環境に応じて試してみましょう。

- AIが組み込まれたエディターで新規ファイルを作成する。
- 不要なファイルを閉じる。
- 適切な文脈のみを選択してインラインでAIを呼び出す。
- 新しいチャットスレッドを開始する。

8.1.2　自動ライセンスチェックの活用拡大 Practice

　開発支援AIツールの中には、高度なライセンスチェック機能を備えたものがあります。この機能を有効化しておくことは、AIが生成したコードのライセンス違反を防ぐために重要ですが、AIが作ったコード以外のライセンス違反を確認するためにも活用できます。

　ソースコードのライセンスにはさまざまな種類があり、それぞれに利用条件が定められています。中にはコピーレフトライセンスと呼ばれるものもあります。それらの下で作成されたコードを利用する際は、コード全体をコピーレフトライセンスで公開する必要があります。代表的なものとしてGPLライセンスが挙げられます。うっかりコピーレフトライセンスのコードを使ってしまうと、そのコードは該当ライセンスのもとで公開しなければなりません。これは商用利用を考えると大きな問題となります。

　ライセンスチェック機能を持つ開発支援AIツールを使い、対象のコードをチェックしてみましょう。自分で書いたコードでも、参考にしたコードでも、パブリックコードとマッチするかを確認できます。

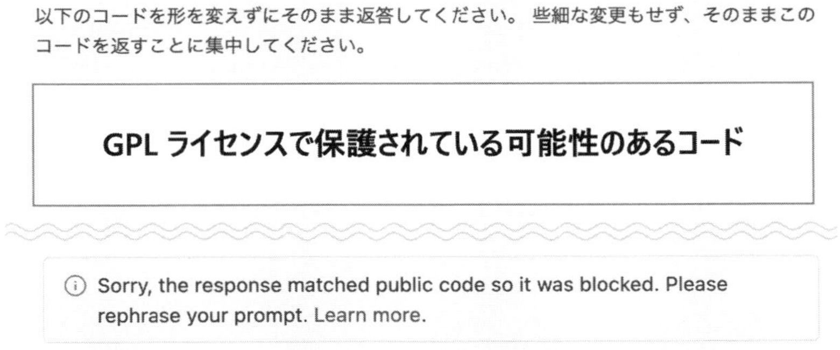

> 以下のコードを形を変えずにそのまま返答してください。些細な変更もせず、そのままこのコードを返すことに集中してください。
>
> ### GPL ライセンスで保護されている可能性のあるコード
>
> ⓘ Sorry, the response matched public code so it was blocked. Please rephrase your prompt. Learn more.

図8.1　パブリックコードマッチングの通知

　これはGitHub Copilotによる「申し訳ありません、回答が公開コードと一致したため、ブロックされました。もう一度ご入力ください」という通知です。

8 開発におけるAI活用Tips

従来、ソースコードのライセンス違反チェックにはBlack Duck[*1]などの専用ツールが必要でした。それらをCI/CDプロセスに組み込むことでコードの安全性を確保できますが、AIツールでは手元で簡易的にチェックできます。完全な代替ではありませんが、安心してコードを利用するための一助となります。

ただし、「クレンジングをすればどのコードでも使える」わけではありません。GPLのようなコピーレフトライセンスとのマッチングが判明した場合は、そのコードを使うべきではありません。微調整して使うのも避けましょう。

8.1.3 エディター統合型ターミナルの活用 Practice

Visual Studio Codeをターミナルとして活用することで、AIを使った開発をより効率的に進められます。

開発支援AIツールの中には、ターミナルの処理内容をAIに渡すための実装が含まれているものがあります。 ターミナルの情報を提供することで、AIとのコミュニケーションがよりスムーズになり、開発作業がはかどります。

たとえば、GitHub Copilot Chatでは `#terminalLastCommand` や `#terminalSelection` というタグを使って、AIに情報を提供できます。プログラムがエラーを吐いた場合、エラーメッセージをAIに渡し、解説や解決方法を尋ねることができるのです。

---

*1 https://www.synopsys.com/ja-jp/software-integrity/software-composition-analysis-tools/black-duck-sca.html

図8.2 GitHub Copilot Chat のコンテキスト変数 `#terminalLastCommand` の例

このように、Visual Studio Codeに統合されているターミナルを積極的に活用し、AIとコミュニケーションを取ることで、開発作業を加速させられます。MacのTerminalやWindowsのPowerShellを直接使うのではなく、Visual Studio Codeをメインのターミナルアプリケーションとして使うこともおすすめします。

8.1.4 ハルシネーションを防ぐヘルプ情報活用 Practice

コマンドを使う際、その使い方をさっと確認したいことがありますが、AIを使って正確なコマンドの使い方を教えてもらうことができます。

コマンドの使い方はWebで検索する人もいれば、`--help`オプションを使って確認する人もいます。Webでは正しい情報にたどり着くまでに時間がかかることがあり、一方で`--help`は網羅的ですが直感的にわかりづらいことがあります。生成AIはハルシネーションを起こす可能性がありますが、工夫次第でWeb検索せず、`--help`の情報を参考に、確かなコマンドの使い方を知ることができます。

たとえば、静的サイトジェネレーターであるHugoのコマンドの使い方

は `hugo --help` で確認できます。

```
hugo is the main command, used to build your Hugo site.
Hugo is a Fast and Flexible Static Site Generator

Usage:
  hugo [flags]
  hugo [command]

Available Commands:
  completion  Generate the autocompletion script for the specified shell
  config      Print the site configuration
  ... 中略
  version     Print the version number of Hugo
```

コマンドの詳細や具体的な使い方を知りたい場合、以下のようにプロンプトを与えます。

```
hugo で 8000 番ポートでサーバーを立ち上げる方法を教えて
<!--ターミナルのhelpを貼り付け / #terminalSelection でAIに情報を渡す -->
```

このときAIツールは、`hugo --help` の出力結果を参考に、`hugo server --port 8000` のようなHugoコマンドの使い方について、教えてくれるでしょう。こうすることで、事前情報なしでAIに出力させるのではなく、確かな情報をもとにAIが回答を生成し、ハルシネーションを抑えることができます。

特定のオペレーションに対してもう少し回答の精度を上げたい場合は、`hugo server --help` というコマンドの出力結果をあらためてAIに読み込ませることができます。

このテクニックは、`brew`、`apt`、`npm`、`pip`など、さまざまなコマンドに応用できます。

8.1.5 差分情報を活用したコミット文の品質向上 Practice

　コードの差分を元に、AIにコミットメッセージの提案をしてもらうことができます。開発支援AIツールによってはボタン一つでコミットメッセージを生成してくれるAIの機能がありますが、このテクニックを使うことで、チームの規約や自分の意向に沿ったメッセージを自動生成でき、**コミットログの品質向上**に役立ちます。

　まず、以下のコマンドを使って、コードの差分を取得します。

```
git --no-pager diff
```

```
diff --git a/.github/workflows/pages.yaml b/.github/workflows/pages.yaml
index b3dc506..a838ff9 100644
--- a/.github/workflows/pages.yaml
+++ b/.github/workflows/pages.yaml
@@ -36,12 +36,12 @@ jobs:
       with:
         fetch-depth: 0    # fetch all history for .GitInfo and .Lastmod
         submodules: recursive
-        lfs: false
+        lfs: true
         token: ${{ secrets.FG_TOKEN }}
     - name: Setup Go
       uses: actions/setup-go@v5
       with:
-        go-version: '1.22'
+        go-version: '1.23'
     - name: Setup Hugo
       run: |
```

図8.3　`git --no-pager diff`の結果

　次に、以下のプロンプトをAIに与えます。

```
コミットメッセージを以下の差分から生成してください。
コミットメッセージの規約は、以下のとおりです。
- 英語で書くこと。
- コミットメッセージのカテゴリを先頭につけること（Hotfix、Feature、Refactor
など）。

<出力したGitの差分>
```

こうすることで、AIは差分を読み込み、それにもとづいてコミットメッセージを提案してくれます。日本語/英語のどちらで書くか、規約に沿った書き方にするかなど、適宜プロンプトに修正を加えながら、コミットメッセージを生成できます。

8.2 データを自在に操る

言語モデルは、特定の目的を達成するためのツールとしても使用できます。データの処理や整形、文字列処理など一定のタスクを任せることが可能であり、これまでプログラムを書いていた以下のようなタスクの一部をAIに委ねることができます。

- データラベリング
- 正規表現の生成
- 日付など一定のフォーマットの抽出
- データ形式の変換

ただし、生成AIの本質は「予測」であり「変換」ではないため、一般的に利用可能な完成度の高い変換ツールと同じ期待を向けることはできません。人間がレビューすることを前提に、以下のようなケースに限定して活用することが有効です。

- プログラムを書くのが面倒なとき。
- 自然言語の処理や、仕様が定まっていないさまざまな条件の処理を行いたいとき。
- ワンショットのタスクでプラグイン・ツールのインストールを避けたいとき。
- オンラインの野良ツールを使いたくないとき。

本書では、筆者が有用と考える活用方法を紹介します。

8.2.1　AIによる正規表現生成支援 Practice

正規表現は、文字列のパターンを表現するための記法です。AIは基本的な正規表現を理解しており、簡単な正規表現を生成できます。

たとえば、以下のような文字列から2024-12-24という日付部分を取り出したい場合は、「textから日付を取り出すためのコードを書いてください」とAIに指示を出すことができます。

```
text = "今日の日付は2024-12-24です"
```

すると、AIは以下のようなコードを生成します。

```python
import re

# 日付形式（YYYY-MM-DD）の文字列を検索して表示する
pattern = r"\d{4}-\d{2}-\d{2}"
match = re.search(pattern, text)
print(match.group())  # 結果：2024-12-24
```

また、取り出したい結果を明示的に示し、AIに正規表現を生成させることもできます。以下の例では入力と出力のパターンを明示的に示しています。

```
以下の条件を満たす正規表現を生成してください。
- Input："Hello World"
- Output：["H", "W"]
```

すると、AIは以下のようなコードを生成します。

```python
import re

# 大文字のアルファベットにマッチする正規表現パターン
regex = r"[A-Z]"
```

```
matched = re.findall(regex, "Hello World")
```

　特に簡単な正規表現は、AIによって、短時間で生成できます。複雑な正規表現については、エンジニアがAIと協力しながら組み立てることが求められるかもしれません。そのような場合には以下のアプローチを試してみてください。

- 直感的にレビューできる開発環境を整える。
- 正規表現を出力した後に解説を求める。
- 正規表現のバリエーションを複数提示してもらうよう依頼する。

■──── 直感的にレビューできる開発環境を整える

　Regex Previewer[*2]のようなエディターの拡張機能を利用することで、AIが生成した正規表現を可視化し、直感的にレビューできます。

---

*2 https://marketplace.visualstudio.com/items?itemName=chrmarti.regex

図8.4 Visual Studio Code拡張機能のRegex Previewer

■——— 正規表現を出力した後に解説を求める

　生成された正規表現をAIに解説させることでレビューを容易にします。解説が間違っている可能性もありますが、「この正規表現を分割して解説してください」と要求することで、ブレークダウンされた解説を得ることができます。正規表現が誤っていた場合、すぐにWeb検索に頼るのではなく、AIにもう一度解説するチャンスを与えてみてください。

■——— 正規表現のバリエーションを複数提示してもらうよう依頼する

　最初に提示された解答が必ずしも求めているものと一致するとは限りません。また、もっと分かりやすい表現が存在するかもしれません。
　Pythonで正規表現を使用して文字列から数字を抽出する方法には多く

のバリエーションがあります。たとえば、`Ihave3applesand2oranges` から 3 と 2 を抽出するための正規表現にはさまざまな方法があり、どれが最適かは文脈によって異なります。

- `\d`
- `\b\d\b`
- `\d+`
- `(\d)`
- `(?<=\b)\d(?=\b)`

このように複数提示させることで、最適な正規表現を選びやすくなります。

8.2.2 多様な日付フォーマットの認識 Practice

AIは日付や時間の書式を抽出するための記法も理解しています。

日付表現には以下のようにさまざまな書式があり、その種類は目的によって異なります。こうした情報をAIに問い合わせることで、目的に合った正確な書式を取得できます。

形式	内容
ISO 8601	国際標準化機構（ISO）によって定められた日付と時間の表現方法です。
RFC 2822	電子メールの日付と時間の形式で使用されます。
Unix Timestamp	システム内部やデータベースで日付と時間を扱う際に用いられることが多く、1970年1月1日 00:00:00 UTC からの経過秒数を示します。

たとえば、以下のように `"2024-12-24T13:00:00"` がどの書式かを説明してもらい、その書式を取り出すための記法を生成するように依頼できます。

> `2024-12-24T13:00:00` のフォーマットをアルファベットと記号で表してください。また何の標準に基づいているか説明してください。

そうすると、以下のように回答が得られるでしょう。

> 指定された日付と時刻のフォーマットをアルファベットと記号で表すと、次のようになります：
> YYYY-MM-DDThh:mm:ss
> これはISO 8601と呼ばれる国際標準に基づいています。

これを応用すると、以下のようにPythonで日付をパースするためのコードを生成できます。

> 2024-12-24T13:00:00 のフォーマットをpython においてstrptimeでパースしたい

そうすると、以下のようなコードが生成されるでしょう。

```python
from datetime import datetime

# 解析したい日付と時刻の文字列について、strptimeを使用して解析
date_string = "2024-12-24T13:00:00"
parsed_date = datetime.strptime(date_string, "%Y-%m-%dT%H:%M:%S")
```

8.2.3　POSIX CRON式の逆引き Practice

AIはジョブスケジューリングのための時間書式を生成できます。たとえば、AIに以下のように条件を提示することで、POSIX CRONの書式を生成できます。

> 5分ごとに実行するCRONの書式を生成してください

```
*/5 * * * *
```

CI/CDパイプラインのスケジュール設定や、定期的なバッチ処理のスケジュール設定など、さまざまな場面で活用できます。

8.2.4 ニッチなデータフォーマットの変換 Practice

JSONデータをXMLに変換するようなよくある変換は既存のルールベースのツールでやるべきですが、もしデータをパースして、少しニッチなデータフォーマットに変換したい場合、生成AIをコンバーターの代わりに使うこともできます。

たとえば、XMLのデータをRubyの連想配列（シンボル表記： `:key => value, key: value`）に変換するように依頼できます。

> 以下のXMLデータをRubyのハッシュに変換してください。
> 変換の際には、Rubyのハッシュのシンボル表記を使用してください。
>
> ```xml
> <root>
>   <person>
>     <name>George</name>
>     <age>30</age>
>   </person>
>   <!-- 中略 -->
> </root>
> ```

AIからの出力は以下のようなものでしょう。

```
person = {
  name: "George",
  age: 30
}
```

こうすることで開発者はテスト用のデータや、開発時に参照するデータを簡単に変換できます。一方で、変換後に生成されたデータが壊れていないか、または元のデータと等価かどうかを確認するためには、検証が必要です。

AIを使わないルールベースの変換に関してはtransform.tools

（ritz078/transform）[*3]のようなオープンソースの変換ツールも利用できます。

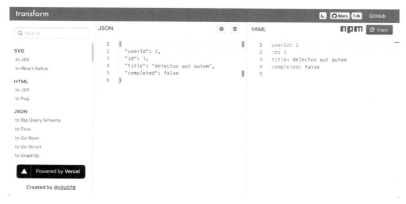

図8.5　transform.tools の変換例

8.2.5　AIを活用した非構造化データの分類 Practice
別名：データラベリング、アフターコーディング、非構造化データの分類

生成AIを活用することで、自由回答形式のアンケートやブログ記事、コメントなどの非構造化データ[*4]を、**効率的かつ客観的に分類・定量化**できます。

従来、こうしたデータを分析するためには、人間が手動で一部の作業を行う必要がありました。一連の作業は非常に時間がかかり、また、人間の知識や経験、感情によって結果が変わってしまうことがあるため、複数人で行い、その結果を統合して見比べるというような作業が必要でした。

AIと一緒にアフターコーディングの処理を実施し、内容や単語で仕分け、分類コード（選択肢）に置き換えることで、分析が容易になります。アフターコーディングの例としては以下のようなものがあります。

---

* 3　https://transform.tools/json-to-go
* 4　非構造化データは、テキストや画像のように特定の構造を持っていないデータのことです。

8 開発におけるAI活用Tips

```
以下のMarkdownの表のB列には、店舗に関するアンケートの回答があります。
以下のリストにある項目の列を作成し、当てはまるものは1、そうでないものは0としてく
ださい。

- 清潔
- おしゃれ
- 明るい
- くらい
- ださい
- 汚い

| A    | B                        |
| ---  | ------------------------ |
| ○○  | 清潔で、素敵な店舗でした |
<!-- 省略 -->
```

　AIを活用したアフターコーディングは、非構造化データから価値ある知見を引き出すための強力な手法です。GPT、Claude、GeminiなどのAIモデルを用いてコーディングを行い、その結果を比較・統合することで、より信頼性の高い分析が可能になります。多様なAIモデルを組み合わせることで、より多角的で客観的な分析ができるようになるのです。

8.2.6　データ前処理の効率化 Practice

　適切なプロンプトを設計することで、生成AIにデータエンジニアリングの一部のタスクを任せることができます。データの前処理は、繰り返し行われる可能性があり、毎回同じ手順を踏むのは非効率です。アイデア次第でさまざまなデータエンジニアリングのタスクをAIに依頼できます。

　次のようなタスクはAIに依頼できます。

タスク	内容
外れ値の除去	データ内の異常値や極端な値を検出し、除去する。
欠損値の処理	データ内の欠損値を適切に補完する（平均値や中央値で埋めるなど）。
データの正規化	データを一定の範囲（例：0から1の間）にスケーリングする。
カテゴリ変数のエンコーディング	カテゴリ変数を数値に変換する（ダミー変数化など）。

タスク	内容
時系列データの処理	時系列データから特徴量を抽出する（移動平均、ラグ特徴量など）。
テーブルの結合	複数のテーブルを結合し、まとめる。
他の予測器の結果を特徴量として使う	他のモデルで予測した結果をデータに追加する。

　データの前処理をさせるためには以下のようにプロンプトを設計します。

```
以下のCSVデータについて、以下の処理を行うプログラムをPythonで作成してください。
- age列の外れ値（100以上の値）を除去する。
- income列の欠損値を中央値で補完する。
- gender列をダミー変数に変更する。
- height列とweight列を0から1の範囲に正規化する。
```

　こうした下処理のタスクは取り扱うデータによって異なりますが、ある種の共通処理が含まれることが多いです。そのため、プロンプトを使い回せるようにしておくとよいでしょう。

　たとえば条件に関する部分を自由に記入できるようにしておくと、プロンプトを使い回しやすくなります。

```
CSVデータの以下の列について、処理を行うPythonプログラムを作成してください。
- 外れ値除去：age(100以上の値)
- 欠損値の中央値補完：income
- ダミー変数に変更：gender
- 0から1の範囲に正規化：height, weight
```

　またChatGPTで提供されているAdvanced Data Analysisを使うことで、データの整形プログラムを作成するだけでなく、その実行も一気通貫で行うことができます。たとえば、CSVファイルやJSONファイルなどの構造化されたデータを読み込ませ、必要なデータを抽出したり、加工したりするような処理を行わせることが可能です。これにより、データ分析のための下準備を自動化し、効率的にデータを扱うことができます。

8.3 Web開発を加速するAIテクニック

Web開発においても、生成AIは有用なツールとして活用できます。AIは、Webサイトのデザインやコーディング、アクセシビリティのチェックなど、さまざまなタスクをサポートしてくれます。また、SEO対策、コンテンツの自動生成など、Web開発におけるさまざまな作業を効率化できます。

8.3.1 SEOの改善提案 Practice

AIは、SEO（Search Engine Optimization）対策にも活用できます。SEOはWebサイトの検索エンジンにおける検索結果の順位を向上させるための方法です。HTMLの構造はSEOに影響を与えることがあるため、AIにHTMLのコードを読み込ませ、SEO対策の提案をしてもらうことができます。

AIにSEO対策の提案を求めるためには、以下のような指示を与えます。

> 以下の Head タグ内の情報について、SEO対策を行いたい
> どのような情報を追加すれば、検索エンジンによる検索結果の順位が向上するか教えてください。
>
> ```html
> <head>
>   <!-- 中略 -->
> </head>
> ```

AIはHTMLのHeadタグ内の情報をもとに、SEO対策のために追加するべき情報を提案してくれるでしょう。

> SEO対策を行うために、以下のような情報を追加することが効果的です。
>
> 1. **メタディスクリプションの最適化**：`<meta name="description">`タグは、ページの簡潔な説明を提供します。キーワードを含め、ページの内容を

明確に伝えるように心がけましょう。
2. **キーワードの最適化**：`<meta name="keywords">`タグは、ページのキーワードを定義します。ただし、多くの検索エンジンはこのタグを無視する傾向があります。しかし、重要なキーワードを含めることは依然として良い習慣です。

<!-- 中略 -->

これらの要素を適切に最適化することで、検索エンジンによる検索結果の順位向上に貢献することができます。また、ページのコンテンツ自体も高品質であることが重要です。

8.3.2　アクセシビリティ評価 Practice

　AIはアクセシビリティのチェックを行うこともできます。Webサイトなどにアクセシビリティの問題があると、視覚にチャレンジを持つユーザーがサービスを利用する際に困難を強いられる可能性があります。AIにアクセシビリティに関する指摘をしてもらい、それを修正するための提案をしてもらいましょう。

　たとえば、以下のような指示をAIに与えた場合、AIはHTMLのコードを読み込み、アクセシビリティの問題を指摘してくれます。

 該当のHTMLをアクセシビリティの観点でレビューしてください
```html
<img src="image.jpg" />
```

　すると、AIはalt属性を使い、画像に関する説明を追加するように提案するかもしれません。これにより、画像が読み込まれない場合や、音声読み上げソフトウェアを使用しているユーザーにとっても、画像の内容が理解しやすくなります。

 `<img src="image.jpg" alt="A beautiful cat image" />`

また、AIはRGBのhexカラーコードについても驚くほどすばらしく理解しています。以下のように聞いてみると、カラーコードに関する詳細な説明をしてくれるでしょう。

リスト 8.1　カラーコードに関する質問

Q：`#f9ed84`とはどんな色ですか？詳細に教えてください。さまざまな方法で詩的に表現してください。

リスト 8.2　AIの回答

`#f9ed84`は、黄色の中でも特に明るい色です。この色は、太陽の光が差し込むような、暖かくて明るい印象を与えます。

こうした能力を使い、特定のCSSのカラーコードを見てアクセシビリティに関するアセスメントもできます。

このカラーパレットのコントラストについて、アクセシビリティの観点でコメントしてください。

<CSSのコードを貼り付け>

そうすると、AIは以下のような出力を返します。こうした情報をもとに、アクセシビリティの観点からデザインやコンテンツを改善できます。

このカラーパレットは、鮮やかな緑と黄色の色合いを特徴としており、環境や自然を連想させるデザインに適しています。アクセシビリティの観点から、これらの色のコントラストと使用方法についていくつかの考慮事項があります。

コントラストと可読性

1. **#9FC131（明るい緑）と #D6D58E（淡黄色）**：これらの色はコントラストが低く、特に視覚障害を持つユーザーにとって読みづらい組み合わせになりえます。この組み合わせをテキスト表示に使用する場合は注意が必要です。

<!-- 中略 -->

アクセシビリティガイドライン

- **WCAG (Web Content Accessibility Guidelines)**：テキストと背景色のコ

ントラスト比は、小さなテキストでは4.5:1以上、大きなテキスト（18ポイント以上、または太字で14ポイント以上）では3:1以上を推奨しています。
このパレット内の色を使用する際は、これらの基準を満たしているかを確認することが大切です。

推奨事項

- **色の組み合わせを慎重に選択**：特にテキストと背景の組み合わせには、高いコントラストの組み合わせを選ぶようにしてください。
- **ツールを使用してコントラストをチェック**：カラーコントラストアナライザーなどのツールを使用して、選択した色の組み合わせがアクセシビリティ基準を満たしていることを確認してください。

　AIと組み合わせてContrast Checker[5]のようなルールベースのチェックを行うことで、より効果的なアクセシビリティ対応を実現できるでしょう。

図8.6　**WebAIM Contrast Checker の画面**

---

*5　https://webaim.org/resources/contrastchecker/

8.4
AIとの協働に欠かせないツール活用法

AIを活用するためには、AIが苦手な部分を補うツールを使うと効果的です。以下に、AIと協働するために使えるツールを紹介します。

8.4.1　diffコマンドを用いた変更箇所の特定 Practice

AIからのコード改善提案は、致命的なミスを含んでいることがあります。

たとえば以下のようなミスが考えられます。

- 既存のコードとの整合性が取れていない。
- 改善後のコードから重要な実装が抜けている。
- ハルシネーションを起こし、実行不可能なコードを提案している。

AIからの提案を受け入れるためには、**コードの変更箇所を確認する**ことが欠かせません。コードの変更箇所を確認する際には、`diff`コマンドを使うと便利です。`diff`は、2つのファイルの差分を表示するためのコマンドです。以下のように使います。

```
diff file1.txt file2.txt
```

Gitなどのバージョン管理ツールにも`diff`機能が備わっているため、コードの変更箇所を確認する際には、バージョン管理ツールを活用すると便利です。Gitでは特定のファイルの変更箇所を確認するために`git diff`コマンドを使います。

```
git diff file1.txt
```

また、Visual Studio CodeなどのエディターにおけるGit機能[*6]でも`diff`を確認できるため、エディターを使って視覚的にコードの変更箇所を確認できます。

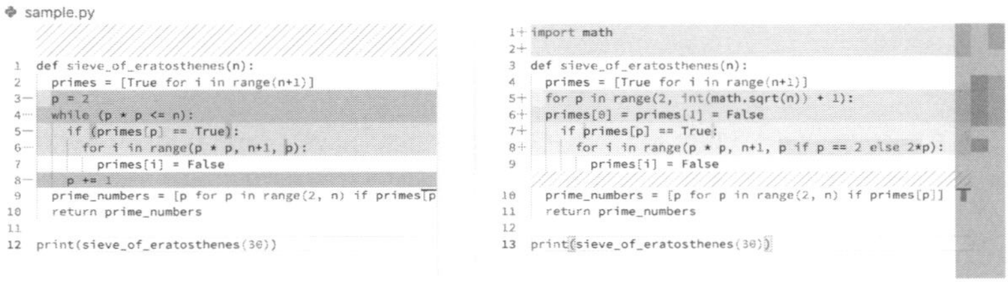

図8.7　Visual Studio CodeのDiff機能画面

より効果的なコードレビューを行うために、コードの変更箇所を確認しましょう。

8.4.2　プロンプトライブラリの構築と活用 Practice

AIを効果的に活用するためには、**適切なプロンプトをタイムリーに使用することが重要**です。そのためには、プロンプトの保管庫、プロンプトライブラリが必要です。以下のようなツールを活用して実現すると良いでしょう。

- OSの文字入力機能における辞書登録
- Alfred[*7]やDash[*8]のようなスニペットツール

これらのツールを使うことで、必要なプロンプトをすぐに取り出すことができます。

どういうプロンプトを保存するか悩むかもしれません。筆者がおすすめするのはコーディングインタビューの質問を参考にすることです。プログ

[*6] サイドバーのソース管理などからアクセスできます。
[*7] https://www.alfredapp.com/
[*8] https://kapeli.com/dash

ラミングの処理効率やメモリ効率に関する質問は、コーディングインタビューでよく聞かれるトピックです。たとえば以下のような質問リストをスニペットとして登録しておき、「該当」とタイプしただけで取り出せるようにしておくと便利です。

- 該当コードはBig-O記法でどのような計算量になるか？
- 該当コードのBUD（Bottlenecks, Unnecessary work, Duplicated work）を見つけてください。

図8.8　OSの辞書機能を使用した例

　毎回適切な質問を頭で考えるのは大変で、そうしているうちに人間は「このコードを効率よくしてください」という抽象的な質問をAIに尋ねがちです。辞書やスニペットツールに保存した具体的な質問を使うことで、**AIに正しく、効率的にコードを改善させる**ことができます。
　適切なプロンプトを用意し、それをすぐに使えるようにしておくことが、AIを効果的に活用するためのポイントです。ぜひ実践してみてください。

8.4.3　AIフレンドリーなMarkdownへの変換 Practice

　Markdownは、AIとのコミュニケーションにおいて重要な役割を果たします。AIに情報を伝える際、できるだけ**AIフレンドリーな形式**で提供することが求められます。そのためには、HTMLやExcelなどのさまざまなデータソースから、いかにしてMarkdownに変換するかがポイントになります。

　以下のツールを使うことで、さまざまなデータソースをMarkdownなどAIフレンドリーな形式に変換できます。

変換元	変換先	ツール
HTML	Markdown	TURNDOWN
クリップボードのデコレーションされた表記	Markdown	clipboard2markdown
Excelのテーブルを変換	Markdown	Excel to Markdown Table
Markdown	CSV	mdtable2csv

　本書で紹介するツールはオープンソースで提供されており、誰でも使用できます。変換ツールを使いこなすことで、**AIとのコミュニケーションを円滑化**できます。

■──── TURNDOWN

　HTMLはWebページの構造を表現するための言語ですが、タグ情報はAIにとっては多くの不要な情報になりえます。また、タグを大量に追加することはトークンを増やすことにもつながります。

　そのため、AIに情報を渡す前に、ヘッダーや表など、最低限の意味のある構造を持つ軽量表現にすることが効果的です。MarkdownはHTMLに比べてシンプルで、AIにとっても扱いやすい形式です。

　TURNDOWNは、HTMLをMarkdownに変換するためのツールです。ブラウザ上でつかうことができ、直感的に操作できます。

8 開発におけるAI活用Tips

図8.9 TURNDOWNでHTMLからMarkdownに変換する例

clipboard2markdown

clipboard2markdownは、クリップボードにコピーしたWebサイトなどのフォーマット化された情報をMarkdownに変換するためのツールです。ブラウザ上で使うことができ、クリップボードから貼り付けをするだけでMarkdownに変換できます。裏の変換ロジックにはTURNDOWNが使われています。

使い方は非常に簡単で、ツールを開き、クリップボードにコピーした情報を貼り付けるだけです。

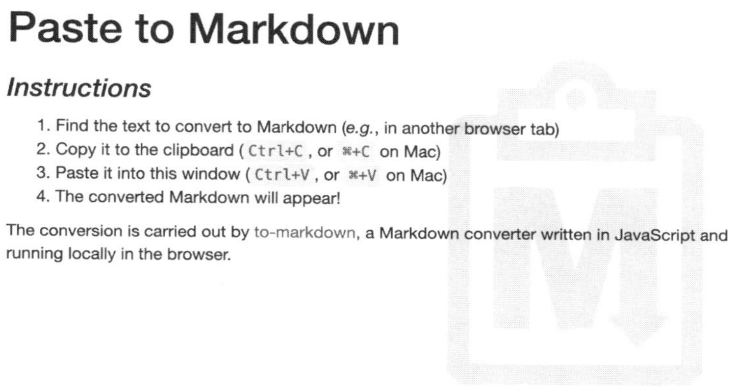

Paste to Markdown

Instructions

1. Find the text to convert to Markdown (*e.g.*, in another browser tab)
2. Copy it to the clipboard (`Ctrl+C`, or `⌘+C` on Mac)
3. Paste it into this window (`Ctrl+V`, or `⌘+V` on Mac)
4. The converted Markdown will appear!

The conversion is carried out by to-markdown, a Markdown converter written in JavaScript and running locally in the browser.

図8.10　clipboard2markdown のデフォルト画面

　貼り付け後には、以下のように Markdown に変換された情報が表示されます。

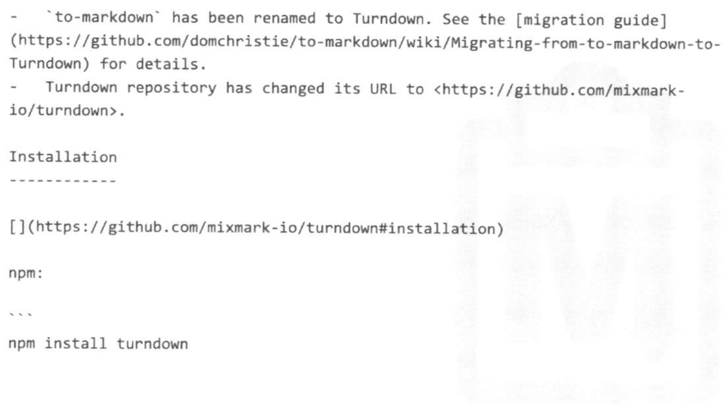

```
-   `to-markdown` has been renamed to Turndown. See the [migration guide](https://github.com/domchristie/to-markdown/wiki/Migrating-from-to-markdown-to-Turndown) for details.
-   Turndown repository has changed its URL to <https://github.com/mixmark-io/turndown>.

Installation
------------

[](https://github.com/mixmark-io/turndown#installation)

npm:

```
npm install turndown
```

図8.11　clipboard2markdown の変換結果画面
```

8 開発におけるAI活用Tips

■──── Excel to Markdown Table

AIフレンドリーな情報提供のために、Excelで作成した表をMarkdownに変換できるようにしておくと便利です。Markdownの表現はシンプルで、AI可読性も高いため、AIに情報を提供する際にはMarkdownをおすすめします。

Excel to Markdown Table は、Excelで作成した表をMarkdownに変換するためのVisual Studio Code拡張機能です。Excelの表をコピーして、Visual Studio Codeにペーストするだけで Markdownに変換できます。

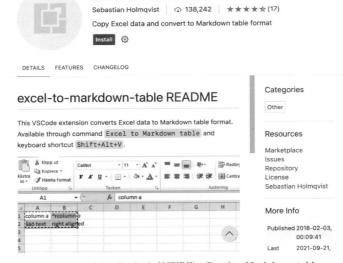

図8.12　Visual Studio Code拡張機能のExcel to Markdown table

■──── mdtable2csv

複雑なデータや大量のデータを表現する場合、MarkdownよりもExcelのような表計算ソフトのほうが編集の観点ではるかに優れています。

Markdownの出力をCSVへと変換できるようにしておくことで、簡単にMarkdownとExcelを行き来して、データの編集ができます。

mdtable2csvは、Markdownの表をCSVに変換するためのツールです。

コマンドラインを通して、Markdownで記述された表をCSVに変換できます。

```
# table.md:
| First Header | Second Header |
| ------------ | ------------- |
| Content Cell | Content Cell  |
| Content Cell | Content Cell  |

$ mdtable2csv table.md

# table.csv :
First Header,Second Header
Content Cell,Content Cell
Content Cell,Content Cell
```

8.4.4 Mermaidを活用したAI可読性の高い図表作成 Practice

　Mermaidは、グラフを記述するための記法です。Mermaidは、シーケンス図、フローチャート、ガントチャートなど、さまざまなグラフを記述するための記法を提供しています。開発においてはさまざまな情報表現が必要になりますが、その中でもグラフは情報を視覚的に表現するために不可欠です。

　今まで、グラフを記述するためには、専用のツールを使う必要がありました。しかしAI可読性の観点からも、テキストベースでグラフを記述することが大切です。そうすることで、無駄な文脈を排除し、AIにとっても情報を理解しやすくできます。

■ Mermaid Live Editor

　エディター上でMermaidの記法を記述することは、直感的でない場合があります。そのため、Mermaid Live Editorを使うことで、直感的にグラフを記述できます。

　Mermaid Live Editorは、公式から提供されているMermaidの記法を記述するためのエディターです。ブラウザ上で使うことができ、リアルタイムでグラフを見ることができます。美しいシンタックスハイライトや、直

感的な操作性に加え、サンプルのテンプレートも提供されているため、初めてMermaidを使う人でも簡単に使えます。

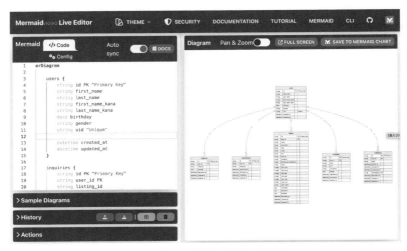

図8.13　Mermaid Live Editorの画面

■──── Markdown Preview Mermaid Support

　Markdown Preview Mermaid Supportは、Visual Studio CodeでMermaidの記法を記述するための拡張機能です。Mermaidの記法を記述すると、リアルタイムでプレビューを表示できます。.mdファイルをエディターで編集している際に、Mermaidの記法も含めてプレビューを表示できるため、シームレスに確認しながら記述できます。

8.4 AIとの協働に欠かせないツール活用法

図8.14　Visual Studio Code拡張機能の Markdown Preview Mermaid Support

8.4.5　PlantUMLによる複雑な図表のAI可読化 Practice

　PlantUMLは、Mermaidと同様にテキストベースでグラフを記述するための記法を提供しています。Mermaidよりも幅広いグラフ表現が可能であり、UML図やネットワーク図、ワークフローダイアグラムなど、さまざまなグラフを記述できます。GitHubなどのプラットフォームは、より軽量なMermaidのみをサポートしており、必ずしも全ての環境でPlantUMLが使えるわけではないことに注意が必要です。

　コードの図示などではよりわかりやすく出力できるため、この表現も知っておくと便利です。

■────PlantText

　PlantTextはブラウザ上でPlantUMLの記法を記述できるツールです。ダウンロード不要で、ブラウザ上でPlantUMLの記法を記述し、リアルタイムでグラフを確認できます。

8 開発におけるAI活用Tips

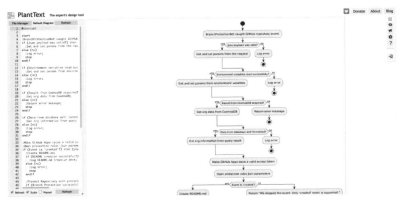

図8.15　PlantTextの使用例

─── PlantUML Visual Studio Code

　PlantUML（Visual Studio Code拡張）は、Visual Studio CodeでPlantUMLの記法を記述するための拡張機能です。エディターでの編集中にリアルタイムでプレビューを表示できるほか、シンタックスに関するサポートなども豊富です。

8.4 AIとの協働に欠かせないツール活用法

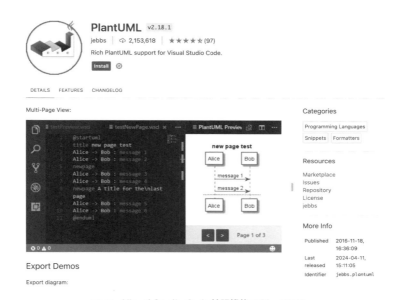

図8.16 Visual Studio Code拡張機能のPlantUML

第9章
AI時代をリードするために

9 AI時代をリードするために

　AIはもはや未来の技術ではありません。**AIはすでに現在のビジネスに大きな影響を与えています**。それはソフトウェア開発においても変わらず、さらにその活用の成否が大きな競争力の違いを生み出すでしょう。

　AIの導入というと「まずは効果を見極めてから」と、組織におけるR&D（研究開発）の枠組みでじっくりと検討をする動きが始まることがありますが、**AIの波は「今」来ている**のです。中長期的なAI活用方法を見極めることも重要ですが、同時に現在進行中の開発プロジェクトにAIを活用するための戦略を立て、実行に移すことは喫緊の課題です。初期のうちから開発にAIを活用することで、AIの活用方法を見極めるだけでなく、将来的なAI活用の可能性をさらに広げていくことができます。

9.1 AIを使ってより多くを成し遂げる

　AI時代の到来により、個人や組織が持つ技術やデータが競争優位性を左右する重要な要素となっています。AIが有効に利用できる情報が多ければ多いほど、その活用範囲は広がります。

　しかし、忘れてはならないのは、高品質なAIモデルやツールを使えるのは自分たちだけではないということです。誰もが優秀なエンジニアAIアシスタントを傍に置ける現在、エンジニア個人やその所属組織が持つべき技術的優位性のとらえ方は根本から変化しています。特定のフレームワークやライブラリに関する深い知識を持ち、それらを上手に使いこなせること、あるいはそうした人材が組織内にいることだけでは、もはや他との差別化が難しくなっています。

　このような状況下で重要となるのは、技術領域におけるAIの得意・不得意を的確に見極め、組織としてAIを戦略的に活用する方針を立てることです。

　まず、**AIが不得意とする領域での技術力を強化する**ことが極めて重要です。これこそが、個人や組織としての本質的な競争力を高めることにつながるでしょう。具体的には以下のような戦略が考えられます。

- **AIが知り得ない領域へのチャレンジ**：AIがアクセスできない特定の業務文脈に関する情報や、固有の技術を個人や組織として蓄積・メンテナンスし、AIを活用してその価値をさらに高める。
- **AIが苦手とする領域へのアプローチ**：複雑なアルゴリズムやロジック、AIが判断できない領域に関する領域の開発力を強化する。

つまり、他者（他社）が持ち得ない技術・情報・コードの活用や、AIが単独では対応できない領域をAIと協調して取り組む視点が重要になります。

一方で、**AIが得意とする領域では、他よりも「より効果的に」AIを活用できるようになる**ことが鍵となります。そのためには、以下のようなアプローチが有効でしょう。

- **開発プロセスをAIに最適化する**：AIの能力を最大限引き出せるよう、開発におけるプロセスや人材配置などを戦略的に見直す。
- **AIを自分・自社に最適化する**：ファインチューニングやRAG技術を用いて、特定のソースコードやドメイン知識をより深く理解したAIツールを構築・活用する。

個人レベルでは、AIを上手に使いこなし、より多くのことを達成することが求められます。一方、組織レベルでは、それをより広範かつ体系的に実践する必要があります。もちろん、組織内でAIを駆使する個人が突出した存在になる可能性はありますが、そうしたスター社員の育成のみに注力することは、長期的な持続性に欠けるアプローチかもしれません。大切なのは、**組織に属する個人が持つ技術や知識を、組織の資産として体系的に蓄積し、継続的に維持していくことです**。

9.2 組織として技術や知識を共有し、育てる

この一連の考えをコードレベルまで掘り下げると、本質的には、**AIに書**

いてもらいたいと思えるような、使いやすく、再利用可能で、きちんとメンテナンスされているコードを地道に育てることが大切です。これが、AIとの協働のための土台となります。

　第7章でも述べたとおり、多くの場合、AIが読み書きすべき理想的なコードの特徴は、理想的なオープンソースコードの特徴と重なります。そう、「最新の安定版で、メンテナンスされていて、使いやすく、再利用可能であり、ドキュメントが充実している」というような特徴です。

　AIもこのようなコードを学習し、現在のコード生成能力を獲得しました。読者のみなさんも思い返してみてください。オープンソースのソフトウェアを選ぶ際、メンテナンスされていないコードや、品質の低いコード、ドキュメントのないコードは避けるのではないでしょうか。AIによる技術活用においても、同様の選定基準が重要になります。レガシーコードや、特定の目的に特化したコード、古くなった情報をAIに与えても、最新のアプリケーションを作るためにそれらを再利用するのは難しいでしょう。

　しかし、このようなコードを育てていくのは簡単なことではありません。もちろん、AIの支援があれば、今まで大変だったドキュメントやテストの作成も効率的に行えて、メンテナンスの負荷も軽減されるでしょう。それでも、これを組織レベルで継続的に実施していくことは大変な作業です。

　そこで、オープンソースのような考え方でコードをみんなで守り、組織の資産として育て、メンテナンスしていく文化を作っていくことが大切です。これはトップダウンの指示だけでは実現できません。ボトムアップのコミュニティによる共有文化や、組織のコードに対して誰もが弱いコードオーナーシップ[1][2]を持ち、メンテナンスを行っていく文化が求められます。そのための方法論として、本書でも紹介したインナーソースという概

---

[1]　https://martinfowler.com/bliki/CodeOwnership.html
[2]　弱いコードオーナーシップとは、モジュールに所有者が割り当てられているが、他の開発者も所有者以外のモジュールを変更できる仕組みです。他人のモジュールに変更を加える場合は、事前にモジュール所有者と相談し、Pull Requestを起点としたコミュニケーションを行うことが求められます。この方法により、コードの品質管理と柔軟な開発の両立を図ることができます。

念が確立されています。

　組織において情報や技術は、しばしば特定の個人やプロジェクト、チームに帰属し、組織のサイロ内に埋もれてしまうことがあります。たとえそれらの情報にアクセスできても、権利関係や組織間の規則により、実際に使用できない状況が少なくありません。また、再利用を前提としていない情報や技術は、メンテナンスされずに陳腐化していくでしょう。

　この問題は、AI時代において大きな影響を及ぼす可能性があります。特に、技術力を競争力の源泉としている組織にとっては深刻な課題となります。AIとの協働を成功させるには、組織のサイロを解消し、技術や知識を組織全体の資産として育成することが求められます。このような文化変革を伴う課題は、すぐに解決できるものではありません。**これは早期に取り組むべき重要な課題と言えるでしょう。**

　短期的な課題として、コードや情報がメンテナンスされておらず、組織で利用可能なコードが限られている場合や、コード品質が低い場合、AIによるコード生成の生産性や品質に影響を与える可能性があります。現状の開発支援AIツールの多くは、トークン数の制限から、RAGを使ってAIに文脈を提供しています。既存のソースコードがAIに提供される場合、それらのコードの品質がAIの生成の品質に影響を及ぼす可能性があります。エディター内を検索するようなシンプルな実装だけでなく、エージェント型のAIはソースコード全体を検索することもあります。そうしたコードが組織としてメンテナンスされていない場合や、アクセスできる情報が限定されている場合、AIの出力品質にも影響が出る可能性があります。

　中長期的には、より深刻な課題が浮上します。AIの学習やファインチューニングに使用できるコードや情報が不足する可能性があるのです。他社がAIのファインチューニングによる精度向上や半自動開発を進める中、自社はAIに提供できるコードや情報が乏しいという状況は、競争力の観点から大きな課題となります。AIは少ないデータからでも学習できると言われていますが、AIモデルの学習や評価、モデルホスティングなどの責務が個人や特定のチーム、プロジェクトごとの責任になってしまうと、組織全体の能力の底上げにはつながりにくくなります。

　大規模言語モデルだけでなく、小規模言語モデルの活用も進む中で、学

習やファインチューニングへの敷居は徐々に下がってきており、これは現実的な課題となっています。学習においてはデータの量と質が重要です。学習や組織としての共有を前提としていないデータは、学習データとして活用するのが難しい場合があります。

たとえば、数年後に「AIを使って自社のソフトウェア開発をさらに効率化しよう」となったとき、あるいは自社のコードをより深く理解できるAIツールが登場したとき、**コードは存在するものの、品質や規則のためAIに提供できない、またはメンテナンスされていない、という事態に陥らないよう、今から準備を始めることが大切です**。

もっとも、全ての企業が技術力を競争力の源泉としているわけではありません。そのため、**自社のコードを組織として育ててAIに使わせることの重要性は全ての企業においてプライオリティが高いわけではありません**。しかし、少なくとも本書を読んでいる方の多くは、なんらかの形で開発に携わっており、技術力でキャリアを築こうとしている方も多いでしょう。また、そうした組織に所属している方も多いでしょう。そのため、本書では「AIがどのようにコードを将来活用するのか」という観点も強調しています。

優れたコードや知識の基盤があれば、優秀なエンジニアの力をAIに憑依させるかのように、AIを組織の開発力として育てていくことができます。人材は組織から離れることがありますが、AIは組織に永続的に貢献し続けます。これもAI活用の大きな利点と言えるでしょう。

9.3 "好奇心"こそ新時代のエンジニアの原動力

それでは個人としてはどのようにスキルを高めていくべきでしょうか。この新しい時代に適応し、優れたエンジニアになるためには、**継続的な学習と旺盛な探求心が不可欠**です。これは、これまでエンジニアに求められてきた資質と変わりません。

AIは開発者に多くの恩恵をもたらします。テクノロジーの歴史を振り

返ると、インターネットやクラウドコンピューティングの登場など、期待と不安が入り混じる転換点がありました。しかし長期的には、これらの変化は私たちに新たな機会を与え、イノベーションを促進してきました。

生成AIの分野は日々進化しており、最新の技術やツールを継続的にキャッチアップしていく必要があります。そのためには、**探究と実験を繰り返して学習していくことが重要**です。AIの可能性を探るには、まずは実際にコードを書いて試してみることから始めましょう。失敗を恐れずに、さまざまなアイデアを実装してみましょう。

そして、AIを使ってソフトウェアエンジニアリングを学ぶということも大切な観点です。AIは強力な学習ツールでもあります。新しいAIの時代を切り拓くには、AIから情報を引き出す術を身につけることが大切です。そのためには、**自分の知りたいことを探求し、AIに適切な問いかけをすることが重要となります**。つまり、旺盛な好奇心こそが、生成AI時代をリードするエンジニアに必要な資質と言えるでしょう。

AIがもたらす変化を恐れるのではなく、前向きに捉え、新たな可能性を積極的に探っていく姿勢が求められます。以下のような特性を持つエンジニアが、AI時代の主役となるでしょう。

- **謙虚さと学ぶ姿勢**：技術の進歩が早い今の時代、「もう十分に知っている」と思い込むのは危険です。常に新しいことを学ぶ姿勢を持ち、謙虚に自分の知識や経験の限界を認識することが大切です。
- **他者とのコラボレーション**：AIとのコミュニケーションを学ぶことは、人間とのコミュニケーションを学ぶことと同じです。正しい文脈で、適切な情報を伝えることが重要です。
- **創造性と想像力**：AIがコーディングの一部を自動化しても、エンジニアの創造性や想像力の価値は失われません。AIを活用することで、より高度な問題解決やイノベーションに挑戦できるように、そしてAIといつでも共創できるように技術力を高め、創造性を磨いていきましょう。

生成AI時代のソフトウェアエンジニアリングは、AIとの協働によって大きく変革していくでしょう。新時代のエンジニアは、AIとともに成長

し、共創していく存在です。この変化をチャンスととらえ、新しい時代をリードしていくことが私たちエンジニアに求められています。

　好奇心を原動力に、学び続け、挑戦し続けることで、AIがもたらす無限の可能性を切り拓いていきましょう。

Appendix

Practice Guide

A Practice Guide

　この Practice Guide は、本書の集大成として位置付けられています。これまでの章で詳しく解説してきた AI の活用方法や考え方のエッセンスを、実践的なアドバイスとしてコンパクトにまとめています。

　日々の業務や学習の中ですぐに適用できるよう、具体的かつ実用的な内容で構成されています。必要に応じて特定のプラクティスを参照し、また、全体を通読することで、AI との効果的な協働に関する包括的な理解を深めることができるでしょう。

　このガイドを継続的に参照し実践することで、読者のみなさん一人一人が自身の AI 活用スキルを着実に向上させ、AI の力を最大限に引き出せるようになることを目指しています。本書の学びを実際の成果へと結び付ける、実践的な道しるべとしてご活用ください。

Practice	概要
トークン数の感覚的理解 （1.4.3）	トークンは AI が処理する最小単位。適切な制御で AI との対話の質と効率が向上。トークン化を理解し、実践により感覚をつかむことが重要。
トークン数の調整による精度維持 （1.4.4）	1000-2000 トークンを目安に情報を提供。過剰な情報は AI の精度低下を招く。タスクに直接関連する情報選別が鍵。
適切なペースでのコードレビュー （1.4.6）	欠陥の発見率を高めるため、焦らず適量のコードを限られた時間内でレビューすることが効果的。目安は 1 時間あたり 500 行以下のペース。
一度に少量のコードレビュー （1.4.7）	集中力が持続する時間内での高品質なレビューのため、一度にレビューするコードも少ない行数に抑える。目安は一度に 200-400 行。
AI 駆動の知識獲得 （1.5.2）	AI との対話で新しい技術や問題解決アプローチを学習。コード解説や問題点指摘をステップバイステップで求めると効果的。
AI との協働による高速なトライ＆エラー （1.5.3）	完璧なプロンプトを書くことにこだわらず、すばやいアプローチで早く答えにたどり着くことを優先する。3 回程度の迅速な試行で方向性を探り、効率的に改善を繰り返す。
迅速かつ簡潔な使い捨てプロンプトの生成 （2.1.2）	AI の不完全性を前提に、8 割の要件を満たす出力を目指す。残り 2 割は自分で補完し、全体的な効率を高める。
再利用するプロンプトの抽象化・パーツ化 （2.1.3）	プロンプトを条件、注意事項、フォーマット情報などの要素に分解して構築する。柔軟性と再利用性を高める。
情報構造化の 3 要素 （2.2.1）	意図、文脈、コンテンツの 3 要素を意識してプロンプトを作成。AI に理解しやすい情報を提供する。

Practice	概要
箇条書きを用いた条件指定 (2.2.2)	プロンプトの条件を箇条書きで具体的に伝える。試行錯誤が容易になり、バージョン管理との相性も良い。
制約指示の段階的導入 (2.2.3)	制約条件を段階的に追加し、AI の創造性を最大限に引き出しながら期待に合ったコードを生成させる。
プロンプト修正戦略 (2.2.4)	言い換え、スコープの拡大/縮小、より簡単なターゲット設定など、さまざまな戦略を用いてプロンプトを改善する。
約束を破る AI の対応強化 (2.2.5)	AI が指示を無視する場合、制約を強調したり言い回しを変えるなどして、AI が制約を守るよう促す。
専門性を引き出すロールプレイ (2.2.6)	AI に特定の役割を設定し、専門家のような応答を引き出す。より高度な回答を得られる可能性がある。
即席ロールプレイ (2.2.7)	`Q:` や `Python Expert:` などのシンボルを用いて、簡易的に対話形式を表現し、AI に特定の役割を持たせる。
Few-shot プロンプティング (2.2.8)	少数の例示から AI に新しいタスクを理解させ実行させる。質の高いサンプルを提供し、意図に沿った出力を生成。
Zero-shot プロンプティング (2.2.9)	先行する情報や例を提供せずに直接質問やタスクを提示する。AI がすでに獲得している知識を活用する。
必要最低限のプロンプト (2.3.2)	日常業務では完璧なプロンプトを追求せず、簡潔に記載する。効率的な開発のため、プロンプトは短く。
母国語による高速イテレーション (2.3.4)	日常的なコーディングでは母国語を使用し、すばやく質問の精度を高めて AI に繰り返し尋ねる。
英語プロンプトを用いた精緻化 (2.3.5)	再利用性と高精度な応答が求められる場合、英語でのプロンプト作成が効果的。状況に応じて言語を選択。
文脈分離のための区切り文字 (2.3.6)	意図を正しく伝えるため、ハイフンや XML タグなどの区切り文字を使用し、文脈を明示的に示す。
コメントによる AI への指示強化 (4.1.4)	AI に適切な文脈を提供するためコメントを活用。適切な文脈を提供するように心がけ、意図を明確に伝えることで、より正確なコード生成が可能。
AI ツールへの情報提供管理 (4.1.5)	AI ツールの情報収集メカニズムを理解し、適切な情報を提供。エディター内の関連コードを意識し、効果的な提案を得る。
コード定義の明示的提供 (4.1.6)	エディターの「定義へ移動」機能を活用し、AI に必要な情報を確実に提供。プロジェクト固有のコードや関数の定義を明示的に示すことで、AI の提案精度を向上。

A Practice Guide

Practice	概要
重要ファイルのピン留めによる即時参照体制 (4.1.7)	インターフェイスファイルや型定義ファイルをピン留めし、AI に迅速に情報提供。簡潔な定義で効率的に AI との協働を促進。
プロンプトの明確化 (4.2.5)	対話型 AI ツールに対し、具体的で明確な指示を提供。タスクの詳細や期待する出力を明確に伝え、AI の理解を促進。
プロンプト品質の早期評価 (4.2.6)	プロンプトの品質を早期に評価し、迅速に改善。短いプロンプトを逐次入力し、AI の反応を確認しながら進めることで効率的な対話を実現。
AI 駆動のプロンプト生成 (4.2.7)	AI を活用してプロンプト自体を生成し、作成時間を短縮。複雑な要求や多岐にわたる条件を含むプロンプトの作成に効果的。
AI による自動リファクタリング (4.2.8)	AI にコードの改善点を指摘させ、自動的にリファクタリングを行う。段階的な改善を繰り返すことで、コードの品質を向上。
AI 可読性を考慮した情報設計 (4.2.9)	AI との効果的なコミュニケーションのため、データをシンプルで理解しやすい形式で提供。オフィスドキュメントのような複雑なフォーマットをなるべく避け、CSV や Markdown を活用。
AI タスク適性の事前評価と粒度調整 (4.3.1)	エージェント型 AI ツールを使用する前に、タスクの適性を評価し適切な粒度に調整。段階的なアプローチで効率的な成果を得る。
エージェントへの部分的な依頼 (4.3.2)	タスクを分割し、確実に依頼・レビューできる部分をエージェントに任せる。段階的なアプローチで、AI との効果的な協働を実現。
関心の分離によるコード最適化 (5.1.1)	コードを適切に分割し、AI に与える情報を最適化する。クラスを関心ごとに分割し、シンプルな構造にすることで、生成されるコードの品質向上を図る。
AI 効率を考慮したファイル編成 (5.1.2)	ファイル構造を最適化し、AI と人間双方にとって理解しやすい開発環境を作る。大規模ファイルを適切に分割し、AI ツールが必要な情報を正確に抽出できるようにする。
小さなコードチャンクによる段階的作業 (5.1.3)	大きな機能を小さな部分に分けて実装する。使い捨てのコード、実験的なコードなど、設計レベルでクラスを分割しないようなケースでも、作業単位を小さくするように心がけることで、AI との協働を効率化する。
AI との協働を意識した命名 (5.2.1)	変数や関数に具体的で説明的な名前を採用する。適切な命名により、AI が提案するコードの品質を向上させ、人間の開発者と AI の両方が理解しやすいコードを作る。
検索最適化された命名戦略 (5.2.2)	統一された命名規則を採用し、検索にヒットしやすいコードを書く。AI ツールが適切なコードを提案するために、一貫性のある命名を心がける。

Practice	概要
AI による適切な命名の提案 (5.2.3)	AI に命名を提案してもらい、適切な名前選びに役立てる。英語が母国語でない開発者にとって特に有用で、微妙なニュアンスや専門用語の適切な使用を提案できる。
一意な変数名付与の徹底 (5.2.4)	変数の使い回しを避け、その都度適切な名前の新しい変数を定義する。AI ツールが正確な情報を見つけやすくなり、コードの可読性も向上する。
スタイルガイドの明示的提供 (5.3.1)	AI によるコード生成時に標準的なスタイルガイドに従うよう指示する。「PEP 8 に従う」などの簡潔なフレーズをプロンプトに入れ、一貫性のあるコードを効率的に作成する。
スタイルガイドのカスタマイズ (5.3.2)	標準的なスタイルガイドをベースに、必要に応じて最低限のカスタム規約セットを作成する。AI へのコーディング時の規約伝達を最小限に抑え、効率的な連携を実現する。
標準化されたコード内ドキュメント (5.4.1)	標準的なコメントプラクティスに従ってドキュメントを書く。言語ごとのドキュメント生成の仕組みを活用し、AI とのコラボレーションを円滑にする。
必要最小限のコメント追加 (5.4.2)	最低限のコメントを心がけ、コードの理解を助けつつメンテナンスの手間を減らす。AI の登場により、冗長なコメントは必ずしも必要ないことを認識する。
アノテーションを活用した意図伝達 (5.4.3)	アノテーションや型ヒントを活用し、AI にコードの意図を明確に伝える。コードの保守性や可読性が向上し、生成されるコードの品質と一貫性の向上も期待できる。
情報ニーズに応じたツール選択 (5.5.1)	情報ニーズの 4 つのタイプ（既知情報探索、探究探索、全数探索、再検索）を理解し、各場面で適したツールを選択する。AI を効果的に活用するための重要な視点。
創造性を引き出すオープンクエスチョン (5.5.2)	AI に自由な発想で回答させる質問方法を活用する。答えの選択肢を限定せず、AI の創造性を最大限に引き出すことができる。
数量指定による AI 発想促進 (5.5.3)	AI からアイデアを引き出す際、欲しいアイデアの数を具体的に指定する。AI はより多くの提案を生成しようと努力し、多様なアイデアを得られる。
AI からの未探索アイデア抽出 (5.5.4)	AI から新しいアイデアを引き出すプロセスを活用する。多くの提案を求め、重複を削除し、不足するカテゴリについて再度提案を求める。
アイデア評価のためのチェックリスト生成 (5.5.5)	AI にチェックリストを作成させ、人間の意思決定をサポートする。収斂作業を助けるツールとして AI を活用し、最終的な責任は人間が持つ。
ネストの削減による AI 協働の効率化 (6.1.1)	ガード節を使用してネストを減らし、メインロジックをフラットに保つ。AI との協働を容易にし、コードの可読性を向上させる。

A Practice Guide

Practice	概要
AIに触れさせないコードの分離 (6.1.2)	重要な計算ロジックを独立させ、AIによるコード変更から保護する。コードの保守性と可読性が向上し、リファクタリング時のリスクを軽減する。
将来の拡張を考慮したコード設計 (6.1.3)	既存コードを改変せずに新しいコードを追加できるよう設計する。コードの保守性や拡張性が向上し、AIによる開発スピードを妨げない。
体系的なリファクタリング手法の適用 (6.1.4)	リファクタリングカタログなどを活用し、AIにより具体的な提案を引き出す。効果的なリファクタリングと品質の高いコード開発につながる。
小規模OSSの再実装 (6.1.5)	過度なOSS依存を避け、必要に応じてAIを活用して再実装する。メンテナンス性やセキュリティの向上、プロジェクトの独立性を確保できる。
AIを活用したユニットテストの生成 (6.2.1)	AIを使ってユニットテストの骨組みを生成し、開発者が追加のテストケースを考慮する。テストコード作成の効率化と品質向上が可能。
テスト条件の明確化 (6.2.2)	AIにテストコード生成を依頼する際、具体的な指示を与える。より正確で包括的なテストコードの生成が可能になる。
網羅的テスト設計のためのデシジョンテーブル活用 (6.2.3)	デシジョンテーブルを作成し、それにもとづいてテストコードを生成する。より網羅的で有効なテストコードの作成が可能になる。
状態遷移図を経由したテストコード生成 (6.2.4)	状態遷移図を作成し、それにもとづいてテストケースを確認し、テストコードを生成する。視覚的に状態遷移を確認し、より確実なテストコードを生成できる。
不要なテストの排除 (6.2.5)	AIが生成した大量のテストコードから不要なものを特定し排除する。テストの実行時間短縮、可読性向上、保守コスト削減につながる。
自然言語でのコードロジック説明 (6.3.1)	AIにコードの解説を依頼する際、具体的な指示を与える。より正確で有用な解説を得ることができ、コードの理解を深められる。
複雑なロジックの視覚的表現生成 (6.3.2)	MermaidやPlantUMLを使用してコードを視覚化する。コードの構造や流れを理解しやすくなり、効果的なコードリーディングが可能になる。
Big-O記法にもとづくパフォーマンス改善 (6.4.1)	AIにBig-O記法でアルゴリズムの計算量を評価させ、改善案を提案させる。より効率的なアルゴリズムの設計につながる。
BUDフレームワークを用いたコード最適化 (6.4.2)	Bottlenecks, Unnecessary work, Duplicated workの観点からコードを分析し、AIに改善案を提案させる。効率的なコード改善が可能になる。
データ構造の妥当性評価 (6.4.3)	AIにプログラムで使用されているデータ構造の妥当性を評価させる。適切なデータ構造の選択により、プログラムの効率と品質を向上させる。

Practice	概要
SOLIDにもとづくコード品質向上 (6.4.4)	SOLID原則にもとづいてAIにコードをレビューさせる。拡張性が高く保守しやすいプログラムの設計につながる。
Chain-of-Thoughtプロンプティング (6.4.5)	AIに段階的な思考プロセスを促し、複雑な問題解決の過程を明確化する。生成されたコードの品質向上と人間によるレビューや学習を容易にする。
組織内コード共有のルール化 (7.1.4)	コード共有の法的枠組みを提供し、権利と義務を明確化。AIによる社内資産活用の範囲を定義し、コラボレーションを促進。
メンテナーの明確化 (7.1.5)	リポジトリのメンテナンス担当者を明確にし、人間とAIにとって使いやすい状態を維持。トラステッドコミッターの概念を導入し、組織的なコード保守を実現。
社内のソフトウェアカタログ (7.1.6)	社内の技術的資産を整理し、カタログ化。既存コードの発見と再利用を容易にする。
経営層を巻き込んだ技術共有戦略 (7.1.7)	経営層の理解と支援を得て、組織横断的なコード共有を推進。トップダウンとボトムアップの両輪で共有文化を醸成。
安全なコード共有体制の構築 (7.1.8)	セキュリティと共有のバランスを考慮し、段階的なアプローチでコード共有を推進。AIを活用した生産性向上と共有文化の醸成を両立。
AIモブプログラミング (7.2.1)	チーム全体でAIを活用したプログラミングを行い、相乗効果を生む。プロンプトの改善方法や新たなリソースの発見を共有し、チームのAI活用力を向上。
AIペアプログラミング (7.2.2)	二人でAIツールを使いながら開発を行い、個人のスキルアップや、品質、AI活用力の向上を図る。
プロンプトのユースケース共有 (7.2.3)	再利用可能なプロンプトテンプレートではなく、具体的なユースケースと事例を共有。組織全体のAI活用スキル向上と新たなアイデアの創出を促進。
AI活用の推進チャンピオン育成 (7.2.4)	AI活用を推進する人材を発掘し、育成。技術面と業務面の両方に精通したチャンピオンを育て、組織全体のAI活用レベルを向上。
AIフレンドリーな情報整理 (7.3.1)	MarkdownやMermaidなどの軽量マークアップ言語を活用し、AIに理解しやすい形で情報を整理。開発効率の向上と情報の再利用性を高める。
実装からの仕様書生成 (7.3.2)	AIを活用してコードから仕様書を自動生成。ドキュメント作成の手間を削減し、プロジェクトの理解を助ける。
AI時代に適した技術スタックの選定 (7.4.1)	AIがすでに知っている知識領域と組織内ナレッジを考慮し、最適な技術スタックを選定。AIとの協働を円滑にし、開発効率を向上。
情報資源のポータビリティ向上 (7.4.2)	テキストベースの軽量マークアップ言語を使用し、情報の移植性を高める。AIツールの効果的活用と柔軟な情報管理を実現。

A Practice Guide

Practice	概要
AI生成コードのセキュリティ対策 （7.4.3）	AI生成コードのセキュリティリスクを認識し、継続的な評価と改善を行う。人間が書いたコードと同様のセキュリティ対策を実施。
Four Keysによる開発プロセス評価 （7.5.2）	デプロイ頻度、変更のリードタイム、変更失敗率、平均復旧時間を測定し、AI導入効果を評価。開発プロセスの改善につなげる。
SPACE Frameworkによる開発者体験評価 （7.5.3）	満足度、パフォーマンス、活動、コミュニケーション、効率性を評価。AI導入が開発者体験に与える影響を包括的に理解し改善。
開発支援AIツールの導入評価 （7.5.4）	定量的指標と定性的指標を組み合わせ、AIツールの効果を総合的に評価。チーム固有の目標に応じたカスタム指標も設定し、継続的な改善を図る。
エディターにおける余計な情報の排除 （8.1.1）	不要な文脈をAIに与えないようにAIを呼び出す。まっさらな状態で会話を始めることで、より適切な提案を得られる。
自動ライセンスチェックの活用拡大 （8.1.2）	AIのライセンスチェック機能を活用し、生成コード以外のライセンス違反も確認。商用利用時の問題を未然に防ぎ、コードの安全性を確保する。
エディター統合型ターミナルの活用 （8.1.3）	Visual Studio Codeをターミナルとして使用し、処理内容をAIに渡す。エラーメッセージの解説や解決方法をAIに尋ねることで開発を効率化する。
ハルシネーションを防ぐヘルプ情報活用 （8.1.4）	コマンドの `--help` オプション出力をAIに読み込ませ、確実な情報をもとに回答を生成。Webで検索せずに正確なコマンドの使い方を知ることができる。
差分情報を活用したコミット文の品質向上 （8.1.5）	コードの差分をAIに読み込ませ、チームの規約や意向に沿ったコミットメッセージを生成。コミットログの品質向上に役立つ。
AIによる正規表現生成支援 （8.2.1）	生成AIを用いて自由回答形式のアンケートなどを効率的に分類・定量化。複数のAIモデルを組み合わせることで、より客観的な分析が可能。
多様な日付フォーマットの認識 （8.2.2）	AIに正規表現の生成を依頼し、短時間で簡単な正規表現を作成。複雑な正規表現は、AIと協力しながら組み立てる。
POSIX CRON式の逆引き （8.2.3）	AIに日付や時間の書式を問い合わせ、目的に合った正確な書式を取得。ISO 8601やRFC 2822など、さまざまな標準にもとづいた日付形式を扱える。
ニッチなデータフォーマットの変換 （8.2.4）	AIにCRON式の生成を依頼し、ジョブスケジューリングの時間書式を作成。CI/CDパイプラインやバッチ処理のスケジュール設定に活用できる。
AIを活用した非構造化データの分類 （8.2.5）	AIをコンバーターとして使用し、ニッチなデータフォーマット間の変換を行う。テスト用データや開発時の参照データを簡単に変換できる。

Practice	概要
データ前処理の効率化 (8.2.6)	AI にデータエンジニアリングの一部タスクを任せ、データの前処理を効率化。外れ値の除去や欠損値の処理など、繰り返し行われるタスクを自動化する。
SEO の改善提案 (8.3.1)	AI に HTML コードを読み込ませ、SEO 対策の提案を受ける。メタタグの最適化やキーワードの使用など、検索エンジンでの順位向上に貢献する改善点を特定できる。
アクセシビリティ評価 (8.3.2)	AI に HTML コードを読み込ませ、アクセシビリティの問題を指摘してもらう。画像の代替テキストやカラーコントラストなど、ユーザビリティ向上のための提案を得られる。
diff コマンドを用いた変更箇所の特定 (8.4.1)	AI からのコード改善提案を diff コマンドで確認し、変更箇所を特定。既存コードとの整合性や重要な実装の欠落を防ぎ、より効果的なコードレビューを行う。
プロンプトライブラリの構築と活用 (8.4.2)	適切なプロンプトをスニペットツールなどに登録し、タイムリーに使用。コーディングインタビューの質問を参考に、AI に効率的にコードを改善させる。
AI フレンドリーな Markdown への変換 (8.4.3)	HTML や Excel などのデータソースを Markdown に変換し、AI とのコミュニケーションを円滑に。オープンソースの変換ツールを活用して効率的に情報を提供する。
Mermaid を活用した AI 可読性の高い図表作成 (8.4.4)	Mermaid を使用してテキストベースでグラフを記述し、AI にとって理解しやすい形式で情報を表現。シーケンス図やフローチャートなど、さまざまなグラフを簡単に作成できる。
PlantUML による複雑な図表の AI 可読化 (8.4.5)	PlantUML を使用して、より複雑な UML 図やネットワーク図を作成。テキストベースで記述することで、AI との情報共有を容易にし、コードの視覚化を効果的に行える。

索引

A
Advanced Data Analysis 309
AIが提案するコードの品質 181
AI可読性 163
AIからのフィードバック 132
AI時代 328
AIに合わせたコーディングスタイル .. 174
AIによるコード変換 171
AIによる自動リファクタリング 162
AIによる命名 185
AIの出力 14
AIの知見 197
AIへの指示 132
AIを疑う 204
APIドキュメント 170

B
Big-O 238
Bottlenecks 241
BUDフレームワーク 241

C
Chain-of-Thought 247
ChatGPT 39, 44, 95
Claude 44
clipboard2markdown 318
Content 70
Context 70
Copilot 44
Copilot in Bing 152
CoT 247
CRON 305
CSV 164

D
Developer Experience 284, 285
DevSecOps 282
diff 314

DRY 212, 213
Duplicated 241

E
Excel 163, 165
Excel to Markdown Table 320

F
Few-shotプロンプティング 83, 103
Four Keys 286

G
Gemini 44
git diff 314
GitHub 264
GitHub Copilot 37, 41, 144
GitHub Copilot Chat 44
GitHub Copilot Enterprise 49
GitHub Copilot Workspace 45
GPL 295
GPT-4 Vision 107
GPT-4o 152

I
IA 70
Intent 70
Issue 291

L
LangChain 113
LangChain Stack 113
Large Language Model 2
left-pad 220
LLM 2

M
Markdown 78, 94, 112, 274, 317
Markdown Preview Mermaid Support 322

mdtable2csv	320
Mermaid	234, 274
Mermaid Live Editor	321
Microsoft Designer	68
MS SQL	116

O

OCP	214, 215
One-shot プロンプティング	83, 103
Open-Closed Principle	214

P

PDF	165
PlantText	323
PlantUML	235, 323
PlantUML（Visual Studio Code 拡張）	324
PowerPoint	165
Pull Request	291

R

RAG	50
React	67
ReactAgent	100

S

SEO	310
SOLID 原則	246
SPACE Framework	288

T

Tailwind CSS	105
TDD	221
TODO コメント	169
Tokenizer	27
TURNDOWN	317

U

Unnecessary	241

V

Visual Studio Code	296

X

XML	166
XML タグ	94

Y

YAML	164

Z

Zero-shot CoT	247
Zero-shot プロンプティング	86

あ

アイデア	201
アクション	128
アクセシビリティ	311
アジャイル	157
アノテーション	195
アフターコーディング	307
アルゴリズム	249
一意な変数名	187
一部分だけを自ら実装	170
一貫性	182
一貫性のあるコーディングスタイル	187
意図	70
インクリメンタル	139
インターフェイスファイル	147
インナーソース	255, 256, 330
インナーソースパターンブック	258
インナーソースポータル	262
インナーソースライセンス	259
エージェント型	98
英語	89
エディター	144, 294
エラー	249
エンジニアの三大美徳	139
エンジニアの仕事	5
エンジニアはいらなくなるの	18
オープンクエスチョン	199, 215
オープンソース	254
オープンソースライブラリ	218
大文字	78
驚き	143

345

か

ガード節	209
開発者インパクト	286
開発者サーベイ	290
開発者生産性	286
開発者体験	284
開発者満足度	286
開発の柔軟性	139
外部ライブラリ	104
会話履歴	153
学習	35
箇条書き	73
カスタマイズ	48
画像	276
型定義ファイル	147
型ヒント	195
加点評価	172
過度な省略	182
考える	130
感情プロンプト	111
関数の構成	212
完全	110
完璧なプロンプト	14
キーワード	202
記号	94
技術スタック	280
既知情報探索	198
狭義のプロンプトエンジニアリング	9
許容度	118
禁止事項	117
具体的で説明的な名前	182
具体的な能力	125
クラウド	267
クリーンな環境	150
クローズドクエスチョン	215
経営層	264
計算ロジックの分離	210
検索	183
検索にヒットしやすいコード	183
コーディングインタビュー	237
コーディング規約	190
コードコメント	170
コードの行数	285, 291
コードの断片	179
コードのドキュメント変換	277
コードの品質管理	139
コード品質	221
コードフォーマッター	188
コードベースをAIに渡す	146
コードリーディング	232
コードレビュー	156
コードを関心ごとに分離する	178
コードを端折らず全部書け。全部だ！	110
広義のプロンプトエンジニアリング	8
コスト	283
コストパフォーマンス	284
コピーレフト	295
コマンド	297
コミット	299
コメント	143, 192, 194
コメントプラクティス	191
固有のドメイン	120
コンテキスト	70
コンテキストスイッチ	142
コンテンツ	70
コンファビュレーション	21

さ

サードパーティ	219
最終的なプロンプト	119
最小限の指示	157
再代入	186
再検索	198
最低限のコメント	192
再利用	65
再利用性	69
サイロ	331
サンプルフォーマット	103
視覚的なレビュー	229
時間	304
指示が繰り返されている	120
指示の重要性に応じて表現を使い分けている	120
システムプロンプト	63, 99

実装からの仕様書生成 277
質と量のバランス 88
指標 217, 289
シフトライト 232
シフトレフト 282
自明な作業 170
ジャッカード類似度 144
車輪の再発明 218
柔軟性 4
収斂 203
出力のノイズ 112
呪文 68
順番の再編成 212
詳細な指示 106
状態遷移 228
情報アーキテクチャ 70
情報収集メカニズム 145
将来の拡張 213
迅速なフィードバック 140
シンプルな構造 274
スコープ 77
スタイルガイド 189
正規表現 194, 300, 301
生産性 285
生成 183
生成AI 2, 4, 267
制約 75
セキュリティリスク 220
宣言ファイル 147
全コード 30
早期リターン 209
創造性 4

た

大規模言語モデル 2
対話型AIツール 149
タスクの事前調査 167
タスクの複雑さ 169
単一責任 175
単一責任の原則 176
段階的にアプローチ 168
単純化 212

チーム 268
小さいコード断片 178
チャットボット 82
チャンク 179
チャンピオン 272
注意してください 118
抽象化 66
超AI 17
重複する処理 241
使い捨てのプロンプト 14
使い捨てる 65
データ 163
データエンジニアリング 308
データ形式の変換 300
データ構造 244
データのシンプル化 163
データラベリング 300, 307
提案採用率 290
定義へ移動 146
テキストベース 280
適切なバランス 156
適切な文脈 142
テクニック 7
デシジョンテーブル 221, 225
テスト 221
テスト駆動開発 221
テストケースの選別 222
テスト条件を明確化 224
デファクトスタンダード 279
テンプレート 68
トークン 25, 174
統一された命名規則 183
動作するコード 104
導入効果 284
トライ＆エラー 37, 158
トラステッドコミッター 260
とりあえずエージェントにやらせて
　みる 168

な

ナレッジカットオフ 111
日本語 91

索引

ネスト 209
ノイズ 177

は

パーシャル・アクセプタンス 141
バージョン管理 74
パーソナライゼーション 48
パーツとしてのプロンプト 67
パーツ化 66
バグ 249
発散 203
ハルシネーション 20, 21
汎用的なプロンプト 68
汎用的な問題解決 123
非構造化データの分類 307
日付 304
必要な操作 118
一人のAI 122
標準ライブラリ 279
費用対効果 292
ピン留め 147
ファイル 139, 163
ファイル構造の最適化 176
ファインチューニング 50
フォーマット 88, 300
不確実性 28
不必要な処理 241
部分採用 141
不要な情報 177
不要なテスト 230
プライオリティ 118
プラン 126
フロー制御 129
プログラミング言語 171
プロンプト 62, 132
プロンプトエンジニアリング 8
プロンプト作成補助 150
プロンプト生成 159
プロンプトの修正 76
プロンプトの正体 100
プロンプトの評価 156
プロンプトの品質評価 157
プロンプトライブラリ 315
文脈 70
文脈補足情報 120
ペアプログラミング 270
ベクトル検索 184
ベストプラクティス 72
編集可能性 276
変数の使い回し 186
ポータビリティ 280
方向転換 141
ボトルネック 241

ま

前処理 308
待ち時間 141
マルチモーダル 152, 164
命名 181
命令を無視 78
メンテナー 261
文字列マーカー 94
モデル 91
モブプログラミング 269
模倣 80

や

役割の変更 212
ユーザー 70
ユーザーによるプロンプトの最小化 ... 139
ユーザープロンプト 64
ユースケース 271
ユニットテスト 222

ら

ライセンスチェック 295
ライブラリバージョン 111
リーン 274
リファクタリング 208
リファクタリングカタログ 215
リファクタリング機能 186
リファレンス 217
履歴管理 128
履歴機能 154

リンター 188	ロールプレイ 79, 110
ループ 130	ロジカルシンキング 16
類似するコード群 144	
レビュー 31, 208	**わ**
レビューしやすいサイズのコード 178	若手エンジニア 34
ロール 125	悪いことが起こる 111
ロール設定 80	

●本書サポートページ
　https://gihyo.jp/book/2024/978-4-297-14484-5
　本書記載の情報の修正／補足については、当該Webページで行います。

●装丁デザイン：西岡裕二
●本文デザイン：西岡裕二、山本宗宏（株式会社Green Cherry）
●組版：山本宗宏（株式会社 Green Cherry）
●作図：リンクアップ
●編集：野田大貴

コード×AI ーソフトウェア開発者のための
生成AI実践入門

2024年10月 2日 初 版 第1刷発行
2025年 2月 7日 初 版 第3刷発行

著　者　服部　佑樹（はっとり　ゆうき）
発行者　片岡　巌
発行所　株式会社技術評論社
　　　　東京都新宿区市谷左内町21-13
　　　　TEL：03-3513-6150　販売促進部
　　　　TEL：03-3513-6177　第5編集部
印刷／製本　日経印刷株式会社

■お問い合わせについて
本書の内容に関するご質問は記載内容についてのみとさせていただきます。本書の内容以外のご質問には一切応じられませんのであらかじめご了承ください。なお、お電話でのご質問は受け付けておりませんので、書面または小社Webサイトのお問い合わせフォームをご利用ください。情報は回答にのみ利用します。

〒162-0846
東京都新宿区市谷左内町21-13
㈱技術評論社　第5編集部
「コード×AIーソフトウェア開発者のための生成AI実践入門」質問係
FAX：03-3513-6173
URL：https://gihyo.jp/book/2024/978-4-297-14484-5

●定価はカバーに表示してあります。
●本書の一部または全部を著作権法の定める範囲を超え、無断で複写、複製、転載、あるいはファイルに落とすことを禁じます。
●本書に記載の商品名などは、一般に各メーカーの登録商標または商標です。

造本には細心の注意を払っておりますが、万一、乱丁（ページの乱れ）や落丁（ページの抜け）がございましたら、小社販売促進部までお送りください。送料小社負担にてお取り替えいたします。

©2024　服部佑樹
ISBN978-4-297-14484-5　C3055
Printed in Japan